《农村干部经营管理培训教材》
实 用 技 术 知 识 丛 书

农村干部实用计算机教程

郑明琛　高学东　主编

中国环境科学出版社·北京

图书在版编目（CIP）数据

农村干部实用计算机教程/郑明琛，高学东主编. —
北京：中国环境科学出版社，2009.8
农村干部经营管理培训教材实用技术知识丛书
ISBN 978-7-80209-447-5

Ⅰ. 农… Ⅱ. ①郑… ②高… Ⅲ. 电子计算机—技
术培训—教材 Ⅳ. TP3

中国版本图书馆 CIP 数据核字（2009）第 133819 号

责任编辑	俞光旭 徐于红	
封面设计	龙文视觉	

出版发行	中国环境科学出版社	
	（100062 北京崇文区广渠门内大街 16 号）	
	网　　址：http://www.cesp.com.cn	
	联系电话：010-67112765（总编室）	
	发行热线：010-67125803	
印　刷	北京中科印刷有限公司	
经　销	各地新华书店	
版　次	2009 年 8 月第 1 版	
印　次	2009 年 8 月第 1 次印刷	
开　本	880×1230　1/32	
印　张	10.5	
字　数	290 千字	
定　价	29.00 元	

《农村干部经营管理培训教材》

实用技术知识丛书编委会

主　任：宋洪远

副主任：吕彩霞　刘继标　史根治　张卫宪　刘士欣

委　员：（按姓氏笔画排序）

王　平　　王兰坤　　王兰英　　王怀友　　厉从军

刘书喜　　朱学良　　米青山　　许克中　　孙诚忠

张全发　　李保国　　李秋生　　范德良　　郑明琛

郑　峰　　袁洪恩　　程振生　　韩　枫　　戴军廷

《农村干部实用计算机教程》

编写委员会

主　编：郑明琛　高学东

副主编：王建军

编　者：（按姓氏笔画排序）

王建军　郑明琛

高　婧　高学东

前　言

　　建设"生产发展、生活富裕、乡风文明、村容整洁、管理民主"的社会主义新农村，是党中央提出的一项战略任务，是贯彻落实科学发展观、建设小康、构建和谐社会在广大农村的综合体现。要顺利完成这一重大的战略任务，培养一支扎根农村、贴近农民、服务农业，有文化、懂技术、会经营、善管理的村级组织带头人至关重要。因此，充分了解农村干部培训的需求，有针对性地加强农村干部培训，是基层党校搞好农村干部培训工作的重中之重，但是，在农村干部培训的教学过程中，往往缺乏理论与实践相结合的实用、可行的教材。现行的培训教材，一般讲政治理论、形势任务多，教实用技术、工作方法少，与希望获得最新知识、新技术的村级组织带头人的要求相去甚远。"工欲善其事，必先利其器"，做好农村干部培训工作，重要的一环是要有一套适应本地农村经济发展特点、适应农村干部需求的好教材。为了满足农村干部学习的愿望，落实上级关于实施农村干部素质工程的意见，我们组织有关教学研究人员和实际工作者，根据新时期党对农村工作的要求和农村工作的特点，本着实际、实用、实效的原则，编写这套农村干部经营管理培训教材。

这套教材融党的农村政策法规、各地改革实践和现代农业新科技于一体，内容丰富翔实、技术先进、信息权威，突出了实用性、时效性和规范性，注重总结农业生产实践中的经验，实现了知识与技能的有机结合，达到了既能使农村基层干部掌握基本理论和基本技能知识，又能触类旁通，扩展知识面，切实提高自身素质，增强工作能力的目的。这套教材将极大地方便各地党校的教学培训工作，同时在提高农民科技文化素质，促进农业增效，农民增收，农村和谐，进而推进农村经济社会全面发展，发挥积极重要的作用。

在编写这套教材的过程中，得到了有关部门和单位的大力支持，参考了近千种农业专著及报刊资料，在此一并致谢，恕不一一注明。

由于水平有限，加之时间紧迫，缺点错误在所难免，敬请各位同仁及广大读者批评指正。

编者

2009 年 3 月

目　录

1 计算机系统基础

本章主要介绍计算机的基本概念与常识。通过本章的学习将会对计算机的概念、发展历程、分类方法、组成和基本工作原理有一个概括的认识。

1.1 初步认识计算机

1.1.1 计算机的含义

什么是计算机？计算机是机器，和其他机器一样，它是帮助人类完成有关工作的一种工具。一般的机器能够帮助人类完成体力劳动，是人体的延伸；计算机能够帮助人类完成一定的脑力劳动，是人脑的延伸。计算机被称为"智力工具"，因为计算机能增强人们执行智能任务的能力。计算机擅长快速计算、大型表格分类和在大型信息库中检索信息等工作。这些事情人类都能做，但计算机可以做得更快、更精确。计算机的应用，把人类从没有创造性的重复性脑力劳动中解放出来，从而做些更能发挥人类创造力的工作。

最早提出计算机概念的是英国的数学家图灵。图灵把人在计算时所做的工作分解成简单的动作，与人的计算类似，机器需要：① 存储器，用于储存计算结果；② 一种语言，表示运算和数字；③ 扫描；④ 计算意向，即在计算过程中下一步打算做什么；⑤ 执行下一步计算。这样，他就把人的计算工作机械化了。这种理想中的机器被称为"图灵机"。

计算机之父冯·诺依曼则是最早定义计算机部件并描述其功能的人。冯·诺依曼明确规定出计算机的五大部件：运算器、逻辑控制器、存储器、输入装置和输出装置。并描述了五大部件的功能和相互关系。基于冯·诺依曼提出的概念，可以定义"计算机"为一种可以接受输入、处理数据、存储数据并产生输出的装置。在后面的章节里，将详细介绍这些部件的原理和功能。

1.1.2 计算机的发展简史

1.1.2.1 计算机的发展

人类在长期的生产劳动过程中，逐步创造和发展了计算工具。1946 年 2 月 15 日，世界上第一台通用电子数字计算机 ENIAC（Electronic Numerical Integrator and Computer）宣告研制成功。ENIAC 的成功是计算机发展史上的一座纪念碑，是人类在发展计算技术的历程中，到达的一个新的起点。英国无线电工程师协会的蒙巴顿将军把 ENIAC 的出现誉为"诞生了一个电子的大脑"，"电脑"的名称由此流传开来。在随后的 60 多年的时间里，随着电子元器件的不断更新换代，计算机的性能得到了极大提高，其体积越来越小，而功能却越来越强。

根据计算机所采用的元器件以及它的功能、体积、应用等可以将计算机的发展分为四个阶段，亦称为四个时代，最近又提出了第五代计算机即智能计算机的概念。

（1）电子管时代（1946—1957 年）

1946 年，ENIAC 的诞生标志着这个时代的开始。当时的计算机是以电子管为主要元器件制作的，其体积庞大，耗电量大，发热量大，存储容量开始仅有几千字节，运算速度一般为每秒几千次到几万次。以 ENIAC 为例，它使用了 18 000 只电子管，另加 1 500 个继电器以及其他器件，其体积约 90 立方米，重达 30 吨，占地 170 平方米，是个地地道道的庞然大物。而这台耗电量为 140 千瓦的计算机，运算速度仅仅为每秒 5 000 次加法，或者每秒 400 次乘法，远远逊于现在的家用电脑，但这在当时已经是奇迹了。

（2）晶体管时代（1958—1964 年）

这时的计算机由晶体管代替了电子管。与电子管相比，晶体管的尺寸小，重量轻，寿命长，效率高，发热少，功耗低，运算速度快。晶体管在计算机中的使用大大降低了计算机的制作成本，减小了计算机的体积，运算速度也达到每秒几十万次。这个时代的主流产品为 IBM 7000 系列，其运算速度可达每秒百万次，使用磁芯存储器为主存储器，磁盘为辅助存储器，大大增加了存储容量。

（3）中小规模集成电路时代（1964—1970 年）

1964 年 4 月 7 日，美国 IBM 公司宣告，世界上第一个采用集成电路的通用计算机系列 IBM 360 系统研制成功，成为第三代计算机的里程碑。这代计算机的主要标志是逻辑电路采用集成电路，即把几十个或几百个分开的电子组件集中做在一块几个平方毫米的单晶体硅片上，一般称为集成电路。集成电路（IC）不仅体积更小，耗电更省，而且寿命大大延长。这个时代计算机体积小型化，运算速度进一步提高，可达每秒几百万次。最主要的是用集成电路制造的半导体存储器代替了原来的磁芯存储器，不仅性能更好，而且存储容量更高。

（4）大规模集成电路时代（1971 年至今）

美国 ILLIAC-IV计算机，是第一台全面使用大规模集成电路作为逻辑元件和存储器的计算机，它标志着计算机的发展已到了第四代。进入 20 世纪 60 年代后，微电子技术发展迅猛，先后出现了大规模集成电路和超大规模集成电路，由大规模和超大规模集成电路组成的计算机，被称为第四代电子计算机。第四代电子计算机的体积更小，运算速度更快，存储容量更高，制造成本更低，使计算机进入千家万户成为可能。

（5）智能电子计算机时代（未来）

1988 年，第五代电脑国际会议在日本召开，提出了智能电子计算机的概念，智能化是今后计算机发展的方向。智能电子计算机是一种有知识、会学习、能推理的计算机，具有能理解自然语言、声音、文字和图像的能力，并且具有说话的能力，使人机能够用自然语言直接对话。它可以利用已有的和不断学到的知识，进行思维、联想、推理，并得出结论，能解决复杂问题，具有汇集、记忆、检索有关知识的能力。智能计算机突破了传统的冯·诺依曼式机器的概念，舍弃了二进制结构，把许多处理机并联起来，并行处理信息，速度大大提高。它的智能化人机接口使人们不必编写程序，只需发出命令或提出要求，计算机就会完成推理和判断，并且给出解释。

1.1.2.2 计算机的发展方向

目前，计算机的发展方向主要表现为以下几个方面：

（1）巨型化

巨型化超大型计算机具有运算速度高、存储容量大、功能强大等优点，适用于天文、气象、国防、航天、原子等尖端科学领域。20 世纪 70 年代中期的巨型机的运算速度已达每秒 1.5 亿次，现在已经有了运算速度每秒百万亿次以上的巨型计算机。

巨型计算机的研制集中反映了一个国家科学技术的发展水平。1983 年 12 月 22 日，中国第一台每秒钟运算一亿次以上的"银河"巨型计算机，由国防科技大学计算机研究所在长沙研制成功。它填补了国内巨型计算机的空白，标志着中国进入了世界研制巨型计算机的行列。"深腾 7 000"，峰值运算速度为每秒 120 万亿次；"曙光 5 000A"，运算能力为每秒 200 万亿次，这些运算速度每秒万亿次以上巨型计算机的出现，标志着中国已进入世界巨型计算机强国之列。

（2）微型化

由于大规模集成和超大规模集成电路的飞速发展，20 世纪 70 年代以来，微型计算机发展十分迅速。微型计算机从过去的台式机迅速向便携机、掌上机、膝上机发展，其低廉的价格、方便的使用、丰富的软件，备受人们的青睐。微型计算机已经从实验室走进了千家万户，成为人类社会的必需工具。

（3）网络化

网络化指利用现代通信技术和计算机技术，把分布在不同地点的计算机互联起来，按照网络协议互通信息，以共享软件、硬件和数据资源。目前，计算机网络在交通、金融、企业管理、教育、邮电、商业等各行各业中得到使用。

（4）智能化

智能化指计算机模拟人的某些行为，部分代替人的脑力劳动。智能化研究包括模式识别、自然语言理解、翻译、自动化设计、智能机器人、专家系统、决策系统等。智能化的实现，将使计算机代替人的部分思维活动，部分代替人的脑力劳动，必将对人类社会的进步起到促进作用。

（5）多媒体化

多媒体技术是集声音、视频、图像、动画等多种信息媒体于一体的信息处理技术。多媒体技术使得计算机输入信息的范围更加宽广，输出信息的手段灵活多样，改变了计算机只能输出、输入文字和数据的局限，也使计算机的操作变得生动有趣。

1.1.3 计算机的分类方法

计算机的种类很多，可以从不同的角度进行分类。

1.1.3.1 按计算机的规模分类

按计算机的规模，即计算机的字长、运算速度、存储容量等综合性能指标，将计算机分为巨型机、大中型机、小型机和微型机 4 类。这些分类随着技术的发展而变化，不同种类计算机之间的分界线非常模糊，随着更多高性能计算机的出现，它们之间将相互渗透。

（1）微型机

使用微处理器作为中央处理器的计算机称为微型机，正是由于微机的小体积、低耗能和低成本使得计算机技术得到了广泛的应用，深入到社会生活的每个角落。家用计算机、信息管理、银行、办公、印刷、广告等行业都用到微型机。计算机网络的出现又大大拓展了微型机应用的领域，现在收发 E-mail、网上交互、信息查询已经成为家用微型机最为广泛的应用。

（2）小型机

小型机比微型机稍大并可以为多个用户执行任务。小型机可以同时与多个终端通信，完成多个用户的多个任务，而终端本身并不进行任何计算。当输入处理请求时，终端将其传向小型机。小型机待处理完成后将结果返回到终端。

小型机主要用于工业自动控制、大型分析仪器、数据采集、分析计算等。具有规模小、结构简单，设计周期短，易于维护，便于操作等优点，因此，小型机对用户具有很大的吸引力。

（3）大中型机

与小型机相比，大中型机比小型机一般能处理更多用户的任务。要处理大量的数据，主机通常包括多个处理单元。其中第一个处理单元处理所有的操作，第二个处理单元处理与请求数据用户的交互，第三个处理单元为用户查找其请求的数据。

大中型机主要应用在大型事务处理、企业内部的信息管理与安全保护、大型科学与工程计算等。其特点是通用性强，具有很强的综合处理的能力，性能覆盖面广。大中型机研制周期长，设计技术和制造技术非常复杂，耗资巨大。国外现在只有少数几个大公司如 IBM、DEC、富士通、日立等生产大中型通用机。

（4）巨型机

巨型机是运算速度最快和价格最贵的一类计算机，运算速度可以达到每秒万亿次以上。主要用于现代科学技术，尤其是国防尖端技术。反导弹武器、空间技术、大范围天气预报、石油勘探等都要求计算机有非常高的速度和极大的存储容量，一般大型通用机不能满足需要。巨型机的研制水平、生产能力及其应用程度已成为衡量一个国家经济实力和科技水平的重要标志。目前，巨型机正向着大规模并行处理的方向发展。

我国从 1956 年开始研制计算机，1983 年，能进行每秒 1 亿次运算的"银河Ⅰ"巨型机研制成功；1992 年，又研制出能进行每秒数亿次运算的"银河Ⅱ"。我国是世界上少数几个具有独立研制巨型机能力的国家之一，现在已拥有每秒百万亿次以上的巨型机，已进入巨型机强国之列。

1.1.3.2 按计算机的用途分类

按计算机的用途划分为通用机和专用机两类。

（1）通用机

可以在各种领域中通用的机器，使用不同的软件实现不同的功能，如现有的 PC、工作站等。

（2）专用机

为解决一个或一类特定问题而设计的计算机，程序常常固化在机器当中，典型的有用于工业自动化控制的工控机、用于保密的加密机等。

1.1.4 计算机的主要用途

目前，计算机的应用领域十分广泛，几乎已渗透到所有领域。从航天到导弹发射，从银行到保险业务管理，从工业生产控制到库房物品管理，从动画制作到配音，计算机无所不在。总体来说，计算机的应用可分为以下几个方面。

（1）科学计算

最初计算机主要用途就是计算。从基础科学到天文学、空气动力学、核物理学等领域，都需要计算机进行复杂的运算。例如，24 小时内的气象预报，要解析描述大气运动规律的微分方程，以得到天气变化的数据来预报天气情况，若不用计算机则需要几个星期的时间，用中、小型计算机几分钟就能得到准确的数据。

（2）信息管理

所谓信息管理，就是利用计算机来加工、操作和管理各种形式的数据，如分类、查询、统计、分析等。信息管理系统包括人事管理系统、仓库管理系统、财务管理系统、销售管理系统、金融管理系统等。目前，计算机应用最广泛的领域就是信息管理。通过计算机网络把办公的物化设备与人构成一个有机系统，这将大大提高行政部门的办公效率，提高领导部门的决策水平。

（3）过程控制

过程控制是指利用计算机实现单机或整个生产过程的控制。它不仅可以大大提高生产自动化水平，减轻劳动强度，而且可以提高控制的准确性，提高产品质量及成品合格率。例如，在汽车工业方面，用计算机控制机床、整个装配流水线，不仅可以实现精度要求高、形状复杂的零件加工自动化，而且可以使整个工厂实现自动化。

（4）计算机辅助系统

计算机辅助系统包括计算机辅助教学（CAI）、计算机辅助设计（CAD）与计算机辅助制造（CAM）等。

计算机辅助教学（Computer Aided Instruction，CAI）是指利用计算机来辅助学生学习的自动系统。它将教学内容、教学方法以及学生学习的情况存储于计算机内，通过音、形、字等手段，引导学生循序渐进地学习，这不仅可以提高学生的学习效率，而且可以提高学生的学习兴趣。

计算机辅助设计（Computer Aided Design，CAD）是指利用计算机辅助设计人员进行工程或产品设计，以实现最佳设计效果的一种技术。它已广泛地应用于宇航、飞机、汽车、机械、电子、建筑、轻工等领域。例如，在建筑设计过程中，可以利用 CAD 技术进行力学计算、结构设计、绘制建筑施工图样等。CAD 技术不仅提高了设计速度，提高设计质量，而且极大地节约了设计成本。

计算机辅助制造（Computer Aided Manufacturing，CAM）是指使用计算机系统进行计划、管理和控制加工设备的操作等。它可以提高产品质量，降低成本，缩短生产周期，提高生产率和改善制造人员的工作条件。

（5）人工智能

人工智能是指将人脑进行的演绎推理的思维过程、规则和采取的策略、技巧等编制成程序，在计算机中存一些公式和规则，让计算机自动进行求解。机器人就是计算机在人工智能方面的典型应用。人工智能将给计算机硬件和软件带来革命，最终导致智能计算机的出现。著名的 IBM 计算机"深蓝"与国际象棋大师的对弈就是人工智能的体现。

（6）计算机网络

现代信息社会离不开快速、及时的网络通信。计算机与通信技术紧密联系在一起，共同架起现代网络通信的桥梁，网络可以使资源共享。例如，全国的火车售票处连在一起，人们可以在任何一个地方购买全国的火车票。银行系统建成网络，可以实现异地存取款，网络银行是当前银行业的发展趋势。

（7）多媒体

多媒体技术是集声音、视频、图像、动画等多种信息媒体于一体的信息处理技术。多媒体技术使得计算机输入信息的范围更加宽广，输出信息的手段灵活多样，改变了计算机只能输出、输入文字和数据的局限，也使计算机的操作变得方便快捷。目前，多媒体技术应用较成熟的领域有影像处理与传输、交互式学习、工程设计、建筑设计、音乐作曲、服装设计、美术装潢设计等；正在进入实用的应用有新闻采集、视频会议、电子商务、教育、医疗等。多媒体技术使计算机的应用极大地改善了人们的办公方式和休闲娱乐方式，带领人们进入多媒体时代。

1.2 计算机系统与工作原理

计算机本质上是一种能按照程序对各种数据和信息进行自动加工和处理的电子设备。计算机依靠硬件和软件的协同工作来执行给定的工作任务。一个完整的计算机系统由硬件系统和软件系统两大部分组成。计算机系统是一个整体，既包括硬件也包括软件。硬件是躯体，软件是灵魂，两者缺一不可，不可分割。没有安装任何软件之前的计算机被称为"裸机"——无法实现任何信息的处理，只有在软件的支持下，计算机才能进行工作。相反，单靠软件本身，没有硬件的支持，也不能实现计算机的各种功能。

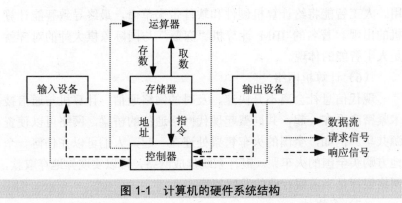

图 1-1   计算机的硬件系统结构

1.2.1 微型计算机基本工作原理

微型计算机的基本工作原理就是存储程序和控制程序。基本工作过程是预先将指挥计算机工作的指令序列（称为程序）和原始数据输入到计算机的内存中，其中的每一条指令明确规定了计算机从哪个地址读取数据，进行哪些操作，然后送到什么地方去等步骤。计算机在运行时首先从内存中取出第一条指令。通过控制器的译码器接受指令要求。从存储器中取出数据进行指定的运算和逻辑操作等，然后再按地址把结果送到内存中去，按照以上步骤取出第二条指令，在控制器指挥下完成规定的操作，直到遇到停止指令为止。数据和程序按照相同的方式存储。计算机的这一工作原理最初是由美籍匈牙利数学家冯·诺依曼于 1945 年提出的，故称"冯·诺依曼原理"。经过 60 多年的发展，现在的计算机系统从性能指标、运算速度、工作方式、应用领域和价格等方面与当初的计算机差别很大，但是，基本结构没有变化，都是属于冯·诺依曼结构计算机。

冯·诺依曼结构计算机必须具有以下部件。

① 存储器。用于存储需要执行的程序和程序执行过程中需要的数据。

② 输入设备。用于输入程序和数据。

③ 运算器。完成程序中指定的各种算术运算、逻辑运算和数

据传送等。

④ 控制器。根据运算的结果和程序的需要控制程序的走向，并根据指令控制机器各部分的协调操作。

⑤ 输出设备。按需要输出处理结果。

硬件和软件是一种相辅相成的"互补"关系，两者在功能实现上可以互补。对于某项具体的功能，是由硬件实现，还是由软件实现，并无严格的规定，而需要对当时的经济性、可行性、合理性等几个方面进行权衡决定。计算机系统的实现建立在硬件技术和软件技术的综合基础之上。

1.2.2 计算机的硬件系统

硬件系统是构成计算机系统的物理实体或物理装置，是计算机工作的物质基础。硬件系统通常由以下部分组成：

1.2.2.1 运算器 （Arithmetic Logical Unit，ALU）

运算器负责数据的算术运算和逻辑运算，是对数据进行加工和处理的主要部件。

1.2.2.2 控制器 （Control Unit，CU）

控制器是计算机的神经中枢和指挥中心，负责统一指挥计算机各部分协调地工作，它能根据事先编制好的程序控制计算机各部分协调工作，完成一定的功能。例如，控制器从存储器中读出数据、将数据写入存储器中、按照程序规定的步骤进行各种运算和处理等，使计算机按照预定的工作顺序高速进行工作。

运算器与控制器组成计算机的中央处理单元（Central Process Unit，CPU）。在微型计算机中，一般都是把运算器和控制器集成在一片半导体芯片上，制成大规模集成电路。因此，CPU 常常又被称为微处理器。

1.2.2.3 存储器 （Memory）

存储器是计算机的记忆部件，负责存储程序和数据，并根据命令提供这些程序和数据。存储器通常分为内存储器和外存储器两部分。

（1）内存储器

内存储器简称内存，可以与 CPU、输入设备和输出设备直接交换或传递信息。内存一般采用半导体存储器。根据工作方式的不同，内存分为只读存储器和随机存储器两部分。我们常把向存储器存入数据的过程称为写入，而把从存储器取出数据的过程称为读出。

只读存储器（Read Only Memory，ROM）里的内容只能读出，不能写入。所以 ROM 的内容是不能随便更改的，即使断电也不会改变 ROM 所存储的内容。

随机存储器（Random Access Memory，RAM）在计算机运行过程中可以随时读出所存放的信息，又可以随时写入新的内容或修改已经存入的内容。RAM 容量的大小对程序的运行有着重要的意义。因此，RAM 容量是计算机的一个重要指标。断电后，RAM 中的内容全部丢失。

（2）外存储器

外存储器简称外存。主要用来存放用户所需的大量信息。外存容量大，存取速度慢，常用的外存有软磁盘、硬磁盘、磁带机、光盘、移动硬盘和优盘等。

1.2.2.4 输入设备（Input Device）

输入设备是计算机从外部获得信息的设备，其作用是把程序和数据信息转换为计算机中的电信号，存入计算机中。常用的输入设备有键盘、鼠标、光笔、扫描仪等。

1.2.2.5 输出设备（Output Device）

输出设备是将计算机内的信息以文字、数据、图形等人们能够识别的方式打印或显示出来的设备，常用的输出设备有显示器、打印机等。

1.2.3 计算机的软件系统

计算机的软件系统是计算机系统必不可少的重要部分，它与硬件配合使用计算机才能完成相应的任务。一个完整的计算机系统必须是硬件和软件相互配套的系统。

软件（Software）是计算机系统中各类程序、有关文件以及所需要的数据的总称。软件是计算机的灵魂，包括指挥、控制计算机各部分协调工作并完成各种功能的程序和数据。

软件分为系统软件和应用软件两大类。

1.2.3.1 系统软件

系统软件用于管理、监控、维护计算机的各种资源，使其充分发挥作用，提高工作效率。系统软件一般是由开发商提供的公共通用软件。系统软件大致包括以下几种类型：

（1）操作系统（Operating System，OS）

操作系统是控制和管理计算机硬件、软件和数据等资源，方便用户有效地使用计算机的程序集合，是任何计算机都不可缺少的软件。操作系统大致包括五个管理功能：进程与处理机调度、作业管理、存储管理、设备管理、文件管理。根据侧重面和设计思想的不同，操作系统的结构和内容存在很大差别。对于功能比较完善的操作系统，应当具备上述五个部分。

操作系统一般可分为单用户操作系统、多用户操作系统、分时系统、实时系统、分布式操作系统等。目前常见的操作系统有 OS/2，UNIX，XENIX，Windows98/XP/2000/Vista 等。

（2）各种程序设计语言的处理程序

各种程序设计语言的处理程序用来对各种程序设计语言编写的程序进行翻译，使之产生计算机可以直接执行的目标程序（用二进制代码表示的程序）的各种程序的集合。计算机硬件系统只能直接识别数字代码表示的指令序列，即机器语言。机器语言难以记忆和编程，对其符号化后产生了汇编语言和高级语言。汇编语言一般与机器硬件直接相关，是不可移植的语言。高级语言相对于机器语言和汇编语言而言，一般具有较好的可移植性。计算机系统一般都配有机器语言、汇编语言、多种高级语言的解释程序或编译程序，如 Visual Basic，Pascal，Fortran，Visual $C^{\#}$，Visual C^{++}，Java 等。

用高级语言或汇编语言编写的程序称为源程序，源程序不能被计算机直接执行，必须转换成机器语言才能被计算机执行。有两种转换：一种是编译方法，即将源程序输入计算机后，用特定的编译程序将源程序编译成由机器语言组成的目标程序，然后连接成可执行文件；另一种是解释方法，即源程序运行时由特定的解释程序对其进行解释处理，解释程序将源程序中的语句逐条解释成计算机能识别的机器代码，解释一条，执行一条，直到程序执行完毕。

（3）服务性程序

服务性程序又称实用程序，是支持和维护计算机正常处理工作的一种系统软件。这些程序在计算机软、硬件管理工作中执行某项特定功能，如文本编辑程序、诊断程序、装配连接程序、系统维护程序等。

（4）数据库管理系统（Data Base Management System，DBMS）

数据库管理系统主要是面向解决数据处理的非数值计算问题，目前主要用于财务管理、图书管理、仓库管理、档案管理等数据处理。这类数据的特点是数据量比较大，数据处理的主要内容为数据的存储、修改、查询、排序、分类和统计等。数据库技术是针对这类数据的处理而产生发展起来的，并且仍在不断地发展、完善，是计算机科学中发展最快的领域之一。

常见的数据库管理系统有 Visual FoxPro，Oracle，Microsoft SQL Server，Sybase 等。

1.2.3.2 应用软件

应用软件是为了解决各种实际问题而编写的计算机程序，由各种应用软件包和面向问题的各种应用程序组成。例如用户编制的科学计算程序、企业管理系统、财务管理系统、人事档案管理系统、人工智能专家系统以及计算机辅助设计（CAD）等各类软件包。比较通用的应用软件由软件公司研制开发形成应用软件包，投放市场供用户选用；比较专用的应用软件则由用户组织力量研制开发使用。

1.3 计算机安全

1.3.1 计算机病毒与防治

　　谁能想到让众多计算机使用者头疼、对信息安全危害至深的病毒是起源于几个年轻程序员的游戏呢？20 世纪五六十年代的贝尔试验室里，几个年轻的程序员发明了一种叫做"磁心大战"的游戏，基本的玩法就是想办法通过复制自身来摆脱对方的控制并取得最终的胜利，这就是病毒最初的雏形。人们对病毒的认识是迟钝的，直到 1987 年"黑色星期五"恶性病毒在全球范围内的大量暴发，才引起人们对病毒的重视，而冯·诺依曼早就在计算机刚刚诞生的时候就预言了计算机病毒的出现。

1.3.1.1 计算机病毒的概念

　　10 年前说到计算机病毒很多人还会感到神秘不可思议，而今天病毒已经不是什么了不起的事了，几乎每个使用计算机的人都曾遭遇过病毒的袭击。病毒不过是一段小小的程序，而这段程序能够不知不觉地破坏、窃取、控制计算机中的信息，而且这段程序具有自我复制的功能，就好像医学中所说的病毒一样，所以人们称它为计算机病毒。《中华人民共和国计算机信息系统安全保护条例》中对计算机病毒明确定义为："计算机病毒是指编制或者在计算机程序中插入的破坏计算机功能或者破坏数据，影响计算机使用并且能够自我复制的计算机指令或者代码。"

1.3.1.2 计算机病毒的特征

　　（1）寄生性

　　计算机病毒可以将自己嵌入到其他文件内部，依附于其他文件而存在。

　　（2）传染性

　　计算机病毒具有强再生机制和智能作用，能主动将自身或其变种通过媒体（主要是磁盘）传播到其他无毒对象上。这些对象可以是一个程序，也可以是系统中的某一部位。同时使被传染的计算机程序、计算机、计算机网络成为计算机病毒的生存环境及新的传染源。

（3）潜伏性

一个编制巧妙的计算机病毒可以在文件中潜伏很长时间，激活条件满足前，病毒可能没有表现症状，不影响系统的正常运行，在一定的条件下，激活了它的传染机制后，才进行传染；在另外的条件下，则可能激活它的破坏机制，进行破坏。

（4）可触发性

病毒侵入后一般不立即活动，待到某个条件满足后立即被激活，进行破坏。这些条件包括指定的某个日期或时间、特定的用户标识的出现、特定文件的出现和使用、特定的安全保密等级或文件使用到达一定次数等。

（5）破坏性

当病毒发作时，都有一定的破坏性。有的干扰计算机系统的正常工作，有的占用系统资源，严重地破坏系统、修改或删除数据，甚至使系统瘫痪。

1.3.1.3 计算机病毒的分类

（1）按病毒产生的后果，计算机病毒可以分为良性病毒和恶性病毒。

① 所谓良性病毒，是指只有传染机制和表现机制，不具有破坏性。如国内最早出现的小球病毒就属于良性病毒。

② 所谓恶性病毒，是指既具有传染和表现机制，又具有破坏性的病毒。当恶性病毒发作时，会造成系统中的有效数据丢失，磁盘可能会被格式化，文件分配表会出现混乱等，系统也有可能无法正常启动，外围设备工作异常等。如"黑色星期五"病毒，如果微机受到这种病毒的侵袭，在 13 日并且是周五这天，所有被加载的可执行文件将被全部删除。

（2）按病毒的寄生方式，计算机病毒可以分为引导型病毒、文件型病毒、混合型病毒三类。

① 引导型病毒是指寄生在磁盘引导扇区中的病毒，当计算机从带毒的磁盘引导时，该病毒就被激活。

② 文件型病毒是指寄生在扩展文件名为.COM 和.EXE 等可执行文件中的病毒，当系统运行染有病毒的可执行文件时，病毒被激活。

③ 混合型病毒是指既寄生于可执行文件，又寄生于引导扇区中的病毒，如"One-half"病毒属于混合型病毒。

1.3.1.4 计算机病毒的危害

从计算机病毒的分类不难看出，计算机病毒的危害作用可大致归纳如下：破坏文件分配表 FAT，使用户保存在磁盘中的文件丢失；改变内存分配，减少系统的有效可用空间；修改磁盘分区表，造成数据写入错误；在磁盘上制造坏扇区，并隐藏病毒内容，减少磁盘可用空间；更改或重写磁盘卷标；删除磁盘上的可执行文件和数据文件；修改和破坏文件中的数据；影响内存常驻程序的正常执行；修改或破坏系统中断向量，干扰系统正常工作，甚至使系统瘫痪；降低系统的运行速度等。

1.3.1.5 计算机病毒的一般症状

下面列出病毒的一般症状，出现这些症状并不意味着一定有病毒出现，但要引起相当的重视。

（1）计算机系统运行速度减慢。

（2）计算机系统经常无故发生死机。

（3）计算机系统中的文件长度发生变化。

（4）计算机存储的容量异常减少。

（5）系统引导速度减慢。

（6）丢失文件或文件损坏。

（7）计算机屏幕上出现异常显示。

（8）计算机系统的蜂鸣器出现异常声响。

（9）磁盘卷标发生变化。

（10）系统不识别硬盘。

（11）对存储系统异常访问。

（12）键盘输入异常。

（13）文件的日期、时间、属性等发生变化。

（14）文件无法正确读取、复制或打开。

（15）命令执行出现错误。

（16）虚假报警。

（17）使时钟倒转。有些病毒会命名系统时间倒转，逆向计时。

（18）Windows 操作系统无故频繁出现错误。

（19）系统异常重新启动。

（20）换当前盘。有些病毒会将当前盘切换到 C 盘。

（21）一些外部设备工作异常。

（22）异常要求用户输入密码。

（23）Word 或 Excel 提示执行"宏"。

（24）不应驻留内存的程序。

1.3.1.6 计算机病毒防治的一般方法

通过采取技术上和管理上的措施，计算机病毒是完全可以防范的。计算机病毒防治工作涉及道德、管理、技术等许多问题，是一项需要全社会关注的工程。每个计算机用户，都应将计算机病毒防治工作，作为自己一项义不容辞的社会义务。

对于一般的用户，树立牢固的计算机安全意识非常重要。一般来讲，计算机病毒的主要传输途径有光盘、优盘和网络。网络病毒在近些年尤其猖狂，具有传播速度快、传播范围广等特点。预防病毒首先要从病毒侵入的途径入手积极防治；其次要建立备份，以便在感染病毒后能够恢复重要数据，下面列出防治病毒的几个主要方法。

（1）对执行重要工作的计算机要专机专用，专盘专用。

（2）经常建立备份。定期备份数据，是系统管理的最基本要求。备份时，应确保计算机和被备份文件未被病毒感染。

（3）系统引导固定。使用相对固定的系统引导方式，最好从硬盘启动。也可用固定的、无毒的，并带有写保护的系统盘引导。防止用不可靠的其他软盘引导系统；系统引导盘不要轻易借给他人使用，防止计算机病毒的侵入。

（4）保存重要参数区。硬盘主引导记录、文件分配表（FAT）和根目录区（BOOT），是硬盘的重要参数区，也是某些恶性病毒的攻击目标，该区域一旦受感染，损失就比较严重。应采取一定的保护措施，如用某些工具软件将其保护起来，以便受到破坏时迅速恢复系统。

（5）充分利用写保护。写保护是防止病毒入侵的可靠措施。保存有重要数据盘一定要加写保护。

（6）将所有.COM 和.EXE 文件设置成"只读"或"隐含"属性，可以防止部分病毒的攻击。

（7）控制外来盘。近年来，优盘已成为病毒传播的主要途径之一。对于外来盘特别是优盘，必须经过检验、杀毒并确认无毒后才能打开。

（8）慎用来历不明的程序，不用非法盗版软件。

（9）严禁在计算机上玩来历不明的游戏。

（10）限制网上可执行代码的交换，控制共享数据。

（11）收发 E-mail 时要慎重，对于不了解的邮件（尤其是带有附件的），不要打开。

（12）使用即时通信软件（MSN、QQ）的时候，不增加不熟悉的联系人，尤其不要点击陌生人发的图片和网址链接，熟悉的人要确认，因为可能是好友的电脑感染了病毒，自动发送的。

（13）不上来历不明的网站，不随意点击可疑链接。

（14）安装防病毒软件，经常查杀病毒并及时升级更新病毒库。

（15）关注病毒动向，及时修补系统软件漏洞。

1.3.2 计算机犯罪

1.3.2.1 计算机犯罪

在计算机应用日益普及的今天，利用计算机进行犯罪活动也日渐猖獗。犯罪手段也是多种多样。制造计算机病毒仅是计算机犯罪的手段之一，懂得如何防治病毒，绝不意味着就能解决计算机犯罪问题，更不意味着计算机系统的安全性就有了保障。

（1）计算机犯罪的定义

计算机犯罪指的是运用计算机技能、技术和知识所进行的触犯现行法律的活动的总称。其中包括窃取政治、经济、军事和技术等方面的数据和信息；盗用计算机财富；侵犯隐私权和知识产权；滥用计算机资源和服务，破坏或非法修改数据或程序，非法插入病毒程序，使系统崩溃或瘫痪，导致信息消失或数据丢失等。

（2）计算机犯罪的主要种类

计算机犯罪的形式无奇不有，但大致可以归纳为下述 6 种类型：

① 对计算机系统的直接破坏：这种破坏可以涉及整个计算机系统，既包括硬件也包括软件。例如，用高压电击穿计算机部件，或在一定触发条件下，用"逻辑炸弹"毁坏整个系统的文件库。

② 盗用机时和服务：这是一种冒名顶替的犯罪活动，使用计算机机时和服务以后，将费用记在其他任一合法用户名下。政治家用这种方法发送竞选邮件；犯罪团伙用该方法冒领别人的钱财，或进行其他经济犯罪活动，而最后还要嫁祸于人。

③ 偷窃财产和财物：1972 年美国加利福尼亚州当局逮捕了一名学生，罪名是通过电话输入了美国一家电话公司的计算机密码，窃取了价值 100 万美元的电子设备。后来因分赃不均，被同谋告发而败露。此人出狱后独资开了一家咨询公司，专门为其他公司提供如何使其计算机免遭袭击的技术咨询服务，生意居然很好。

④ 数据犯罪：数据犯罪的主要内容就是窃取信息，在数据传进和流出计算机设备的过程中，合法地或非法地浏览、截取有用的情报。1984 年 10 月，原西德警方破获了一起波兰间谍案，在该间谍的文件中发现了一幅地图，图上精确地标注着用电子窃取装置对若干政府部门和企业的计算机信息进行窃取的最佳位置。

⑤ 金融犯罪：作为计算机犯罪中的主要分支，金融犯罪约占计算机犯罪案件的一半。截断利息尾数、虚报股票点数、越权划拨款项和伪造各类单据等，作案手段很多。在我国已经多次发生过公司会计、股票交易人和银行出纳等利用计算机犯罪的案件。

⑥ 软件知识产权的侵权行为：这是指以盈利为目的、未经软件责任人同意，复制和出版计算机软件并销售的行为。

1.3.2.2 保护软件知识产权

软件是计算机系统的重要组成部分。编制软件与生产硬件一样，需要付出巨大的劳动，并需要财力、物力的大量支出。软件生产从规划、设计、编码、调试，到最后的维护，整个是一个工程，工作量是以"人年"为单位的。稍微像样一些的软件也要几十个人年（一人工作几十年或几十人工作一年）的工作量。但是软件产品是存储在介质上的，复制非常容易。软件开发者为了软件的通用性，一般不做加密处理，所以在一些国家中，从非正常渠道得到软件的现象相当普遍。有人还以此做无本生意，倒卖盗版软件盈利，这显然都侵害了软件开发生产者的合法权益。软件是人类高度智慧的结晶，理应像有形财产一样，受到各方面的保护，特别是法律保护。

知识产权是指人们对自己的智力劳动成果所依法享有的权利，是一种无形的财产。知识产权包括工业产权和著作权。工业产权又包括专利权、商标权和制止不正当竞争权。随着科学技术的进步，知识产权的外延将不断扩大。

目前大多数国家采用著作权法来保护软件，将包括程序和文档的软件作为一种作品。但是实际上对于软件的保护是一种综合的保护，还可以通过其他法律来保护。源程序是编制计算机软件的直接结果，编写和调试源程序是一项艰苦的智力劳动；可执行程序可以为用户做有用的工作，用户使用它可以管理自己的事务，设计、开发和生产自己的产品等，总之可以从中获益；文档则是为程序的开发和应用而提供的文字性服务资料，其中包含许多技术秘密，具有较高技术价值，是文字作品的一种，这三者都在法律的保护之列。

我国目前在软件知识产权方面的法律有著作权法、计算机软件保护条例、反不正当竞争法、专利法、商标法和技术合同法等，另外最高人民法院关于贯彻执行著作权法的通知、国务院关于加强知识产权保护的决定、全国人大常委会关于惩治著作权犯罪的决定等也都是重要的政策。

1.3.3 计算机安全

1.3.3.1 计算机安全的概念与性质

计算机安全并不是一个新的概念，但现在人们的认识却和以前大不一样了。以前的计算机安全主要是指对计算机的物理保护，最主要的手段是防止无关者进入机房或终端室。现在，尽管保护的对象也是硬件、信息和服务，但信息和数据的价值越来越高，在某些机关已远远高于硬件的价值，所以对硬件资源的保护已经变成了计算机安全的一小部分；其次由于远程终端访问功能使用户可以在自己的办公室里通过远程终端进入系统，通信功能使用户能在家里通过电话线用个人计算机与系统进行信息交换，网络功能使用户可以从一个系统进入另一个系统，所以物理保护手段已经无法满足对于信息和服务的保护。

现在的安全概念不仅包括防止对系统硬件资源的非法访问，还包括保证系统信息（软件、数据和其他文件）的保密性、完整性和可用性。保密性意味着资源仅能被授权实体修改，而不会被非法用户修改和伪造；可用性意味着合法用户的要求不会被当做攻击行为而被拒绝。

综上所述，计算机安全学的概念可以定义为研究保护计算机系统及其资源信息，防止它们遭到偶然的破坏或蓄意的进攻的科学。该定义中有 3 个要素：

① 安全目标：计算机系统及其信息。

② 威胁：偶然的破坏或蓄意的进攻。

③ 控制：与前两项有关的概念、技术和方法。

这 3 个要素中，威胁是计算机安全研究的一个重要方面，只有深入地研究了计算机安全存在的各种威胁，才能研制出安全的计算机系统。威胁来自两方面，一方面是系统本身的安全缺陷；另一方面是计算机病毒等破坏型软件的进攻。

系统的安全缺陷是系统的"漏洞"，信息就是通过这种"洞"泄露或丢失的，破坏型软件总是在寻找这种漏洞而发起进攻的，因而对威胁的控制就是对"洞"的控制，包括使"洞"变得尽可能小，数量变得尽可能少，亦即所谓堵塞漏洞。系统的安全缺陷大体上可以分成两种，一种是程序调试缺陷，它是程序编写和调试过程中的不完善之处，这种"洞"可能对程序本身的功能并无太大影响，但很容易成为系统的"天窗"或"后门"而成为进攻者的通道。蠕虫程序就是通过 UNIX 的"后门"钻入系统的。

另一种是系统设计缺陷，它是系统设计之初，由于各种局限或特殊的考虑产生的。例如，UNIX 操作系统的设计开发之初，几乎没有安全方面的考虑，所以尽管现在 UNIX 的安全水平依版本的不同而有高有低，但 UNIX 系统设计之初就决定了的固有缺陷仍然存在。

控制是计算机安全的另一个要素，又分为内部安全控制和外部安全控制。内部安全控制是计算机内部由系统软硬件实施的安全控制，属于计算机安全技术范畴，将在下面详细讨论。与内部安全控制对应的外部安全控制指非计算机系统实现的安全控制，一般说来就是行政措施或管理手段。外部安全控制可以分 3 大类：

① 物理安全控制：例如不让无关人员进入机房等。

② 人事安全控制：也就是决定哪些人可以得到访问系统和信息的权利。

③ 规程安全控制：即一组规章和制度，负责日常的系统管理。

内部安全与外部安全两种控制是互为补充、相辅相成的。由于外部安全控制的实施更加昂贵些，所以应力争充分发挥内部安全控制的作用。

1.3.3.2 计算机安全技术

计算机安全技术指为了保证计算机安全而采用的计算机技术，即上面所讨论的内部安全控制。计算机安全技术可以通过以下几个方面实施：系统硬件结构、系统软件、添加式硬件、添加式软件。不管是系统的软硬件技术还是添加式的软硬件技术，都应考虑到下列的基本原则：

① 尽早确定系统的安全目标：只有这样，才能通盘考虑系统

的安全技术，并可以降低给现存系统增加安全功能的费用。

② 安全特性与其他特性的综合：设计一个系统时还要考虑到其他很多特性，例如容量、性能、成本、易用性和灵活性，它们之间通常是矛盾的，必须根据系统设计的总目标，做一体化考虑。

③ 最少特权：系统程序员、系统软件都不应该拥有超过他们任务所需的特权，这样才能限制出错或恶意的软件可能造成的危害。

④ 注意安全功能的友善性：对于用户来说，安全性应该是透明的，如果安全检查影响了用户的正常工作，用户就可能想办法越过安全控制。

计算机安全技术既可以用在硬件上，也可以用在软件上。在这里，只介绍一些软件的方法，并介绍一个具体的安全技术——加密技术。

最常用的安全技术是设置密码。密码易于实现，又不难加到现有系统上。但密码不能区分使用同一个密码的所有人，而且在控制文件访问时很不方便，因此只能解决局部的问题。对信息进行加密也是防止受攻击的有效方法。强制访问控制主要用于一些专用的系统，例如公共信息网的公共终端、飞机订票系统和银行取款机，这些系统一般无法预先确认用户，因此只好限制用户能做的事情，由系统决定用户的访问权限。自选访问控制是用户根据自己的意愿，向系统申明谁可以访问他的文件。效力表或访问表是自选访问控制的一种技术，系统为每个用户保持一个效力表，以记录此用户可以对哪些文件进行访问。

多级安全性是美国国防部为了保护它在计算机系统里的保密信息而提出的，每份文件和每个人都有一个安全类和安全级。在读操作时，用户只能读安全级比自己安全级低的文件，即只能读下，不能读上；在写操作方面，用户只能写安全级比他的安全级高的文件，即只能写上，不能写下。

防治病毒技术是一个综合安全技术，既与其他安全技术相联系，又有自己的特点。因为现在还没有太成熟的计算机安全技术，所以还有很多的研究工作要做。

计算机系统正在变得越来越大，现在已经大到了任何一个人也不能完全清楚它是如何工作的地步。人们正在丧失对计算机的控制，这正是获得计算机高水平服务的代价。

信息社会的最大特点就是信息共享，而避免计算机病毒传染的最好办法却是隔离，这又是一对矛盾。由于计算机病毒的存在是由计算机本身的体系结构决定的，因此要从根本上消灭计算机病毒，除非是没有人制造病毒。而阻止病毒泛滥的最有效手段——隔离，也是做不到的，现代人类文明已离不开信息的共享了。

人类利用科学技术的同时给社会带来的副作用是难以靠科技本身的发展加以克服的。因此在研究计算机安全技术的同时，不能忘了计算机文化（包括法律、道德和伦理等）的发展。法律是保护计算机用户和开发者合法利益的强大武器，能够有效地减少计算机犯罪。道德意识与科技进步的同步发展是社会稳定与健康发展的关键所在，无法想象如果掌握着高级技术的工作人员没有相当高的道德与责任感，我们的社会将变成什么样子。

计算机安全的研究有了很大的进展，但计算机系统仍然很不安全，其中一个重要原因是安全性未得到应有的重视。硬件和软件厂商在他们的系统中即使没有配备任何安全手段，在销售时也不会遇到什么麻烦。由此看来仅仅是一次"蠕虫事件"还不够，还需要全体用户联合达成协议或法律强制生产厂商加强安全措施。

ENIAC 的诞生，不仅标志着人类信息时代的到来，也标志着人类面临着一个崭新的挑战。计算机犯罪与计算机安全就像在进行一场马拉松赛，这场竞赛将永远进行下去，双方都是天才，最终的结果是双方都不断改进自己的手段和水平。正是存在着的各种计算机问题促使计算机科学拯救自己，发展自己，从而欣欣向荣。

2　Windows XP 基础和应用

尽管现在很多品牌电脑都配置了微软的 Windows Vista 操作系统，但是目前 Windows XP（特别是性能已相当完善的 Windows XP SP3）仍然是使用最为普遍的操作系统。

Windows XP 中文版是美国微软公司在新世纪推出的新一代微机操作系统，XP 是 Experience 的缩写，意思是"经验、经历"。它是在 Windows 2000 内核的基础上开发的 32 位操作系统，结合了 Windows 2000 的稳定性、安全性和 Windows ME 的易用性，具有最新最丰富的网络和娱乐功能。Windows XP 有 Windows XP 家庭版、Windows XP 专业版和 Windows XP 64 位版等几个版本，本书主要以 Windows XP 专业版为例来介绍 Windows XP 的操作和使用。

2.1 Windows 和操作系统的概念

Windows 是美国微软公司推出的系列操作系统的代号，它是目前世界上应用最广泛的操作系统。迄今为止，微软公司已推出了 Windows 3.x、Windows 95、Windows 98、Windows NT、Windows 2000、Windows ME 以及 Windows XP、Windows Vista 等多个版本，以适应计算机性能的不断提高。每一个新版本都是对其前一个版本的更新与完善，都具有比前一个版本更新的特性和更强大的功能。计算机和操作系统不断变化升级的目的，就是为了使计算机更强大，操作更简单。Windows XP 比 Windows 98 更容易使用。

操作系统是一套具有特殊功能的软件。完整的计算机系统应包括硬件和软件两大部分，其中软件是硬件的灵魂。一台没有装入任何软件的计算机，纵使拥有惊人的"记忆力"和运算速度，也只能是废铁一堆，发挥不了任何作用。

操作系统主要有两大作用：一是为用户操作计算机提供方便。它在人与机器之间充当"翻译"，人和机器可以各用各的"语言"而彼此能相互理解；二是管理整个计算机系统，提高软硬件资源的利用效率。计算机的所有硬件设备和应用软件，对用户来说都是非常宝贵的资源，跟其他资源一样，我们在使用计算机资源的时候也要讲求效率。操作系统可以代替人对这些资源进行有效而合理的管理，把各种资源在最佳的时刻分配到最需要它的地方。

普通用户使用计算机，是通过操作系统来管理计算机上的各种资源，完成文字处理、数据管理等各项工作任务的。

2.1.1 Windows XP 的安装

Windows XP 支持 3 种安装方式：升级安装、全新安装和多系统安装。升级安装是指在现有中文 Windows 环境下安装，Windows XP 可以从 Windows 98/2000 升级到 Windows XP 家庭版和专业版，但不能从 Windows 95 和 Windows NT 上升级。升级安装将保留原来中文 Windows 中已经安装的所有应用程序。全新安装是指在计算机硬盘上没有操作系统，或用户希望覆盖硬盘中原来的操作系统的情况下，使用 Windows XP 的安装光盘启动并安装系统，此外被电脑公司广泛采用的克隆安装也属于全新安装。微软发布的 Windows XP 光盘都能启动并自动安装系统。

Windows XP 的安装过程可分为采集信息、动态升级、准备安装、安装 Windows、完成安装 5 个步骤。Windows XP 整个安装过程非常简单，即使从来没有安装过 Windows XP 的用户，安装起来也不会遇到任何困难，除了要求用户选择时区、区域设置、输入用户名、序列号、设置管理员登录名称和口令，其他无须干预。如果计算机需要和网络连接，安装程序会自动配置，系统安装完毕，几乎所有外部设备的驱动程序也都自动安装完毕。

2.1.2 Windows XP 的硬件环境要求

根据现在的硬件配置状况，Windows XP 对硬件环境的要求是：

（1）推荐采用 P4 系列的 CPU 或 Pentium 双核 CPU。

（2）Intel Pentium\Celeron 处理器家族、AMD 处理器家族。

（3）推荐采用 1 GB 以上内存。

（4）推荐使用希捷或西部数据的容量 80 GB 以上的硬盘。

（5）推荐采用三星、LG 等 19 寸或更大尺寸的液晶显示器。

（6）键盘、鼠标器。

（7）DVD 光驱、COMBO（康宝）光驱或 DVD 刻录机。

（8）声卡、扬声器或耳机。

（9）显卡（推荐采用显存容量 256 MB 以上的独立显卡）、网卡。

2.1.3 安装 Windows XP

2.1.3.1 准备工作

（1）准备一张 Windows XP 简体中文版安装光盘。

（2）可能的情况下，在运行安装程序前用磁盘扫描程序扫描所有硬盘，检查硬盘错误并进行修复。否则安装程序运行时如检查到有硬盘错误将会很麻烦。

（3）记下 Windows XP 安装光盘的产品密匙（安装序列号）。

（4）可能的情况下，用驱动程序备份工具（如：驱动精灵）将原 Windows XP 下的所有驱动程序备份到硬盘上（如：F:\Drive）。最好能记下主板、网卡、显卡等主要硬件的型号及生产厂家，预先下载好驱动程序备用。

（5）如果你想在安装过程中格式化 C 盘或 D 盘（建议安装过程中格式化 C 盘），请备份 C 盘或 D 盘有用的数据。

2.1.3.2 Windows XP 的具体安装步骤

（1）首先需要将 BIOS 修改为光盘引导，然后将 Windows XP 可引导系统光盘放入光驱中，重新启动计算机，计算机将从光驱引导，屏幕上显示 "Press any key to boot from CD…" 请按任意键继续（这个界面出现时间较短暂，请注意及时按下任意键），安装程序将检测计算机的硬件配置，从安装光盘提取必要的安装文件，之后出现欢迎使用安装程序菜单，如图 2-1 所示。

（2）如果您想退出安装，请按 F3 键，如果您需要修复操作系统，请按 "R" 键。如果您想开始安装 Windows XP Professional，请按回车键继续，出现 Windows XP 许可协议，如图 2-2 所示。

图 2-1　欢迎使用安装程序　　　　图 2-2　Windows XP 许可协议

（3）请仔细阅读 Windows XP Professional 许可协议（注：按 "Page Down" 键可往下翻页，按 "Page Up" 键可往上翻页）。如果您不同意该协议，请按 "Esc" 键退出安装。如果您同意该协议，请按 "F8" 键继续，出现显示硬盘分区信息，如图 2-3 所示。

（4）请按上移或下移箭头键选择一个现有的磁盘分区，按回车键继续，出现 4 个选项，依次是：

"用 NTFS 文件系统格式化磁盘分区（快）

用 FAT 文件系统格式化磁盘分区（快）

用 NTFS 文件系统格式化磁盘分区

用 FAT 文件系统格式化磁盘分区"

请按上移或下移箭头键选择一个选项，并按回车键继续（注：未经分区的空间将显示为未划分的空间，如图 2-3 所示）。

如果您想对这些空间进行分区，请选择未划分的空间，按 C 键继续，并选择用 NTFS 文件系统格式化磁盘分区或用 FAT 文件系统格式化磁盘分区（注：在这里对所选分区可以进行格式化，从而转换文件系统格式，或保存现有文件系统。有多种选择，要注意的是 NTFS 格式可节约磁盘空间提高安全性和减小磁盘碎片。但同时存在很多问题 OS/2 和 Windows98/ME 下看不到 NTFS 格式的分区。因此，对于以前的老机子，推荐选用"用 FAT 文件系统格式化磁盘分区"，对现在的新机，推荐用"用 NTFS 文件系统格式化磁盘分区"）如图 2-4 所示。

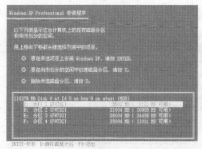

图 2-3　硬盘分区信息　　　图 2-4　选择硬盘的文件系统

按回车键继续出现格式化 C 盘的警告，将准备格式化 C 盘，如图 2-5 所示。

由于所选分区 C 的空间大于 2 048 MB（即 2 GB），FAT 文件系统不支持大于 2 048 MB 的磁盘分区，所以安装程序会用 FAT32 文件系统格式对 C 盘进行格式化。

按回车"Enter"键，出现如图 2-6 所示的格式化画面。

（5）如果硬盘上所选的分区已被格式化，则选择图 2-4 中最后一项保持现有文件系统（无变化），按回车"Enter"键后，安装程序将检测硬盘，如果硬盘通过检测，安装程序将从安装光盘复制文件到硬盘上，此过程大概持续 10～20 分钟，如图 2-7 所示。

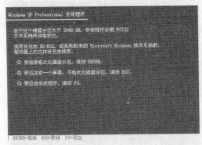

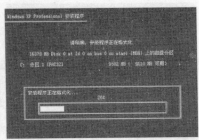

图 2-5　选择 FAT32 文件系统格式　　　**图 2-6　正在格式化**

文件复制完毕后，安装程序开始初始化 Windows 配置。然后电脑将会在 15 秒后自动重新启动。重新启动后，出现如图 2-8 所示的安装画面。

图 2-7　复制安装文件　　　　　　**图 2-8　安装 Windows**

约 5 分钟后，当提示还需 33 分钟左右时将出现如图 2-9 所示的区域和语言选项。

区域和语言设置选用默认值就可以了，直接单击"下一步"按钮，出现如图 2-10 所示的自定义个人信息对话框。

在这里输入姓名和单位，这里的姓名是以后注册的用户名，单击"下一步"按钮，出现如图 2-11 所示的产品密钥输入对话框。

在这里输入预先记下的产品密钥（安装序列号）后，单击"下一步"按钮，出现如图 2-12 所示的计算机名和系统管理员密码输入对话框。

图 2-9 区域和语言选项　　图 2-10 自定义个人信息对话框

图 2-11 产品密钥输入对话框　　图 2-12 计算机名和系统管理员密码

输入对话框

　　在这里安装程序自动创建了"Administrator"字样的计算机名称，允许任意更改，系统管理员密码要输入两次，请记住这个密码，Administrator 系统管理员在系统中具有最高权限，平时登录系统不需要这个账号。接着单击"下一步"按钮，出现如图 2-13 所示日期和时间设置对话框。

　　进行日期和时间设置时，要选北京时间，接着单击"下一步"按钮，出现如图 2-14 所示的安装对话框。

　　接着开始复制系统文件、安装网络系统。出现如图 2-15 所示的网络设置对话框。

　　在这里选择网络安装所用的方式，选择典型设置。

图 2-13　日期和时间设置对话框　　　　图 2-14　正在完成安装

　　然后单击"下一步"按钮，出现如图 2-16 所示的工作组或计算机域对话框。工作组或计算机域一般不需改变，系统默认的即可。

图 2-15　网络设置对话框　　　　图 2-16　工作组或计算机域

　　继续单击"下一步"按钮，出现如图 2-17 所示的安装画面。接着安装程序会自动完成余下的安装过程。

　　安装完成后将会重新启动，出现启动画面，如图 2-18 所示。

　　第一次启动需要较长时间，请耐心等候，接下来是欢迎使用画面，提示设置系统，如图 2-19 所示。

　　单击右下角的"下一步"按钮，出现设置上网连接画面，如图 2-20 所示。

图 2-17　Windows 正在完成安装　　　图 2-18　Windows 正在设置屏幕

图 2-19　Windows 正在设置系统　　　图 2-20　创建 Internet 连接

　　这里建立的宽带拨号连接，不会在桌面上建立拨号连接快捷方式，且默认的拨号连接名称为"我的 ISP"（自定义除外）；进入桌面后通过连接向导建立的宽带拨号连接，在桌面上会建立拨号连接快捷方式，且默认的拨号连接名称为"宽带连接"（自定义除外）。如果你不想在这里建立宽带拨号连接，请点击"跳过"按钮。

　　在这里可先创建一个宽带连接，选第一项"数字用户线（ADSL）或电缆调制解调器"，单击"下一步"按钮，出现如图 2-21 所示的画面。

　　目前使用的电信或联通（Asymmetric Digital Subscriber Line，ADSL）住宅用户都有账号和密码，所以选"是，使用用户名和密码连接"，单击"下一步"按钮，出现如图 2-22 所示的设置 Internet 账户对话框。

图 2-21　询问用户名和密码　　　　图 2-22　设置 Internet 账户对话框

　　输入电信或联通提供的账号和密码，在"你的 ISP 的服务名"
处输入你喜欢的名称，该名称作为拨号连接快捷菜单的名称（如果
留空系统会自动创建名为"我的 ISP"作为该连接的名称）单击"下
一步"按钮，出现如图 2-23 所示的激活 XP 对话框。

　　已经建立了拨号连接，微软当然想让你现在就激活 XP，不过
即使不激活也有 30 天的试用期，因此，选择"否，请等候几天提
醒我"，单击"下一步"按钮，出现如图 2-24 所示的登录用户名
输入对话框。在这里输入一个用来登录计算机的用户名。

图 2-23　激活 XP 对话框　　　　　图 2-24　设置登录用户名

　　单击"下一步"按钮，出现如图 2-25 所示的完成画面。
　　单击"完成"按钮，系统将注销并重新以新用户身份登录。
　　登录后出现如图 2-26 所示的画面。

图 2-25　Windows 设置完成　　　图 2-26　Windows XP 桌面

Windows XP 到此全部安装完毕。

2.2 Windows XP 基本概念和基本操作

Windows XP 的新功能主要包括以下几个方面：

（1）智能化用户界面。全新设计的开始菜单可以自动记忆最常用的 6 个（最多 30 个）软件，使用户能够快速访问；Windows XP 把常用的文件操作（如删除、移动、重命名等）列在文件浏览窗口的左侧，一目了然，可大大加快对文件的操作速度；Windows XP 会自动将用户新安装的软件在程序菜单中用黄色背景标识等。

（2）更加出色的兼容性。Windows XP 对系统稳定性和设备兼容性提供了更好的支持，吸收了 Windows 2000 中的即插即用功能；改进了设备的安装技术，能够自动打开放入驱动器中的 CD、USB 盘和 Flash 卡等；支持更多的硬件技术，包括增强的 PS/2 和 USB 技术、无线网络设备、高分辨率显示器等；对应用程序的兼容性更强，可通过设置兼容模式来运行以前操作系统不能运行的程序等。

（3）超强的多媒体功能。Windows XP 内置了 Windows Media Player 8.0 多媒体播放程序；增加了 Windows Movie Maker（视频编辑制作）软件，可以满足家庭多媒体制作的要求；增加了对刻录机的支持，无须额外的刻录软件，就能像操作文件夹一样实现对刻录光盘的读写操作。

（4）更强大的稳定性和安全保护。Windows XP 提供了系统恢复、程序回滚和动态更新等功能，用户可以方便地对系统故障进行安全修复，确保系统的稳定运行；新增了内置网络防火墙功能，提高了系统在网络环境中的安全性；基于公共密钥加密技术的加密文件系统，允许用户对自己的文件或文件夹实施加密，而且操作更加方便等。

此外，Windows XP 还内置了图片浏览、文件压缩等许多实用功能，无需再安装 ACDSEE 等专用看图软件，用户就可以轻松实现图片的翻页浏览、任意旋转、打印、设置壁纸等功能。总之，Windows XP 虽然对硬件的要求比以前的版本更高，但它的性能也空前提高，它使计算机的操作和使用更加容易，更加有效。

2.2.1 键盘和鼠标的基本操作

2.2.1.1 键盘的基本操作

键盘和鼠标是计算机系统需要配备的基本输入设备。在Windows 操作系统中，键盘的作用主要是用来输入文字，其他的各种操作功能则主要由鼠标来完成。当文档窗口或对话输入框中出现闪烁着的插入标记（光标）时，就可以敲键盘输入文字了。

事实上，利用键盘也可以完成 Windows XP 提供的许多操作功能。例如，在快捷方式下，可以在按下"Alt"键的同时，按下某个字母，来启动相应的程序或文件；在菜单操作中，可以通过敲键盘上的方向键来改变菜单选项，按"Enter"回车键执行相应的功能；还可以按"Shift"键或"Tab"键在不同的窗口、对话框选项以及按钮之间进行切换等。只不过，操作鼠标，要比操作键盘更方便、更快捷。

2.2.1.2 鼠标的基本操作

使用鼠标来完成各种操作，是 Windows 操作系统的一大特点。一般的鼠标都有左、右两个按键，有的鼠标中间还有一个按键或滚轮。在 Windows XP 中，如果鼠标有滚轮，操作起来要方便很多。因此，如果您的计算机安装了 Windows XP，选购新鼠标时，最好选择带滚轮的鼠标。

鼠标的左右两个按键，再配上单击、双击两种功能，可以组合成多种操作方式，完成各种特定的功能。最基本的鼠标操作方式有以下6种：

（1）移动：握住鼠标在鼠标垫板上移动时，计算机屏幕上的鼠标指针将随之移动。

（2）指向：移动鼠标，让鼠标指针停留在某一对象上，如"开始"按钮。一般用于激活对象或显示工具的提示信息。

（3）单击：将鼠标指向某一对象，然后将鼠标左键按下、松开。用于选择某个对象或者某个选项、按钮等。

（4）双击：将鼠标指向某一对象，然后连续两次按下鼠标器的左键，而且两次动作的时间间隔要短。用于启动程序或者打开窗口。

（5）右击：将鼠标指向某一对象，然后将鼠标右键按下、松开。通常用于弹出对象的快捷菜单。

（6）拖动：将鼠标指向某一对象，然后按下鼠标左键不放，并移动鼠标到另外一个位置后再释放左按钮。它是指将一个对象从一个位置移动到一个新位置的过程，常用于滚动条操作、标尺滑块操作或复制、移动对象的操作。要熟练使用鼠标，除掌握正确的操作方式之外，准确辨识鼠标指针的形状也非常关键。当你握着鼠标在鼠标板上移动时，计算机屏幕上的鼠标指针也随之移动，指针形状也经常发生变化。通常情况下，鼠标指针的形状是一个小箭头，但在某些特别场合下，例如当鼠标移到窗口的边沿时，鼠标指针的形状就会有所变化。

此外，用户可以对鼠标左右键的功能进行互换，以适应不同人的使用习惯；还可以按照自己的需要来设定和改变鼠标指针的形状，具体方法请查阅系统帮助的有关内容。

2.2.2 桌面管理

2.2.2.1 桌面介绍

启动计算机进入 Windows XP 操作系统后，屏幕上显示的 Windows XP 的操作界面，就称之为桌面。Windows XP 的桌面非常简洁，主要包括桌面背景、快捷图标、"开始"按钮和任务栏 4 部分内容。用户可以任意添加或删除桌面上的"图标"，也可以根据自己的需要排列或对齐桌面上的"图标"。把鼠标放在桌面上，单击鼠标右键，就会弹出一个快捷菜单，选择需要的命令，单击鼠标左键即可。

桌面的左下角有一个"开始"按钮。它是整个桌面的核心，由此可以开始 Windows XP 的全部操作和使用。Windows XP 对计算机的所有管理功能都是通过这个按钮里包含的各种程序来实现的，单击"开始"按钮，可以看到其中的所有内容。如图 2-27 所示。

2.2.2.2 桌面的基本操作

对桌面的基本操作，主要包括对桌面上的"开始"按钮、任务栏、快捷图标和桌面背景的操作。

单击桌面左下角的"开始"按钮，即可打开"开始"菜单。

（1）利用"开始"菜单查阅帮助信息

Windows XP 系统功能非常强大，为此，Windows XP 提供了非常详细、具体的帮助支持信息，通过"开始"菜单中的"帮助和支持"选项，用户可以查阅自己需要了解的任何系统信息。充分利用系统提供的帮助和支持信息，来学习和掌握 Windows 系统功能，是计算机用户必须掌握的一项基本技能。具体操作方法如下：

① 单击"开始"菜单中的"帮助和支持"选项，屏幕上出现如图 2-28 所示"帮助和支持中心"窗口。

② 在"搜索"文本框中输入你想查阅信息的主题词，单击其后的搜索按钮，系统就会将搜索到的相关主题列在窗口工作区域的左半部；单击其中的某一任务，系统就会将完成该任务的具体操作方法显示在工作区的右半部；单击其右下方的"相关题"按钮，系

统还会将与此任务相关的主题列出。如图 2-28 所示。

图 2-27　Windows XP 的多级菜单　　　　图 2-28　帮助和支持中心

　　（2）利用"开始"菜单启动程序

　　单击"开始"菜单左半部分程序列表中的某一选项，或单击"所有程序"选项子菜单下的某一程序名，即可启动相应的程序。例如，你想启动 Windows XP 内置的多媒体播放程序，很简单，单击"开始"按钮，然后单击程序列表中的 Windows Media Player，即可启动播放程序。或单击"开始"—"所有程序"—"附件"—"娱乐"—"Windows Media Player"选项，也可启动多媒体播放程序。

　　在 Windows XP 下安装应用软件时，安装程序都会自动地在"所有程序"菜单中加入一个相应的程序名或菜单。因此，通过"开始"菜单，可以方便地启动用户新安装的应用软件。

　　（3）利用"开始"菜单中的"运行"命令启动程序

　　对于那些"开始"菜单没有列入的程序或系统操作命令，可以用"开始"菜单中的"运行"命令来启动。具体方法如下：

　　① 单击"开始"按钮，再单击其中的"运行"命令；

　　② 在弹出的"运行"对话框中，如图 2-29 所示，输入要启动的程序或命令的路径和名称，单击"确定"按钮，就可以执行相应的程序或命令了。如果你记不住程序的路径或命令的名称，也可以单击"浏览"按钮，从弹出的对话框中选择要启动的程序或命令。

　　（4）改变"开始"菜单样式

　　如果用户想修改这种新样式的"开始"菜单，使它更加个性化或恢复以前的样式，请打开"任务栏和『开始』菜单属性"对话框，你可以在那里根据工作的需要，修改、设计属于你个人的"开始"菜单。

具体操作步骤如下：

① 右击"开始"按钮，从弹出的快捷菜单中选择"属性"命令，打开"任务栏和『开始』菜单属性"对话框，并确保当前显示的是"开始"菜单选项卡。如图 2-30 所示。

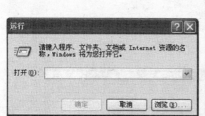

图 2-29 运行命令对话框　　图 2-30 任务栏和『开始』菜单
属性对话框

② 如果你想恢复到类似 Windows 98 中的"开始"菜单模式，请单击"经典『开始』菜单"选项，然后单击"应用"按钮。系统菜单随即恢复到以前的经典模式。单击"经典『开始』菜单"选项后面的"自定义"按钮，你还可以对经典模式菜单中的程序项目进行添加、删除和重新排序等操作，以便使"开始"菜单更符合日常工作的需要，提高工作效率。

③ 如果你想设计属于自己的、富有个性的"开始"菜单，请选择"『开始』菜单"选项，然后单击后面的"自定义"按钮。屏幕上弹出"自定义『开始』菜单"对话框，如图 2-31 所示。

"自定义『开始』菜单"对话框的"常规"选项卡中有以下几个选项组，可以在此进行相关的设置。如图 2-31（a）所示。

"为程序选择一个图标大小"：该选项组里有"大图标"和"小图标"两个选项，你可以在此选择"开始"菜单里的程序使用大图标还是小图标。

"程序"：在其中的文本框里可以设置在常用程序列表显示的程序的数量，默认值为6，你可以输入一个0～30的数值。单击"清除列表"按钮，可以将常用程序的快捷方式从常用程序列表中清除掉。

"在『开始』菜单上显示"：用户可以在此选择在固定程序列表中显示的程序。默认情况下，Internet 和电子邮件两个选项都被选中，在后面的下拉列表框中，用户可以选择要在固定程序列表中显示的其他程序。

单击"自定义『开始』菜单"对话框中的"高级"选项卡，这里有以下几个选项，也可以进行相关的设置。如图2-31（b）所示。

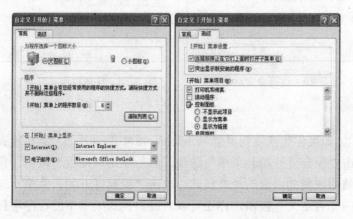

（a）"常规"选项卡　　　（b）"高级"选项卡

图2-31　"自定义『开始』菜单"对话框

"『开始』菜单设置"：选择"当鼠标停止在它们上面时打开子菜单"，表示当鼠标放在"开始"菜单上时，子菜单将自动打开；如果取消选择这个功能，则只有在"开始"菜单上单击时才能打开子菜单。选择"突出显示新安装的程序"，系统将在"所有程序"

菜单中以浅黄色背景来显示新安装的程序，以便用户快速查找。

"『开始』菜单项目"列表框：在这里用户可以决定是否在"开始"菜单项目列表中显示某些内容以及如何显示。如选中"我的电脑"中的"显示为菜单"选项，设置生效后，"开始"菜单中"我的电脑"将会附带一个级联子菜单，用菜单的方式显示原来在"我的电脑"窗口中显示的所有内容。

2.2.2.3 快捷图标操作

（1）添加新图标

在桌面上放置一些快捷图标，可以加快操作速度，提高工作效率。在 Windows XP 中更是如此，因为 Windows XP 为保持桌面的简洁，把大量的操作命令都放置在『开始』菜单中，使得打开菜单的层次增多，操作不便。下面以将"附件"菜单中的"计算器"以快捷图标方式放置到桌面上为例，介绍在桌面上添加新图标的具体操作方法：

① 单击"开始"按钮，选中"所有程序"选项，弹出"所有程序"子菜单。

② 选中"所有程序"子菜单中的"附件"命令，出现下一级级联菜单。

③ 将鼠标指针指向级联菜单中用户需要添加快捷方式的"应用程序"命令，先按住"Ctrl"键不放，再按下鼠标左键不放拖动到桌面。

④ 拖动到适当位置后，释放鼠标左键，桌面上出现了一个新的"应用程序"快捷图标。

（2）删除旧图标

右击桌面上的某个图标，从弹出的快捷菜单中选中"删除"命令，即可删除该图标。

（3）排列图标

桌面上的图标可以任意排列。你可以用鼠标把图标拖放到桌面上的任何地方，也可以用右键单击桌面上的任一空白区域，从弹出的快捷菜单中选择"排列图标"命令，桌面上的图标即可按名称、按大小、按日期、按类型或自动排列进行排列；或选择"行列对齐"命令，桌面上的图标即可按行列对齐排列，让你的桌面变得井井有条。

2.2.2.4 任务栏操作

默认状态下，中文 Windows XP 中的任务栏总是在屏幕上；并且总显示在屏幕的最下端。这样不但要占用屏幕的一部分区域，有时还会覆盖某些应用程序的部分界面，因而有时需要改变任务栏的显示属性。改变任务栏显示属性的操作步骤如下：

右击任务栏上的任一空白区域，从弹出的快捷菜单中选择"属性"命令，打开如图 2-32 所示的"任务栏和『开始』菜单属性"对话框。在这里，用户可以根据需要设置任务栏的显示属性。

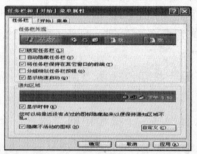

图 2-32　任务栏和『开始』菜单属性

① 选中"锁定任务栏"复选框，将任务栏锁定在桌面上的当前位置，这样任务栏就不会被移动到其他位置；同时还锁定显示在任务栏上的任意工具栏的大小和位置，这样工具栏也不会被改变。

② 选中"自动隐藏任务栏"复选框，任务栏将自动隐藏，屏幕的底部看不见任务栏，仅显示一条蓝线。但只要把鼠标移动到这条蓝线上，任务栏就会自动显示出来，用户就可以对它进行操作。当鼠标离开任务栏之后，任务栏又会自动隐藏。

③ 选中"分组相似任务栏按钮"复选框，用同一程序打开的文件将显示在任务栏的同一区域中，如果任务栏上的按钮太多太拥挤，以至于按钮的宽度变得非常小，同一程序的按钮将会折叠成一

个按钮，单击此按钮可以访问所需的文档，右击此按钮从弹出的快捷菜单中选择"关闭组"命令，可以关闭其中所有的文档。

④ 选中"显示快速启动"复选框，在"开始"按钮的右边会出现"快速启动"栏，这是一个可以自定义的工具栏，单击其中的某一图标，即可快速启动相应的程序。用户可以在此添加需要经常使用的程序按钮。

2.3 窗口操作

在 Windows 系统中，每打开一个程序或一个文档，就会打开一个相应的窗口，窗口操作是 Windows XP 最基本的操作。

2.3.1 窗口的基本组成

单击"开始"按钮，单击"我的电脑"即可打开"我的电脑"窗口，如图 2-33 所示。

图 2-33　我的电脑

在 Windows XP 中，所有系统窗口和在窗口环境下运行的应用程序外观基本一致，包括边框、标题栏、控制菜单图标、改变尺寸及关闭按钮、菜单条、工具栏及工作区域等。

① 窗口边框：窗口周围的四条边叫做边框。

② 标题栏：窗口顶部的蓝色长条就是标题栏，用来显示窗口的名称，如"我的电脑"。

③ 控制菜单图标：窗口标题栏最左边的图标为控制菜单图标，单击该图标可以打开系统控制菜单。系统控制菜单中一般包含窗口移动、改变尺寸、改变大小及关闭命令。

④ 最小化按钮、最大化或还原按钮和关闭按钮：窗口标题栏最右端的 3 个小按钮。

⑤ 菜单栏：窗口标题栏下面紧挨着的就是菜单栏，一般包括文件菜单、编辑菜单、帮助菜单等。利用菜单栏，可以方便地运行各种命令，进行各项操作。

⑥ 工具栏：窗口菜单条下面含有快捷工具的长条栏就是工具栏，一般包括"后退"、"前进"、"搜索"、"文件夹"等。

⑦ 状态栏：在窗口的最底部，显示窗口的当前状态或操作状态，包括对象个数、可用的空间及计算机的磁盘空间总容量等。

⑧ 工作区域：窗口的内部区域称作工作区域或工作空间。窗口工作区中的内容既可以是文件或文件夹的图标，也可以是某种文档，随窗口类型不同而不同。在 Windows XP 中，工作区域被分隔成两部分，左半部为常用任务列表、其他位置、详细信息等，右半部为内容显示区。

⑨ 滚动条、滚动箭头和滚动块：当窗口工作区容纳不下要显示的所有内容时，工作区的右侧或底部就会出现滚动条。它们分别被称为垂直滚动条和水平滚动条。每个滚动条的两端都有滚动箭头，两个滚动箭头之间有一个滚动块。

2.3.2 窗口的基本操作

窗口的基本操作主要包括移动窗口、改变窗口大小、切换窗口以及最大化、最小化、复原和关闭窗口。下面介绍具体的操作方法。

2.3.2.1 移动窗口和改变窗口大小

Windows XP 可以让用户同时打开和运行多个应用程序，为了有效地利用这一功能，用户必须能够熟练地移动窗口并重新安排，以便快速找到所需的应用程序或文件。

移动窗口：单击窗口的标题栏，按住鼠标左键拖动鼠标，就可以把窗口拖放到桌面上的任何地方。

改变窗口大小：将鼠标移到窗口边框或角上，当鼠标变成双箭头形状时，单击并拖动窗口边框或角，即可随意改变窗口的大小。

2.3.2.2 最大化/最小化、还原和关闭窗口

在窗口标题栏的右端有三个按钮，这三个按钮依次为窗口最小化按钮、最大化或还原按钮、关闭按钮。单击其中的某个按钮，就可以完成相应的窗口操作：

① 单击最小化按钮，窗口立即缩小成任务栏上的一个按钮。这时窗口仍是活动窗口。

② 单击最大化按钮，窗口立即充满整个桌面，同时，最大化按钮变成复原按钮。

③ 单击还原按钮，窗口恢复到最大化之前的形状，同时，还原按钮变成最大化按钮。

④ 单击关闭按钮，窗口关闭，从桌面上消失，且任务栏上也不会再有相应的按钮。

2.3.2.3 切换窗口

多窗口操作是 Windows XP 的又一重要特性，系统允许用户同时打开多个窗口，并可以在多个窗口之间来回进行各种操作。

有三种方法可以帮助用户实现不同窗口之间的切换：一是在可见窗口之间直接切换；二是使用任务栏进行切换，这种方法可用于在不可见窗口之间进行切换；三是利用窗口地址栏进行切换。

可见窗口之间的切换：单击桌面上需要切换到的窗口的任何地方，即可将该窗口变成活动窗口，完成窗口切换。

使用任务栏进行切换：单击任务栏上需要切换的窗口名称的按钮，即可将该窗口还原到最小化前的状态，或者从别的窗口后面显示到最前面，完成窗口切换。

利用窗口地址栏进行切换：单击"我的电脑"窗口地址栏右端的下拉按钮，选择下拉列表中列出的任一窗口名，例如"控制面板"，即可切换到所选择的窗口。如图 2-34 所示。

无论你同时打开多少个窗口，总是只有一个窗口是活动窗口，

或称之为"当前窗口"或"激活窗口"。活动窗口的标题栏以深蓝色为背景色，并且覆盖在其他窗口之上。除此之外的所有窗口叫做"后台窗口"，其标题栏的背景为蓝灰色。

图 2-34　利用窗口地址栏切换

2.3.2.4 滚动窗口内容

前面已经指出，当窗口工作区容纳不下要显示的所有内容时，工作区的右侧或底部就会出现滚动条，通过操作滚动条，就可以看到窗口中的所有内容。如果要让隐藏在窗口右侧的内容显示出来，则要使用窗口底部的左右滚动按钮或水平滚动条；如果要让隐藏在窗口下边的内容显示出来，则要使用窗口右边的上下滚动按钮或垂直滚动条。具体方法如下：

① 向上或向下滚动一个小的单位长度（例如一行），请单击垂直滚动条的向上或向下滚动箭头；向左或向右滚动一个小的单位宽度（例如一个字符宽度），请单击水平滚动条上的向左滚动箭头或向右滚动箭头。

② 向上或向下滚动一个大的单位长度（比如一页），请单击垂直滚动块上方或下方的滚动块空余区域；向左或向右滚动一个大的单位宽度，请单击水平滚动块左边或右边的滚动块空余区域。

③ 如果需要移动到某位置处，直接在滚动条上拖动滚动块，当窗口中显示出你需要的内容时停止拖动。

2.4 菜单操作

2.4.1 菜单介绍

Windows XP 窗口中的菜单与 Windows 98/2000 中的菜单基本一致，不管是系统窗口还是程序窗口，一般都包含以下几种类型的菜单选项，它们有各自的特点。

2.4.1.1 正常的菜单选项与变灰的菜单选项

正常的菜单选项用黑色字符显示，你可以随时选取它执行相应的操作；变灰的菜单选项用灰色字符来显示，表示在当前情形下它是不能被选取的。

2.4.1.2 名字后跟有省略号（…）的菜单选项

选择这种菜单选项，会弹出一个相应的对话框，要求用户输入某种信息或改变其中的某些设置。

2.4.1.3 名字右侧带有三角形标记的菜单选项

名字右侧带有三角形标记的菜单选项表示它下面还有一级子菜单，当鼠标指向该选项时，系统会自动弹出下一级子菜单。这与开始菜单及其级联子菜单的特性类似。

2.4.1.4 名字后带有组合键的菜单选项

菜单项名字后面的组合键，叫做该菜单项的快捷键，直接按下组合键，就可以执行该菜单命令。如文件菜单下的"新建"命令后带有组合键"Ctrl+N"，表示直接按下"Ctrl+N"键就可以新建一个文件。

2.4.2 菜单的操作

2.4.2.1 打开菜单

用鼠标单击菜单栏上的菜单名，就可以打开相应的菜单。此外，用鼠标单击窗口左上角的控制菜单图标，可以打开窗口控制菜单；用鼠标右键单击桌面上或窗口中的某一对象，就会弹出一个带有许多可用命令的快捷菜单，单击其中的某个菜单选项，就可以执行相应的菜单命令。快捷菜单一般紧挨着选择的对象，鼠标移动距离小，长期使用，你就会感到其操作的方便和快捷。

2.4.2.2 撤销菜单

如果打开一个菜单之后，你又不想选取其中的命令，可以在菜单框外的任意空白位置处单击，或按下"Esc"键撤销该菜单。如果打开一个菜单之后，想撤销此菜单并打开另一个菜单，只需把鼠标指向菜单栏上的另一菜单名即可。

2.4.2.3 几个常用菜单下的常用命令

（1）"文件"菜单

"打开"——打开某个文件或文件夹（Ctrl+O）；

"新建"——创建一个新文件（Ctrl+N）；

"删除"——删除某个文件或文件夹（Delete）；

"属性"——查看或改变对象的属性；

"关闭"——关闭文件或关闭窗口；

"退出"——退出程序。

（2）"编辑"菜单

"拷贝"——将用户选取的对象复制到剪贴板中，被复制对象保留在原处；

"剪切"——剪切对象，即把对象移到剪贴板中，被剪切对象从原处消失；

"粘贴"——粘贴对象，即把当前剪贴板中的对象复制到当前位置；

"全选"——将窗口中的所有对象都选中。

2.5 对话框操作

2.5.1 对话框介绍

所谓"对话框"主要用于人和计算机系统之间的对话，例如，如果你想打开一个文件，就必须通过对话框"告诉"计算机你想打开哪个文件；如果你想改变一下任务栏的显示模式，也必须通过对话框"告诉"计算机，你希望任务栏是"自动隐藏"还是"总在前面"等。

在桌面的空白区域处，单击鼠标右键弹出快捷菜单，单击其中的"属性"命令，就会弹出如图 2-35 所示的"显示属性"对话框，这是一个典型的对话框。从上图可以看出，对话框与窗口有些类似，顶部为标题栏。但对话框中没有菜单栏，对话框的大小也是固定的，不能像窗口那样随意缩放。对话框的主要组成元素有：

2.5.1.1 标题栏

标题栏在对话框的顶部，它的左端是对话框的名称，右端为对话框的关闭按钮和求助按钮。

2.5.1.2 标签

标题栏下面往往都有标签，如图 2-35 所示的对话框有五个标签（也叫"选项卡"）：主题、桌面、屏幕保护程序、外观、设置。单击标签名，即可在多个标签页之间切换。

2.5.1.3 输入框

输入框可以分为文本框和列表框两类：

文本框用于输入文本信息，其右端一般带有一个下拉按钮，既可以直接在文本框中输入文字、修改文字，也可以用下拉按钮打开下拉框，从中选取要输入的信息。下拉框中一般保存了最近几次输入到该文本框的信息，或者是预定义的信息。

列表框用于从列出的对象中选取需要的对象，列表框提供了很多参考对象，称为列表项，你可以从中作出选择，但不能直接修改列表中对象的内容。例如，"桌面"标签下的"背景"框即属列表框。

2.5.2 对话框的操作

2.5.2.1 对话框的移动与关闭

这两个操作与窗口对应的操作一样，单击标题栏，同时按下鼠标左键不放拖带鼠标即可将对话框移动到任意地方；单击标题栏右上端的关闭按钮，就可关闭对话框。如果你想保存本次对话框中的输入和修改，请单击"确定"按钮退出对话框；否则，请单击"取消"按钮退出对话框。

2.5.2.2 在对话框的各个选项之间移动

在对话框中移动鼠标，即可随意地在各个选项之间移动。

2.5.2.3 选择标签页

当对话框中有多个标签时，用鼠标单击标签名；就会打开相应的标签页。

2.5.2.4 一些常用对话框的操作

"浏览"对话框，在一些操作中，经常要求用户输入文件的名称、路径等信息，但用户又不可能确切地、一字不差地记住所有文件的位置和名称，于是，"浏览"对话框应运而生，它可以为你提供计算机里所有的文件、文件夹的名称、路径以及其他资源信息。

根据不同环境需要，"浏览"对话框有各种不同的形式，如图2-36 所示的是一个典型的"浏览"对话框，浏览或查找文件的操作步骤如下：

图 2-35　显示属性对话框

图 2-36　浏览对话框

第 1 步：单击"查找范围"输入框的下拉按钮，选择驱动器、文件夹；

第 2 步：单击"文件类型"输入框的下拉按钮，选择相应的文件类型；

第 3 步：单击文件列表框中列出的文件图标，或直接在"文件名"文本框中输入文件名；

第 4 步：单击"打开"按钮。

如果已知文件的名称和路径，直接在"文件名"文本输入框中输入文件的路径和名称，再单击"确定"按钮，或按回车键就可以打开该文件。

如果你已记不起文件的确切名称和路径，就在"查找范围"下拉式列表框中选择包含该文件的文件夹，下面的列表框中会自动列出该文件夹下的所有文件及文件夹，双击要打开的文件即可。

2.6 文件资源管理

计算机系统中的大部分数据都是以文件的形式存储在磁盘上，操作系统的主要功能之一就是帮助用户管理好自己的数据文件。使用中文 Windows XP 的"资源管理器"和"我的电脑"，用户能够很方便地对文件资源进行管理。本节主要介绍文件、文件夹及文件存储的基本概念，在 Windows XP 中打开、浏览和搜索文件、文件夹的操作方法，管理文件、文件夹的基本方法，包括如何打开、新建、复制、移动、删除和恢复删除、压缩和解压缩以及备份文件和文件夹等。

2.6.1 文件、文件夹及文件存储的基本概念

2.6.1.1 文件

在计算机系统中，文件是最小的数据组织单位。一个文件是一组信息的集合，文件中可以存放文本、图像、数值等信息。根据它们所包含信息类型的不同，可将文件划分成很多类型。Windows XP 中主要有以下几种文件类型。

（1）程序文件

由可执行的代码组成。如果查看程序文件，用户只能看到一些无法识别的怪字符。程序文件的扩展名一般为 COM 和 EXE，双击这些程序文件名，大部分情况下即可启动或执行相应的程序。

（2）文本文件

通常由字母和数字组成。一般情况下，其扩展名均为 TXT。

（3）图像文件

通常由图片和信息组成。图像文件的格式有很多种，不同格式的图像文件其扩展名不同，如 BMP、JPG、GIF、TIF 等。

（4）多媒体文件

主要指数字形式的声音和影像文件。多媒体文件还可以细分成很多类型，不同类型的多媒体文件，其扩展名不同，如 WAV、CDA、MID、AVI、MPG 等。

（5）字体文件

Windows XP 中文版带有很多字体，所有字体都放在 Fonts 文件夹中，在 Windows XP 的系统文件中找到并打开该文件夹就能看到许多字体文件。

（6）数据文件

一般包含有数字、名字、地址和其他由数据库和电子表格等程序创建的信息。由不同应用程序创建的数据文件，其扩展名不同，如 DBF、XLS 等。

2.6.1.2 文件夹

Windows XP 使用"文件夹"来对计算机系统中的文件进行分类和汇总，以便进行有效的管理。文件夹中还可以包含文件和文件夹，用户可以把同类的文件放置在同一个文件夹中，再把同类的文件夹放置在一个更大的文件夹中。这有些类似图书馆管理图书的方法。图 2-37 显示了计算机 C 盘（硬盘）中的 Program Files 文件夹被一级一级打开后的情况。

2.6.1.3 Windows XP 的存储结构

Windows XP 的文件存储结构为层级结构，由以下 5 层组成：

（1）文件

最低层。文件最初是在内存中建立的，然后按用户指出的文件名存储到磁盘上。每个文件在磁盘上都有其固定的位置，我们称之为文件的路径。路径包括存储文件的驱动器、文件夹或子文件夹，例如："C：\Program Files\ Microsoft Office\Office\Winword. EXE"。同一磁盘同一文件夹下的文件名具有唯一性。

（2）文件夹

用来管理文件。文件夹可以嵌套，也就是说文件夹内还可以再包含文件夹。只要存储空间不受限制，一个文件夹中可以放置任意多的内容。在 Windows XP 中，文件夹可以设置为几种不同类型的模板，不同类型模板的文件夹在外观及操作的可选项上均会有所不同。

（3）驱动器

用来管理文件及文件夹。驱动器一般用后面带有冒号（:）的大写字母表示，大多数计算机都有一个或多个逻辑驱动器，叫（C:）、（D:）或（E:）；光盘驱动器则一般用最后一个逻辑驱动器之后的字母表示，如（F:）。局域网用户的电脑中可能还会有网络驱动器。

与驱动器并列的还有"控制面板"、"共享文档"和用户的个人文件夹。"共享文档"文件夹中含有"共享图片"和"共享音乐"文件夹，用于放置与同一计算机上的其他用户共享的图片和音乐。Windows XP 为计算机的每一个用户创建一个个人文件夹。当多人使用一台计算机时，它会采用用户名来标识每个个人文件夹。用户可将个人文件夹设置为每个人都可以访问，或设置为专用，只有用户本人可以访问其中的文件。

（4）我的电脑

包含了所有的驱动器、控制面板、共享文档和所有用户的个人文档等。

（5）资源管理器

最高层，包含了计算机中所有的存储资源，如我的电脑、网上邻居、回收站等。

2.6.2 打开最近使用过的文件

利用"开始"菜单中的"我最近的文档"选项，可以快速打开最近使用过的文档。具体方法如下：

第 1 步：单击"开始"，"我最近的文档"选项，打开其下一级菜单。

第 2 步：在"我最近的文档"子菜单里单击需要打开的文档名称，就可以打开该文档。

打开的文档多了，"我最近的文档"菜单中记忆的文档数目就多，如果你希望它看起来干净、整洁一些，就应该隔一段时间清空一次。具体方法如下：

第 1 步：右击"开始"按钮，从弹出的快捷菜单中选择"属性"命令，打开"任务栏和『开始』菜单属性"对话框，打开"『开始』菜单"标签页。

第 2 步：单击"『开始』菜单"选项后面的"自定义"按钮，打开"自定义『开始』菜单"对话框，并单击其"高级"标签名，对话框如图 2-38 所示。

第 3 步：单击"最近使用的文档"部分的"清除列表"按钮，然后单击"确定"按钮关闭该对话框。

第 4 步：单击"开始"，"我最近的文档"选项，可以看到，其子菜单已经被清除。但文件本身并未被删除，仍安全地保留在磁盘上。

图 2-37 Program Files 文件夹　　**图 2-38 自定义『开始』菜单**

2.6.3　浏览文件和文件夹

Windows XP 为用户提供了两个操作简单、功能强大的文件浏览、搜索和管理工具："我的电脑"和资源管理器。"我的电脑"是 Windows XP"开始"菜单上的一个常用选项，单击它就可以打开"我的电脑"窗口。资源管理器包含在"开始"菜单的"所有程序"中的"附件"程序组中，单击"开始"按钮，将鼠标指向"所有程序"选项中的"附件"，再单击其中的"Windows 资源管理器"，即可打开资源管理器窗口。

2.6.3.1　使用"我的电脑"浏览文件和文件夹

使用"我的电脑"，可以方便地浏览硬盘、软盘、CD-ROM 驱动器和网络驱动器中的内容。浏览文件和文件夹的具体方法是：

第 1 步：单击"开始"菜单中"我的电脑"选项，打开"我的电脑"窗口，如图 2-39 所示。

第 2 步："我的电脑"的文件列表窗口中列出了计算机上的主要存储设备，包括软盘、本地驱动器（C:）、（D:）和 CD-ROM 驱动器（E:）等。单击其中的某个对象，左侧的"系统任务"列表中会列出与之相关的任务和操作，"详细信息"列表中会列出该对象的详细信息，如图 2-39 所示。

第 3 步：双击其中的某个驱动器图标，如（C:），即可打开"我的电脑"窗口并浏览存储在该驱动器上的所有文件和文件夹，如图 2-40 所示。选中其中的某个文件或文件夹，这时，窗口左侧的"系统任务"列表变成"文件和文件夹任务"列表，并列出与所选文件和文件夹有关的任务或操作。

第 4 步：双击其中的一个文件夹，可以继续打开并浏览保存在该文件夹内的文件和下一级文件夹；如果用户想退回上一级文件夹，单击快捷工具栏中的"向上"按钮即可。

第 5 步：在地址栏中直接输入文件或文件夹的路径，如"C:\Program Files\Microsoft Office\Office"，也可直接定位并浏览相应的文件或文件夹。

图 2-39 驱动器图标　　　　　图 2-40 本地磁盘中的文件夹

2.6.3.2 使用资源管理器浏览文件和文件夹

在 Windows 资源管理器中，我们可以清楚地看出系统的文件存储结构。"我的文档"是存储用户需要迅速访问的个人文档、图形或其他文件的位置，"我的电脑"下包含了所有的驱动器、控制面板、共享文档和用户的个人文档，"网上邻居"中列出了与用户的计算机连接的其他计算机和网络资源，"回收站"则保留着用户从硬盘中删除的文件或文件夹。

（1）单击"开始"—"所有程序"—"附件"—"Windows 资源管理器"命令，即可启动资源管理器，如图 2-34 所示，左侧为"文件夹"列表窗格，右侧为文件显示窗格。在资源管理器窗口中，用户可以同时浏览到文件夹列表和文件列表，可以清楚地看到某文件或文件夹在整个系统中的存储位置。在"文件夹"列表的大部分文件夹图标前面，都有"+"或"—"符号，这表明该文件夹中包含有子文件夹。"+"表示文件夹处于折叠状态，单击可以展开该文件夹，同时"+"变成"—"；"—"表示文件夹处于展开状态，单击可以折叠该"文件夹"同时"—"变成"+"。单击"文件夹"列表窗格右端的"×"符号，可关闭"文件夹"列表窗格，窗口左半部分改为显示常用任务列表、其他位置、详细信息等，"资源管理器"窗口变得与"我的电脑"窗口基本一致。

（2）单击文件夹列表中的某个驱动器，如（C:），即可在文件显示窗格中浏览到存储在该驱动器中的所有文件和子文件夹，同时，在"文件夹"列表中列出其中包含的所有子文件夹。

（3）单击驱动器（C:）
中的某文件夹，即可在文件
显示窗格中浏览到该文件夹
中的所有文件和子文件夹，
同时，在"文件夹"列表中
列出其中包含的所有子文件
夹。如图 2-41 所示。

（4）如果你想退回上
一级文件夹，单击快捷工具
栏中的"向上"按钮（按钮

图 2-41　程序文件夹

图标为一个黄色文件夹带一个绿色的向上的箭头）即可。

（5）可以在地址栏中直接输入文件或文件夹的路径，也可以
直接定位并浏览到相应的文件或文件夹。

2.6.3.3 改变文件和文件夹的显示、排列方式

Windows XP 为用户提供了 5 种文件和文件夹显示方式，包括
缩略图、平铺、图标、列表、详细信息，用户可以根据文件和文件
夹的属性，选择一种能够更加突出其文件特性的显示方式。这将会
给文件和文件夹的浏览带来极大的方便。在"我的电脑"和资源管
理器中调整文件和文件夹显示方式的方法基本一致，下面以资源管
理器窗口为例，来介绍调整显示方式的具体方法。

单击资源管理器菜单栏中的"查看"菜单，从弹出的菜单中选
择第二组命令中的任何一个选项即可。

如果你想对整个文件夹的内容有一个整体了解，请选择 "缩
略图"显示方式。如果你想在窗口中多显示一些文件，请选择"平
铺"或"图标"显示方式，你可以清楚地查看文件的图标，了解文
件的类型，两者的不同之处在于：图标显示方式对文件的说明更加
简略，文件占用的显示空间也更小一些，如果你想在窗口中尽可能
多地显示文件和文件夹，请选择"列表"方式；如果你想更详细地
查看和比较文件的详细信息，如大小、修改日期、类型等，请选择

"详细信息"方式。

Windows XP 还提供了一种可将文件分组的新功能，即将文件分成不同的组并用分隔线分开显示。要按组排列文件，请在"查看"菜单下，指向"排列图标"，然后单击"按组排列"命令。"按组排列"允许你通过文件的任何细节（如名称、大小、类型或修改日期）对文件进行分组。例如，按照文件类型进行分组时，后缀名不同的文件（如 JPG、DOC、TXT 等）将分组显示。单击资源管理器菜单栏中的"查看"菜单，从弹出的菜单中选择"排列图标"选项下的任何一个命令，还可重新调整文件和文件夹的显示和排列顺序。

通常情况下，文件的排序选项包括名称、大小、类型、修改时间等。根据文件类型的不同，排序选项也会有所变化，例如，音乐文件可以根据艺术家或发行年来进行排序，图形文件可以根据相片拍摄时间或尺寸来进行排序。

2.6.4 搜索文件和文件夹

用户在使用 Windows XP 的过程中，可能会经常需要快速地查找某个文件或文件夹。"搜索助理"是 Windows XP 提供的查找文件或文件夹的强大工具。用"搜索助理"查找文件或文件夹的操作方法如下：

第 1 步：单击"开始"菜单中的"搜索"命令、单击"我的电脑"或资源管理器工具栏中的"搜索"按钮都可以启动"搜索助理"。

第 2 步：确定搜索内容。根据要查找内容的类型，单击"您要查找什么"下面相应的选项，如单击"所有文件和文件夹"。

如果你要搜索图片、音乐或视频格式的文件，请单击"图片、音乐或视频"选项；如果你要搜索文字处理、电子数据表等格式的文件，如扩展名为 DOC、TXT、XLS 等的文件，请单击"文档（文字处理、电子数据表等）"选项；如果你要搜索所有的文件或文件夹，请单击"所有文件和文件夹"选项；如果你要搜索网络上的计算机或通讯簿中的人，请单击"计算机或用户"选项；如果你要在帮助和支持中心搜索相关信息，请单击"帮助和支持中心信息"选项；如果你要在 Internet 中搜索相关的信息，请单击"搜索 Internet"选项；如果你想对搜索助理进行一些相关的设置，改变搜索方式，请单击"改变首选项"。

第 3 步：设定搜索条件：在"全部或部分文件名"文本框中，输入文件的全名或部分文件名。

第 4 步：指定搜索范围：单击"在这里寻找"右边的下三角按钮，从弹出的列表框中选择要搜索的文件或文件夹可能存储的位置。

第 5 步：单击"搜索"按钮，系统立即开始搜索。

第 6 步：搜索结果会逐条显示在文件列表窗格中，用户可以从中选择需要查找的文件或文件夹，或集中对一系列文件进行重命名、复制、移动和删除等操作。

如果你想更加快速、更加精确地进行搜索，可对搜索条件进一步设定。具体操作方法如下：

第 1 步：在如图 2-42 所示"搜索助理"窗格中，单击"什么时候修改的"选项右边的展开按钮，弹出详细的下一级选项，在其中设定要查找的文件的修改时间或时间范围。

第 2 步：在"搜索"助理窗格中，单击"大小是"

图 2-42　搜索助理

选项右边的展开按钮，弹出详细的下一级选项，在其中设定要查找的文件的大小。

第 3 步：在"搜索"助理窗格中，单击"更多高级选项"选项右边的展开按钮，弹出详细的下一级选项，在其中可精确设定文件的详细类型、是否搜索系统文件、是否搜索隐藏的文件和文件夹、是否搜索子文件夹、是否区分字母的大小写、是否搜索磁盘备份等。

总之，搜索条件越具体、越精确，搜索速度就越快，搜索结果也越准确。

2.6.5 管理文件和文件夹

当你在计算机上安装 Windows XP 时，硬盘上就创建了各种各样的文件夹，用来保存所有的 Windows XP 文件；当你在 Windows XP 下安装一个应用程序时，该程序也会创建许多文件夹。对于这些程序文件夹，除非你确实想了解 Windows XP 或某个应用程序是如何工作的，否则最好别去修改或删除它们，以免系统出现这样或那样的故障。在这里，用户所关心的、所要管理的是那些用户自己创建和需要保存的文件及文件夹。

管理文件及文件夹，包括创建新文件夹、为文件及文件夹命名以及移动、复制、删除和恢复文件及文件夹等操作。在 Windows XP 中，用户既可以在"我的电脑"窗口，也可以在资源管理器窗口中完成文件和文件夹的创建、移动、复制、删除和恢复等操作。"我的电脑"和资源管理器采用基本相同的文件管理方法，但通过资源管理器操作更简单一些，它可同时显示文件夹列表和文件列表，能够帮助用户快速定位文件。

2.6.5.1 创建新文件和文件夹

Windows XP 会为计算机的每一个用户创建个人文件夹。用户也可以创建自己的新文件夹，不过仍然建议用户将自己创建的所有文件及文件夹都存放在你的个人文件夹内，这将大大简化今后的文件备份工作。

创建新文件夹便于计算机中的文件分类存放，简化管理。具体方法如下：

第 1 步：单击"开始"—"所有程序"—"附件"—"Windows 资源管理器"命令，打开资源管理器窗口，如图 2-43 所示。单击选中"我的文档"文件夹。

第 2 步：单击"文件"—"新建"—"文件夹"命令。

第 3 步：窗口的文件列表窗格中会出现一个新的文件夹，默认

名称为"新建文件夹"并被
置为高亮显示。

第 4 步：在高亮显示的
文本框中输入你要建立的新
文件夹的名称，如"myfile"，
然后按"Enter"键。

至此，你已成功地创建
了一个名叫"myfile"的新文
件夹。创建一个新文件的操
作方法与创建一个新文件夹
基本相同，创建的时候还可

图 2-43　我的文档

以在列表中选择文件的类型，如公文包、BMP 图像、Microsoft Word
文档、文本文档、波形声音等。创建文件时所选的文件类型不同，
双击此文件时打开的程序也会不同。

2.6.5.2 为文件和文件夹命名

每当你创建一个新文件或文件夹，都需要为它取一个适当的名
字。Windows XP 的命名规则与它的早期版本有所不同，主要包括：

（1）文件及文件夹名最多可有 256 个字符。

（2）扩展名可以使用多个分隔符，例如，你可以创建一个名
字为 zkdx.kj.2009 的文件或文件夹。

（3）在文件名中可以使用空格符，但不能使用 \ / ： ? * "
<> 等符号。

（4）不区分文件及文件夹名称的大小写，命名时大写、小写
都可以。

（5）同一文件夹内的文件名不能相同，不同文件夹内的文件
名可以相同。

虽然 Windows XP 中可以使用长文件名和文件夹名，但并不意
味着用户可以随意地、毫无规则地为文件及文件夹命名，建议用户
在命名时应根据自己的工作性质和工作任务为文件夹命名，在每个
文件名的开头使用一些能代表其内容特点的标识符。

2.6.5.3 指定要处理的文件和文件夹

在移动、复制、删除、恢复、重命名一个或多个文件、文件夹之前，首先必须指定要处理的对象。单个文件或文件夹，可以通过单击该文件或文件夹名来指定。被选定的文件或文件夹的图标呈深蓝色。如果你想同时对多个文件及文件夹进行同一种操作，可以利用以下方法同时选择多个文件或文件夹。

当要处理的文件或文件夹不多时，可以利用"Ctrl"键来进行选择。在资源管理器的文件列表窗格中，单击要处理的第一个文件或文件夹，按住"Ctrl"键不放，然后单击第二个、第三个……这样就可以选择任意多个文件或文件夹了。按住"Ctrl"键不放，再次单击其中的某个文件或文件夹，即可取消对该文件或文件夹的选择，表示该文件或文件夹不再是所选内容中的一部分。

如果要处理的文件或文件夹很多，则可以综合利用"Ctrl"键和"编辑"菜单下的"全部选定"或"反向选择"命令。单击"全部选定"，文件列表区中所有文件及文件夹全部被选中，再按住"Ctrl"键不放，用鼠标单击其中的某些文件或文件夹，将其中不必处理的文件或文件夹释放；当文件列表区中需要处理的文件或文件夹数大大超过不需处理的文件或文件夹时，则可以先用"Ctrl"键选中所有不需处理的文件或文件夹，然后单击"反向选择"，即可使未被选择的文件夹或文件全部选中。

如果要处理的多个文件或文件夹是连续排列的，利用"Shift"键来选择就非常方便了。在资源管理器的文件列表区中，单击要处理的第一个文件或文件夹，再按住"Shift"键，单击最后一个，就可以选中第一个和最后一个之间所有待操作的文件或文件夹。

2.6.5.4 移动和复制文件及文件夹

移动和复制文件、文件夹的操作方法基本类似，只是操作结果略有不同。移动文件或文件夹，所选中的对象全部移至目的文件夹，原来的存储位置不再保留这些文件或文件夹；复制文件或文件夹，所选中的对象全部移至目的文件夹，原来的存储位置仍然保留着这些文件或文件夹。

在 Windows XP 中移动和复制文件和文件夹，最常用的方法有两种：一种是利用窗口左侧"文件和文件夹任务"列表中的各项命令；另一种是直接利用鼠标拖动文件和文件夹。

（1）利用"文件和文件夹任务"列表复制或移动文件和文件夹：

第 1 步：打开"资源管理器"窗口，单击"我的文档"，在文件列表窗格中显示出该文件夹内的所有文件和子文件夹；单击文件夹列表窗格右端的"×"，关闭文件夹列表窗格，在窗口左侧显示"文件和文件夹任务"列表。如图 2-44 所示。

图 2-44 复制文件

第 2 步：选中要复制或移动的文件或文件夹。

第 3 步：在左侧的"文件和文件夹任务"列表中单击"复制所选项目"或"移动所选项目"选项，如图 2-44 所示。

第 4 步：从弹出的"复制项目"或"移动项目"对话框中，指定要进行复制或移动操作的目的文件夹，也可以在选择目的文件夹后单击"新建文件夹"按钮，在该文件夹内新建一个子文件夹。如图 2-44 所示。

第 5 步：单击对话框中的"复制"或"移动"按钮，即可完成复制或移动文件或文件夹的操作。

第 6 步：单击"私人文件"文件夹，可以看到上述三个文件已经复制或移动到了该文件夹内。

（2）利用鼠标拖动来复制或移动文件和文件夹，这是最简便的方法。

第 1 步：在"资源管理器"窗口中选中所要复制或移动的文件、文件夹。

第 2 步：按下鼠标左键将所选中文件图标的虚框图像拖放至目的文件夹，当鼠标指向正确时，文件夹的图标颜色将变蓝。

第 3 步：如果想复制文件或文件夹，请按下"Ctrl"键；如果想移动文件或文件夹，请按下"Shift"键。按下"Ctrl"键或"Shift"键后，释放鼠标左键，即可完成复制或移动操作。如果拖动错误，想退回到未进行这项操作前的状态，可单击"编辑"菜单下的"撤销"命令。

（3）备份文件和文件夹：使用计算机时，不可避免地会遇到很多不安全因素，如病毒发作、系统崩溃、用户的误操作等。这些都可能使用户的一些重要文档转瞬之间消失得无影无踪，给个人、给工作带来巨大损失。因此，经常对重要文件进行备份非常重要。

备份文件就是让文件有多个副本，如果其中一个损坏，其他的副本文件还能正确读取和运行，从而可以最大限度地降低损失。

备份文件的实质是将文件复制到安全的地方。副本存放的位置越安全越好，主要可以存储在以下几个地方。

① 本机磁盘：这是执行备份操作最为简单也是最常使用的存放位置。但它不能避免恶性病毒或硬盘损坏的风险。将文件备份在本机磁盘中主要有 3 种方法：一是简单地复制一个副本作为备份，或者是在其他逻辑驱动器上新建一个备份文件夹统一保存和管理；二是使用备份压缩，把需要备份的文件和文件夹合在一起压缩成一个压缩包，既保证了数据的安全还可以减少占用的存储空间。具体方法请参见随后的相关内容；三是使用"系统工具"中的"备份"工具，把需要备份的文件和文件夹合在一起制作成一个具有专门格式的备份文件。具体方法请参阅系统的帮助和支持中心。

② U 盘：U 盘是文件（文本或图像）最方便的存储位置，携带比较方便，容量现在已达到几十 GB。

③ 光盘：如果你的计算机配备有光盘刻录设备，还可以选择将文件和文件夹备份到光盘上。光盘备份容量大，数据读取准确、稳定，但修改起来比较麻烦，是那些相对稳定，不需要经常修改的大型文件最安全、最方便的存放位置。

④ 网络：如果你的计算机接入了网络，还可以将本机中的文件通过网络转移到其他的计算机上，如网络主机。这样可以有效避免发生在本机上的一些风险，如计算机系统受到病毒侵袭或硬盘损坏等。

2.6.5.5 删除和恢复删除文件及文件夹

系统在运行过程中，经常会产生一些临时的、没有用的文件；用户在使用 Windows XP 的过程中，也会经常创建和保存许多没用的或过时的文件。为充分利用计算机的硬盘容量，就需要定期删除这些垃圾文件。操作步骤如下：

第 1 步：打开"资源管理器"窗口，单击"我的文档"，在文件列表窗格中显示该文件夹内的所有内容；再单击"文件夹"窗格右端的"×"符号，关闭文件夹列表窗格，在窗口左侧显示"文件和文件夹任务"列表。

第 2 步：选中要删除的所有文件或文件夹。

第 3 步：单击窗口左侧"文件和文件夹任务"列表中的"删除所选项目"选项，屏幕上弹出"确认删除多个文件"对话框，如图 2-45 所示。

也可以单击"文件"菜单中的"删除"命令，或右击所选中的文件，从弹出的快捷菜单中选择"删除"命令，系统

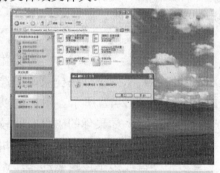

图 2-45　删除多个文件

都将弹出"确认删除多个文件"对话框。

第 4 步：单击对话框中的"是"按钮，系统就会将所选的文件或文件夹放入"回收站"；单击"否"按钮，则不删除所选对象。

选中文件或文件夹后，直接按下键盘上的"Delete"键，同样可以将文件删除掉；先按下"Shift"键，再单击"确认删除多个文件"对话框中的"是"按钮，系统将彻底删除所选中的文件，而不是将它们放入"回收站"，此时用户将无法再恢复被删除的文件；

删除文件夹时，该文件夹内的所有文件和子文件夹（包括嵌套的各子文件夹）都将被删除。

第 5 步：用户如果发现删除操作有误，可立即单击"编辑"菜单下的"撤销删除"命令，以取消刚才的删除操作。

如果用户发现几天前有一个文件被错误地删除了，请不要着急，在 Windows XP 中系统专为用户设立了"回收站"，用来存放最近删除的文件。只要"回收站"的空间足够大，就有机会把几天前甚至几周前删除的文件恢复。具体方法如下：

第 1 步：双击桌面上的"回收站"图标。

第 2 步：选中要恢复的文件或文件夹。

第 3 步：单击窗口左侧"回收站任务"列表中的"还原选定的项目"，文件马上会回到原来的存储位置，如图 2-46 所示。也可以右击要恢复的文件或文件夹，从弹出的快捷菜单中选择"还原"命令，或单击"文件"菜单下的"还原"命令，都能快速恢复所选定的文件或文件夹。

第 4 步：关闭"回收站"窗口。

"回收站"一般为保存它的硬盘大小的 10%，你可以在桌面上右击其图标，从弹出的快捷菜单中选择"属性"，查看"回收站"的大小，如图 2-47 所示。用户可以在此调整"回收站"所占磁盘空间的百分比，如果你的磁盘空间较大，并想能尽可能多地恢复以前删除的文件，就可以把这个比值相对调大一些。如果你的计算机上有多个硬盘或多个逻辑驱动器，Windows XP 会在每个硬盘或驱动器上设置一个"回收站"，选中"独立配置驱动器"选项，可以对计算机各硬盘驱动器的"回收站"空间大小单独进行设置。

由于"回收站"的大小有限，且其一直占用一定的硬盘空间，因此，我们建议定期检查一下"回收站"的内容，将那些不可能再用的垃圾文件彻底删除。清理回收站的具体方法是：

第 1 步：双击桌面上的"回收站"图标。

第 2 步：选中可以彻底删除的文件或文件夹。

第 3 步：右击所选对象，从弹出的快捷菜单中选择"删除"命令；

或单击"文件"菜单下的"删除"命令，即可彻底删除所选中的文件。

第 4 步：关闭"回收站"窗口。

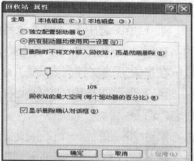

图 2-46　回收站中的文档　　　图 2-47　设置回收站的空间

如果你确信"回收站"内的任何文件都无需恢复，选择"回收站"窗口"文件"菜单下的"清空回收站"命令，或右击桌面上的"回收站"图标，从弹出的快捷菜单中选择"清空回收站"命令，即可彻底清除其中的所有对象。

2.6.5.6 重命名文件和文件夹

在管理文件的过程中，你可能经常需要改变其中某个文件或文件夹的名字，重命名文件或文件夹的操作步骤如下：

第 1 步：在资源管理器窗口中，单击"文件夹"窗格右端的"×"符号，关闭"文件夹"列表，窗口左侧显示"文件和文件夹任务"列表。同时选定要更改名称的文件或文件夹。

第 2 步：单击窗口左侧的"文件和文件夹任务"列表中的"重命名这个文件夹"选项。选定的文件或文件夹图标下的文本框被黑框框住。

第 3 步：将光标移到黑框内，在现有文件夹名称的基础上进行修改，或者直接输入新的文件夹名。输入完成后，按"Enter"键即可完成重命名工作。

用户更改文件或文件夹名时，如果所更换的新文件或文件夹名与已存在的文件或文件夹重复，系统将弹出提示对话框，提醒用户无法更换使用新的名称。

在 Windows XP 中，还可以对一系列文件统一进行重命名操作。其操作步骤如下：

第 1 步：选中多个要重命名的文件。如果要重命名的一系列文件不在同一文件夹内，可使用搜索助理查找这些文件，将它们集中显示在搜索后的文件列表中。

第 2 步：在选中的文件上右击，从弹出的快捷菜单中选择"重命名"命令。

第 3 步：最后一个文件或文件夹图标下的文本框被黑框框住，输入新名称，然后按"Enter"键即可。

被选中的一系列文件都将使用输入的新名称按顺序命名。所以建议重命名系列文件时，输入新名称时在名称后的括号中加上起始号码，则系列中的所有文件都将以所输入的号码开始按顺序进行编号。

2.7 系统资源管理

随着计算机功能越来越强大，系统使用的设备也越来越多，如何有效地管理好这些设备是 Windows XP 的又一重要任务。Windows XP 为用户提供了一个强大的系统资源管理工具："控制面板"。通过"控制面板"，用户可以轻松地完成诸如添加新硬件、添加或删除程序、管理系统硬件、安装和管理打印机、进行用户和计算机安全管理等操作，按照自己的方式对计算机的键盘、鼠标、显示器、声音和音频设备等进行各种设置，使之适应自身的需要。例如，可以通过"鼠标"将标准鼠标指针替换为可以在屏幕上移动的动画图标，如果您习惯使用左手，则可以利用"鼠标"更改鼠标按钮，以便利用右按钮执行选择和拖放等主要功能。通过"声音和音频设备"，你可以将标准的系统声音替换为自己选择的声音等。

本节将向大家介绍如何利用"控制面板"来更改系统的显示属性、美化 Windows XP 桌面，添加或删除程序、管理系统硬件设备、进行用户和计算机安全管理等常用操作和基础知识。

2.7.1 打开"控制面板"

在 Windows XP 中，绝大部分系统管理任务，都可以从"控制面板"开始。打开"控制面板"窗口，有以下两种常用方法：

（1）在 Windows XP 桌面上单击"开始"按钮，再单击其中的"控制面板"选项，即可打开"控制面板"窗口。如图 2-48 所示。

（2）单击"开始"—"所有程序"—"附件"—"Windows 资源管理器"命令，打开资源管理器，在窗口左侧的文件夹列表窗格中单击"控制面板"文件夹，窗口右侧的文件列表窗格中随即出现控制面板的内容。

中文 Windows XP 的"控制面板"窗口，与以前版本 Windows 系统的"控制面板"窗口有所不同，如果你不习惯新窗口，还可以将其切换成原来的模样。操作方法如下：

单击如图 2-48 所示"控制面板"窗口中的"切换到经典视图"命令，窗口右侧即出现"控制面板"的经典视图，再次单击如图 2-49 所示窗口中的"切换到分类视图"命令，"控制面板"窗口随即恢复到如图 2-48 所示状态。

图 2-48　控制面板　　　　图 2-49　控制面板经典图标

首次打开"控制面板"时，你将看到"控制面板"中最常用的项目，包括外观和主题，打印机和其他硬件，网络和 Interent 连接，用户账户，添加或删除程序，日期、时间、语言和区域设置，声音、语音和音频设备，辅助功能选项，性能和维护等，这些项目按照分类进行组织。要初步了解"控制面板"中某一项目的详细信息，可以用鼠标指针指向该图标或类别名称，然后阅读其下显示的文本。要打开某个项目，请单击该项目图标或类别名。如果打开"控制面板"时没有看到所需的项目，请单击"切换到经典视图"，经典视图比分类视图要详细些。要在经典视图模式下打开某个项目，请双击该项目的图标。要在分类视图模式下打开某个项目，单击该项目的图标即可。

2.7.2 设置 Windows XP 桌面

一个漂亮的桌面，不仅可以体现用户的个性，还能给人以美的享受。设置一个个性化的 Windows XP 桌面，配置合理的显示属性，对于彰显不同用户的个性也是有必要的。

在经典视图"控制面板"中双击"显示"选项；或在分类视图"控制面板"中单击"外观和主题"选项，然后再单击其中的"显示"选项；也可以在 Windows XP 桌面的空白区域单击鼠标右键，从弹出的快捷菜单中选择"属性"命令，都可打开"显示属性"对话框，如图 2-50 所示。在这里，用户可以对 Windows XP 的桌面随心所欲地进行设置。

"显示属性"对话框中包含五个标签：主题、桌面、屏幕保护程序、外观、设置，可分别用来设置显示器的不同属性。下面重点介绍常用的三个标签：桌面、屏幕保护程序、设置。

2.7.2.1 设置桌面的背景

很多用户都不大喜欢 Windows 默认的桌面背景，都希望自己的桌面漂亮、有个性。Windows XP 为用户提供了很多漂亮的桌面背景，你可以从中任选一个；如果你对 Windows XP 提供的背景都不满意，还可以使用保存在你计算机里的图片。具体操作步骤如下：

第 1 步：在"显示属性"对话框中单击"桌面"标签，打开如图 2-50 所示的"桌面"标签页。

第 2 步：在"桌面"标签页的"背景"列表框中，单击选中某个背景文件的名字，并注意它在示例屏幕上的效果。如果你喜欢该背景，请单击"确定"或"应用"按钮。Windows XP 的桌面背景随即变成你刚才所选中的图片。

你还可以单击"桌面"标签页中"位置"列表框的下拉箭头，从中选择一种图片放置方式，是居中、平铺还是拉伸。"居中"表示在桌面上只显示一幅图片并保持它的原始尺寸大小，处于桌面正中间；"拉伸"表示在桌面上只显示一幅图片并将它拉伸成与桌面尺寸一样的大小；"平铺"表示以这幅图片为单元，一张一张拼接起来平铺在桌面上。

第 3 步：如果你对 Windows XP 提供的背景都不满意，请单击"桌面"标签页中的"浏览"按钮，打开如图 2-51 所示的对话框。

图 2-50 "显示属性"对话框

图 2-51 图片浏览框

第 4 步：从"图片收藏"文件夹或其他文件夹中选择需要作为背景的图片文件，单击"打开"按钮，返回"桌面"标签页。

第 5 步：单击"位置"下拉列表框右边的向下箭头按钮，选择该图片在桌面中的放置方式。

第 6 步：单击"颜色"下拉列表框右边的向下箭头按钮，可以从调色板中选择一种颜色作背景色。

第 7 步：单击"确定"或"应用"按钮，所选择的图片就成了桌面的背景。

第 8 步：单击"桌面"标签页中的"自定义桌面"按钮，可打开"桌面项目"对话框，在此可以更改桌面项目的设置。

2.7.2.2 设置屏幕保护程序

一般来讲，现在个人计算机配备的显示器仍以阴极射线管（CRT）居多，CRT 显示器是通过把电子光束发射到覆盖有荧光粉的屏幕表面来生成屏幕图像的。如果一个高亮度的图像长时间地停留在屏幕的某一位置，对显示器是非常有害的。因此，当人们长时间不操作计算机时，就应让计算机显示较暗或活动的画面。屏幕保护程序正是为此而设计的。只要设置了屏幕保护，一旦在指定时间内计算机没有接到指令（键盘或鼠标输入），系统就会启动屏幕保护程序，直到按下键盘上的任何一个键或移动一下鼠标，屏幕才会恢复到以前的桌面状态。设置屏幕保护的具体步骤如下：

第 1 步：在"显示属性"对话框中单击"屏幕保护程序"标签，打开"屏幕保护程序"标签页。如图 2-52 所示。

第 2 步：单击"屏幕保护程序"下拉列表框右边的向下箭头按钮，从中选择一个屏幕保护程序，其效果可以在上面的显示器窗口中预览。单击其后的"预览"按钮，可以预览屏幕保护程序的全屏显示效果。

第 3 步：单击"等待"微调框中的上、下箭头按钮，可以改变等待的时间。等待时间是指系统在没有键盘和鼠标输入多长时间之后自动运行屏幕保护程序。

第 4 步：如果用户有事要离开一会儿，暂时不用计算机，请选中"在恢复时返回到欢迎屏幕"复选框。选中该复选框后，如要恢复使用计算机，系统将返回到欢迎屏幕，显示登录窗口，如果登录要求密码，则恢复工作时必须先键入密码，从而可以有效地防止他人浏览、修改自己的文件内容。

第 5 步：单击"确定"或"应用"按钮。

有很多用户喜欢收集一些美丽的图片，有山水的、人物的、花鸟鱼虫的等。在 Windows XP 中，你可以选用其中的一些图片来制作屏幕保护程序。具体操作步骤如下：

第 1 步：在硬盘上创建一个名叫"屏幕保护程序"的文件夹，将所有你想用作屏幕保护程序的图片文件复制到该文件夹内。

第 2 步：在"屏幕保护程序"下拉列标框中选择"图片收藏夹"选项，再单击其后的"设置"按钮，打开如图 2-53 所示"图片收藏保护程序选项"对话框。

图 2-52　屏幕保护设置标签　　　图 2-53　屏幕保护程序设置

第 3 步：单击"使用该文件夹中的照片"文本框后的"浏览"按钮，弹出"浏览文件夹"对话框。

第 4 步：在"浏览文件夹"对话框中选择"屏幕保护程序"文件夹，然后单击"确定"按钮。

第 5 步：如图 2-53 所示对话框中，还可以设置图片的更换频率、图片尺寸、图片之间是否使用过渡效果等。完成后单击"确定"按钮，返回"屏幕保护"标签页。

第 6 步：单击"预览"按钮，可以看到屏幕保护程序的全屏显示效果，如果感到满意，单击"确定"或"应用"按钮，即可完成屏幕保护程序的设置。

2.7.2.3 调整屏幕分辨率和显示质量

屏幕分辨率是指屏幕的水平和垂直方向最多能显示的像素点，用水平显示的像素数乘以垂直扫描线数来表示。常见的屏幕分辨率有：640×480、800×600、1 024×768、1 280×800 等几种。分辨率越高，在一屏中可显示的内容就越多，所显示的对象就越小；反之，分辨率越低，显示的内容就越少，所显示的对象就越大。显示质量主要是指显示器能显示的颜色质量，有 16 色、256 色、16 位增强色、24 位真彩色，32 位真彩色等。

计算机使用的分辨率越高、色彩越多，对系统和硬件的要求就越高。选择何种分辨率和颜色显示模式，主要取决于计算机的硬件配置和用户的工作需求。Windows XP 安装完成后，会自动将屏幕分辨率调到 800×600，把颜色质量调整到 32 位。一般情况下，这种设置能满足用户的基本需求。但在浏览某些网页或进行图片处理时，用户可能会需要更高的分辨率和颜色质量。调整屏幕分辨率和颜色质量的具体操作方法是：

单击"显示属性"对话框中的"设置"标签，打开"设置"标签页，如图 2-54 所示。对话框上半部的示例屏幕用来描述当前的显示模式，下面分别是颜色和分辨率的设置。

"颜色质量"下拉列表框中一般有两种颜色模式：16 位（中）和 32 位（最高），你可以根据工作需要从中选择

图 2-54　设置分辨率

一种。"屏幕分辨率"按钮用来设置分辨率，分辨率包括800×600、1 024×768、1 280×1 024、1 600×1 200 等几种。沿水平方向拖动此按钮，就可以改变屏幕分辨率。

计算机上配备的显示器和显示卡，决定了屏幕上所能显示的最多颜色位数和最大分辨率。因此，在你进行此项设置之前，应先充分了解自己的显示器及显示卡类型、型号，否则，随意设置会导致计算机不能正常显示。

在"设置"标签页的最下面还有一个"高级属性"按钮，单击

该按钮，就会打开"高级显示属性"对话框。当你需要从标准显示模式改成自己的显示模式，或者改用新的显示器和显示卡时，都可以单击此按钮来完成相关的操作。

2.7.3 安装/删除应用程序

安装/删除应用程序，是指向计算机中添加新的应用程序或删除已经安装的应用程序。在"控制面板"中双击"添加或删除程序"按钮，打开"添加或删除程序"窗口，如图 2-55 所示，即可开始安装或删除应用程序的操作。

2.7.3.1 安装应用程序

如果你要往计算机中添加一个新的应用程序，请单击如图 2-55 所示窗口中的"添加新程序"按钮，"添加或删除程序"窗口变成如图 2-56 所示模样。

第 1 步：单击如图 2-56 所示窗口中的"CD 或软盘"按钮，启动安装向导，屏幕上弹出"从软盘或光盘安装程序"对话框。

图 2-55 "添加/删除程序"窗口   图 2-56 "添加新程序"窗口

第 2 步：把应用程序的安装光盘插入驱动器，单击"下一步"按钮。

第 3 步：系统自动搜索各驱动器寻找安装程序，并在如图 2-57 所示的"运行安装程序"对话框中显示搜索结果。如果搜索到的安装程序正确，请单击"完成"按钮；如果搜索结果有误，你想再次启动自动搜索，请单击"上一步"按钮；如果你想手动搜索安装程序，请单击"浏览"按钮。这里，我们单击"完成"按钮。

第 4 步：系统随即启动应用程序自带的安装向导，按照安装向导的提示，选择安装目录，一步一步地操作，即可轻松完成应用程序的安装。

如果该应用程序是为Windows XP 开发设计的，附带有卸载程序，按照上述方法安装完毕之后，安装向导就会把该程序添加到"更改或删除程

图 2-57　　"运行安装程序"对话框

序"标签页右边的"当前安装的程序"列表下。单击"添加或删除程序"窗口中的"更改或删除程序"标签，即可看到新安装的应用程序。

在 Windows 环境下运行的应用程序，通常都带有一个名叫setup.exe 的安装文件。用户也可以在安装光盘中直接双击该文件，启动应用程序自带的安装向导，并根据向导对话框的提示选择安装的目录、组件等，一步一步地完成安装任务。

2.7.3.2 删除应用程序

在 Windows XP 中，不能直接通过删除应用程序目录来删除一个应用程序，必须使用程序自带的卸载命令或使用 Windows XP 提供的添加或删除程序工具来完成。删除应用程序的一般过程如下：

第 1 步：单击"添加或删除程序"窗口中的"更改或删除程序"标签，"添加或删除程序"窗口如图 2-55 所示。

第 2 步：从"当前安装的程序"列表中单击选中要删除的应用程序，再单击其右端的"更改/删除"按钮。

第 3 步：屏幕上弹出确认删除对话框，询问用户是否真的要删除该程序。单击"是"按钮，系统立即开始卸载程序。

第 4 步：卸载完成后，屏幕上弹出对话框，提示用户该程序已成功删除，单击"确定"按钮即可。

如果"当前安装的程序"列表中没有列出你要删除的应用程序，请到该程序的文件夹内去寻找相应的卸载程序。卸载程序名一般为 Uninstall.exe 或 Remove.exe，双击运行其卸载程序，系统会自动把该程序的所有文件从硬盘中删除，同时从 Windows XP 的系统文件中删除所有对该程序的引用，并修改注册表信息。

2.7.4 安装新硬件与管理系统硬件设备

在分类试图"控制面板"中，单击"性能维护"→"系统"选项；或在经典视图"控制面板"中双击"系统"选项，即可打开"系统属性"对话框，如图 2-58 所示。在这里，用户可以集中管理计算机系统的硬件设备和设备驱动程序，包括查看系统配置信息，添加或删除硬件设备，修改硬件设备的设置参数等。

"系统属性"对话框有 7 个标签页：常规、计算机名、硬件、高级、系统还原、自动更新、远程。

下面简单介绍一下每个标签页的作用，并重点介绍最常用的"硬件"标签页。

2.7.4.1 "常规"标签页

如图 2-58 所示，在"常规"标签页中，用户可以查看到计算机系统的基本信息，如所用操作系统的名称、版本，系统注册信息，CPU 处理器的型号、主频和内存大小等系统配置信息。

2.7.4.2 "计算机名"标签页

单击"系统属性"对话框中的"计算机名"标签，即可打开"计算机名"标签页。在这个标签页上，用户可以看到"计算机描述"、"网络 ID"等命令选项。

计算机名是计算机在网络中的名称，网络中的每台计算机都应有唯一的名称，如果两台计算机具有相同的名称，就会导致计算机通信冲突。如果你的计算机配备了网卡并接入到了局域网络中，安装 Windows XP 时系统会提示你为计算机取一个名字。计算机名称最多为 15 个字符，不能含有空格或；：""<> * + = \ ? 等专用字符，名称建议尽可能简单、简短。

计算机描述，是关于计算机的简短说明。用户可在"计算机描述"文本框内输入对该计算机情况的简单说明。

网络 ID 是计算机在网络中的身份标志，通过更改网络 ID，可以将计算机加入某对等网络或某域环境。一台计算机要使用网络资源，就需要加入到某个域或工作组中。单击"网络 ID"按钮，可以使用网络标识向导更改网络 ID；单击"更改"按钮，可以直接更改网络 ID。更改网络 ID，包括更改计算机名、计算机所加入的工作组或域。

2.7.4.3 "高级"标签页

单击"系统属性"对话框中的"高级"标签，即可打开"高级"标签页，如图 2-59 所示。单击"性能"部分的"设置"按钮，可以设置处理器工作计划、计算机页面文件的大小和内存使用，更改视觉效果，使 Windows 系统在此计算机上以最佳外观和性能运行；单击"用户配置文件"部分的"设置"按钮，可以定义、复制或删除用户配置文件，更改与你登录有关的桌面设置；单击"启动和故障恢复"部分的"设置"按钮，可以选择当计算机意外终止时，Windows 系统应采取的操作，如果多操作系统共存，则可以更改计算机启动时默认的操作系统等。

图 2-58 系统属性

图 2-59 "高级选项"标签页

2.7.4.4 "系统还原"标签页

单击"系统属性"对话框中的"系统还原"标签，即可打开"系统还原"标签页，如图 2-60 所示。使用此功能，可以有效防止由于某些程序错误所导致的系统故障。

如果不希望系统具有还原功能，单击选中"在所有如果仅希望某个硬盘逻辑驱动器不具有系统还原功能，则需先取消"在所有驱动器上关闭系统还原"复选框，并在"可用的驱动器"列表框中选择需要取消还原功能的驱动器，如驱动器（D:），再单击右侧的"设置"按钮，从弹出的"驱动器（D:）设置"对话框中，选中"关闭这个驱动器上的系统还原"。

如果希望保留驱动器（D:）上的还原系统，则可以取消对"关闭这个驱动器上的系统还原"的选择，同时通过移动"要使用的磁盘空间"下的游标，设置还原系统所占用的磁盘空间。由于系统还原需要占用较多的硬盘资源，如果系统硬盘资源紧张，可以关闭此功能，或减少系统还原所占用的磁盘空间。

2.7.4.5 "自动更新"标签页

单击"系统属性"对话框中的"自动更新"标签，即可打开"自动更新"标签页，如图 2-61 所示。Windows XP 允许系统自动从 Internet 网上获取更新程序使计算机系统始终处于最新状态。如果用户对自动更新不感兴趣，则可以单击选中对话框中的"关闭自动更新。我想手动更新计算机"。单选按钮，关闭系统自动更新功能。

2.7.4.6 "远程"标签页

单击"系统属性"对话框中的"远程"标签，即可打开"远程"标签页，如图 2-62 所示。从 Windows XP 开始，微软公司在系统中增加了远程控制功能。使用此功能，可以发送远程协助邀请，也可以让其他用户远程控制你的计算机。

有时候，解决问题的最好方法是让别人给你演示如何解决该问题。远程协助可以提供一个方便的方法，使你在其他地方的朋友能从任何运行 Microsoft Windows XP 的兼容操作系统的计算机上连接到你的计算机，给你演示如何解决问题。你的朋友和你的计算机连接上后，他将可以看到你的计算机屏幕并与你实时对话。在你允许的情况下，他甚至可以用他的鼠标和键盘操作你的计算机。

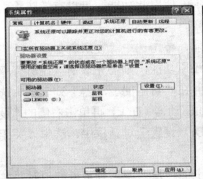 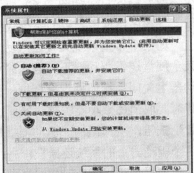

图 2-60 "系统还原"标签页   图 2-61 "自动更新"标签页

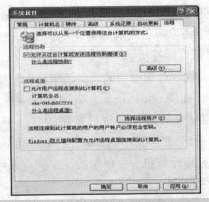

图 2-62 "远程"标签面

在"远程"标签页中，单击选中"允许这台计算机发送远程协助邀请"，即可向其他计算机发送远程协助邀请；单击选中"允许用户远程连接到这台计算机"，即可让远程用户连接到本地计算机上，协助解决问题。单击其下面的"选择远程用户"按钮，可以选择或添加允许远程连接到自己计算机的用户。

2.7.4.7 "硬件"标签页

单击"系统属性"对话框中的"硬件"标签，即可打开"硬件"标签页，如图 2-63 所示。在这里，你可以轻松完成添加新硬件，更新硬件驱动程序，查看硬件设备属性，停用、卸载或扫描检测硬件改动等工作。

（1）添加新硬件

单击"硬件"标签页中的"添加硬件向导"按钮，屏幕上弹出"欢迎使用添加硬件向导"对话框，并提示用户，如果硬件本身带有安装光盘，建议单击"取消"，关闭该向导，使用硬件制造商提供的安装盘来安装硬件。单击"下一步"按钮，"添加硬件向导"将陆续显示一系列对话框，包括自动搜索新添加的硬件，列表显示它所找到的硬件设备，自动安装相应的驱动程序和软件等，用户只需认真按照向导程序的提示操作，即可完成整个安装过程。请注意，新硬件安装完毕后，一般需要重新启动计算机，使新添加的硬件生效。

（2）更新硬件驱动程序

单击"硬件"标签页中的"设备管理器"按钮，屏幕上弹出如图 2-64 所示。"设备管理器"窗口。窗口中分类显示了计算机系统中全部的、已经安装的硬件设备，单击某一类型设备名前面的"+"号，再用鼠标右键单击其中要更新其驱动程序的硬件设备，从弹出的快捷菜单中选择"更新驱动程序"命令，打开"硬件更新向导"对话框，系统将根据你的指示完成更新该硬件驱动程序的工作。

（3）查看硬件设备属性

在"设备管理器"窗口中，单击某一类型设备名前面的"+"号，再用鼠标右键单击要查看其属性的硬件设备，从弹出的快捷菜单中选择"属性"命令，打开硬件属性对话框。在这里，你可以了解到此硬件运行状态、驱动程序版本号、所占用的系统资源等各方面信息。

（4）停用硬件设备

在"设备管理器"窗口中，单击某类型设备名前面的"+"号，再用鼠标右键单击要停用的硬件设备，从弹出的快捷菜单中选择"停用"命令，打开确认对话框，询问"禁用该设备会使其停止运行。确实要禁用该设备吗？"单击"是"按钮，即可禁用该设备。回到"设备管理器"窗口。会发现该设备前出现了一个红色的"×"，用鼠标右键单击该设备，弹出的快捷菜单已有所变化，原来的"停用"命令不见了，新增了"启用"命令。选择"启用"命令，又重新启用该设备。

图 2-63 "硬件"标签页   图 2-64 "设备管理器"窗口

（5）删除硬件设备

在"设备管理器"窗口中，单击某一类型设备名前面的"+"，再用鼠标右键单击要删除的硬件设备，从弹出快捷菜单中选择"卸载"命令，打开确认对话框，询问你是否确实要从系统中卸载该设备，单击"是"按钮，即可删除该设备。请注意，如果你在"设备管理器"窗口发现某设备名称前有一个黄色的惊叹号"！"这说明该设备是有问题的设备，可能是安装不正确，也可能是设备本身出了故障。通常的解决办法就是先删除这个设备，再重新安装一次，如果还有问题，就检测一下是否是硬件故障。

2.7.5 用户管理

通过 Windows XP 的用户和计算机安全管理功能，可以使多个用户在共用同一台计算机时，拥有不同的权限，而且互不干扰，确保计算机系统的安全。根据用户使用的环境，如域环境和单机（或工作组）环境的不同，Windows XP 所提供的用户管理功能和操作方法也有很大不同，本节将重点介绍单机（或工作组）环境下的用户管理方法，以及相关的计算机安全管理内容。

单击分类视图模式"控制面板"中的"用户账户"图标，打开如图 2-65 所示的"用户账户"窗口。在这里，你可以方便地进行创建新账户、删除旧账户、更改原有账户属性、更改用户登录或注销方式等用户管理操作。

图 2-65　"用户账户"窗口

2.7.5.1 新建用户账户

用户账户定义了用户可以在 Windows XP 中执行的操作，指定了分配给每个用户的特权。在单机（或工作组）环境下，Windows XP 将账户类型分为两种：计算机"管理员账户"和"受限账户"。计算机"管理员账户"允许用户对所有计算机设置进行修改，"受限账户"只允许用户对某些设置进行修改，如创建、更改、删除自己的密码等。如果有初学者需要和你共同使用一台计算机，就可以给他创建一个受限账户，那么无论他怎么操作和修改，能够影响的只是他自己的工作环境，不会给其他用户制造麻烦。新建用户账户的方法如下：

第 1 步：在"用户账户"窗口中，单击"挑选一项任务"列表下的"创建一个新账户"命令，屏幕上弹出如图 2-66 所示的"为新账户起名"对话框。在对话框中输入新用户账户的名称，单击"下一步"按钮。

第 2 步：在随后弹出的"挑选一个账户类型"对话框中，单击选择新用户账户的类型，然后单击"创建账户"按钮，如图 2-67所示。系统会根据用户所选择的账户类型，提示该账户类型所具备的权限。

第 3 步：创建完成后，在"用户账户"窗口中将显示新建的用户图标，当计算机系统重新启动或注销后，你将发现欢迎界面中增加了一个新用户。

 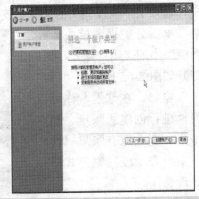

图 2-66　创建新账户　　　　　图 2-67　选择账户类型

2.7.5.2　账户管理

一般情况下"用户账户"窗口中有管理员账户（可以是用户自己创建的）和 Guest。如果你使用账户类型为计算机管理员的用户账户登录，就可以对账户进行更改名称、密码、图标图片、账户类型等管理操作。

（1）设置用户账户密码

第 1 步：在"用户账户"窗口中直接单击需要修改的用户账户图标，如"dxkj"或单击任务列表中的"更改账户"命令，从弹出的窗口中单击要更改的用户账户图标，打开如图 2-68 所示的"您想更改 dxkj 的账户的什么？"窗口。

第 2 步：单击"创建密码"选项，在弹出的"为 zkdx 的账户创建一个密码"对话框中输

图 2-68　更改账户

入密码，在"输入一个单词或短语作为密码提示"的文本框中输入能帮助用户记起密码的有关信息，然后单击"创建密码"按钮。

第 3 步：密码设置完成后，窗口中多出了"更改密码"和"删除密码"两个选项。单击它们可以进行更改和删除密码的操作。

为用户账户设置密码，可以有效地防止他人使用用户的账户登录，以保护其文件资源和工作环境不受破坏。建议设置的密码至少有 10 个字符的长度，此外，密码是区分大小写的，如果用户登录时输入的密码被拒绝，应先确认键盘上的"Caps Lock"键是否被打开。

（2）更改用户账户类型

单击如图 2-68 所示窗口中的"更改账户类型"选项，在弹出的"账户类型"窗口中单击选择一种用户账户类型，受限或计算机管理员，然后单击"更改账户类型"按钮即可。

（3）更改用户账户显示图片

单击如图 2-68 所示窗口中的"更改图片"选项，在弹出的"为 dxkj 的账户挑选一个新图像"窗口中，选择一幅喜欢的图片，然后单击"更改图片"按钮即可。

（4）更改用户账户的名称

单击如图 2-68 所示窗口中的"更改名称"选项，在弹出的"为 dxkj 的账户提供一个新名称"窗口中，输入新的用户名称，然后单击"改变名称"按钮即可。

（5）更改用户登录或注销的方式

单机（或工作组）模式用户登录的方式一般有两种：一种是默认的，具有欢迎界面和可以切换用户的方式，登录时单击相应的用户名或图标即可；另一种是需要按"Ctrl+Alt+Del"键，然后在登录对话框中输入用户账户名和密码，这种方式也是域环境下唯一的登录方式。

欢迎界面登录方式，对用户来说更加直观，也比较方便，建议家庭用户采用这种方式。登录对话框方式，可以防范木马一类的病毒和一些恶意的登录。

设置的方法是：在如图 2-65 所示"用户账户"窗口中，单击"更改用户登录或注销的方式"选项，打开如图 2-69 所示的"选择登录和注销选项"窗口，单击选中"使用欢迎屏幕"选项，系统即采用欢迎界面登录的方式，取消对此选项的选择，系统则采用传统的登录对话框方式。只有选中"使用欢迎屏幕"选项，才能选中"使用快速用户切换"复选框，启用用户快速切换功能。

2.7.5.3 在"计算机管理"工具中管理用户

利用"控制面板"中的"用户账户"来管理和更改用户账户，对初级用户来说，既实用又简单，但要实现真正意义上的用户管理，还得熟悉"控制面板"中"管理工具"里的"计算机管理"这个工具。

打开"控制面板"，单击"性能与维护"→"管理工具"选项，在"管理工具"窗口中单击"计算机管理"图标，打开"计算机管理"窗口，如图 2-64 所示。在这里，可以对用户和组进行彻底和完全的管理。

（1）管理用户：单击"系统工具"下的"本地用户和组"，再单击"用户"选项，打开如图 2-70 所示窗口。窗口中列出了系统内所有的用户账户，单击"操作"菜单下的"新用户"命令，可以新建一个用户账户；单击窗口右侧某个用户账户名，从弹出的快捷菜单中选择"属性"命令，可以重新配置该用户账户的属性，包括密码、所隶属的组、用户配置文件等。

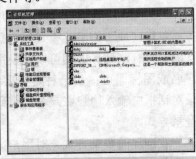

图 2-69　设置登录和注销方式　　图 2-70　"计算机管理"窗口

（2）管理组：单击"系统工具"下的"本地用户和组"，再单击"组"选项，打开如图 2-71 所示的窗口。窗口里列出了系统里所有的组，不同的组分别拥有不同的权限和作用。对一般用户来说，经常用到的组有：Administrator 组、Power Users 组、Users 组。

① Administrator 组：本地计算机管理员组，拥有完全的控制权。

② Power Users 组：高级用户组，拥有大部分的计算机管理权限，可以安装删除程序、添加各种硬件设备等，能满足一般用户日常使用的需要。

③ Users 组：一般用户组，对计算机只能使用，不能进行任何改动。

所谓组，就是具有相同权限的用户账户的集合，给一组用户账户分配权限，可以简化对用户账户的管理。新建一个用户组的方法是：

图 2-71　所有本地用户

第 1 步：以计算机管理员的身份登录计算机，在如图 2-71 所示"计算机管理"窗口的"组"选项上右击，从弹出的快捷菜单中选择"新建组"对话框，如图 2-72 所示。

第 2 步：输入新建用户组的组名和关于这个组的描述，然后单击"创建"按钮即可完成组的创建。单击"关闭"按钮退出，新建的用户组的组命名就会出现在窗口的组列表中。

（3）将用户账户添加到组：将用户账户添加进组就是把计算机管理员创建的用户账户按事先考虑好的账户权限策略添加到具有特定权限的组中去。其操作方法是：

第 1 步：在"计算机管理"窗口中，单击"本地用户和组" → "组"选项，打开组列表，右击要将用户添加到的组名，如"dxkj"从弹出的快捷菜单中选择"添加到组"命令，打开"dxkj 属性"对话框，如图 2-73 所示。

图 2-72 "新建组"对话框　　　　图 2-73 "属性组"对话框

第 2 步：在对话框中单击"添加"按钮，屏幕上弹出"选择用户"对话框，如图 2-74 所示。

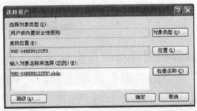

图 2-74 "选择用户"对话框

第 3 步：在"输入对象名称来选择"文本框中输入要添加进"dxkj"组的用户账户，如"zkdx"，单击"检查名称"按钮，如果系统内存在该账户，该账户名称下出现下划线，而且其名称形式也会发生变化。单击"确定"按钮，即可完成该操作。

2.8 中文输入法的安装和使用

Windows XP 中文版提供了多种中文输入法，用户可以使用 Windows 缺省的支持 GB 2312—1980 的区位、全拼、双拼、智能

ABC、表形码和郑码输入法,也可以选用支持汉字扩充内码规范GBK的内码、全拼、双拼、智能 ABC、表形码及郑码输入法。当然这些输入法都是 Windows XP 系统自带的中文输入法,还有一些主流的输入法需要从互联网上下载并安装才可以使用的,它们主要是:

(1)紫光拼音

紫光拼音输入法是一个完全面向用户的,基于汉语拼音的中文字、词及短语输入法。提供全拼和双拼功能,并可以使用拼音的不完整输入(简拼)。双拼输入时可以实时提示双拼编码信息,无需记忆。大容量精选词库,收录 8 万多条常用词、短语、地名、人名以及数字,优先显示常用字词,而字词的使用频度(词频)则从 1.7 亿字语料中统计而来。

(2)微软拼音 2007

微软拼音输入法 2007 是微软拼音输入法的最新版本,随着 Office 2007 一起发布。用户只要安装 Office 2007,就可以使用微软拼音 2007。微软拼音 2007 支持三种输入风格,满足用户不同的输入习惯,微软拼音输入法 2007 特别推出了三种不同的输入风格,以适应不同用户的输入习惯和操作方式。用户既可以使用微软拼音输入法 3.0 及更早期版本的操作方式,也可以使用微软拼音经典,也可以使用 ABC 输入风格。

微软拼音输入法 2007 采用智能语言模型支持,输入更加准确、自然和流畅。用户可以连续输入拼音,不必关心分词和候选词的选择,输入法能够给出最佳的转换结果。改进的自学习功能,网络新词、专业词汇一学就会。

微软拼音输入法 2007 特别改进了自学习功能,不仅学习能力加强而且学习速度提高。可以自动快速地学习未收录的新词,比如人名、地名、网络用语或专业词汇。既有丰富的专业词库支持,又有新增的"网络流行词汇"。

微软拼音输入法 2007 收集了 47 套专业词典,提供大量的专业术语支持,覆盖了从基础学科到前沿科学的众多科研领域。微软拼音输入法 2007 支持输入法词库的定期升级服务,使微软拼音输入法 2007 的用户能够得到及时的词汇更新和更多专业领域的支持，从而在微软拼音输入法系统词库的基础上，进一步扩展了词库的支持，大大提高了中文输入和文档编辑的工作效率。微软拼音输入法 2007 的用户可以向微软公司报告输入法未收录的新词或者反馈输入法的转换错误，从而使微软拼音输入法能够及时提供词库升级服务和进一步改进输入法的准确率。

（3）极点五笔

该输入法能够稳定于主流 Windows 操作系统，且操作简单，配置灵活。对于从事大量文字输入的人士来说，这是一款绝对值得一试的输入法软件。类似于"五笔加加"和拼音加加的操作手法，定会令你爱不释手。

（4）万能五笔

一种集国内目前流行的五笔字型输入法及拼音、英语、笔画、拼音+笔画等多种输入法为一体的多元输入法，它是吸收了万能码的多方优点改进而成。而且是一种以优先选择五笔字型高速输入为主的快速输入法。各种输入法随意使用，无需转换，易学好用。

（5）极品五笔

完美兼容王码五笔字型 4.5 版。本品适应多种操作系统，通用性能较好。收录词组 46 000 余条，创五笔词汇量新纪录。在完全支持 GB 2312—1980 简体汉字字符集的基础上，增加部分 GBK 汉字，避免了传统五笔对于"镕"、"瞭（望）"、"啰（唆）"、"芄"、"冇"、"堃"等汉字不能输入的尴尬，其实用性能是相当不错的。

（6）搜狗拼音输入法

搜狗拼音输入法是搜狗（www.sogou.com）推出的一款基于搜索引擎技术的、特别适合网民使用的、新一代的输入法产品。

以上几种输入法是目前使用比较多的输入法，由于五笔输入法需要一段时间的练习才能使用，所以这里就主要介绍微软拼音输入法 2007 的使用方法。

2.8.1 微软拼音输入法的选择和属性设置

2.8.1.1 输入法的选择

　　用户可以用鼠标左键单击"语言栏"中的键盘按钮，在弹出的列表中选择微软拼音输入法 2007。用户也可以用"Ctrl"+"Space（空格键）"来启动或关闭中文输入法，并使用"Ctrl"+"Shift"键在英文及各种输入法之间进行切换。如图 2-75 所示。

图 2-75　微软拼音输入法 2007 语言栏

2.8.1.2 中英文切换

　　用户可以简单地按"Shift"键来实现这个功能，也可以使用鼠标单击输入法的状态窗口中的"中英文切换"按钮来实现这个功能。

2.8.1.3 全角/半角切换

　　选用微软拼音 2007 输入法后，用户使用"Ctrl"+.（句号），既可以进行全角/半角切换，也可以通过鼠标进行切换，单击输入法状态窗口中的全角/半角切换按钮。

2.8.1.4 输入中文标点

　　单击输入法状态窗口中的中文标点按钮，中文标点按钮由实变虚，此时输入的标点即为中文标点。

2.8.1.5 输入法的属性设置

　　右击"语言栏"，从其快捷菜单中选择"设置"，出现如图 2-70 所示的"文字服务和输入语言"对话框。在如图 2-76 所示的列表中选定微软拼音输入法 2007，单击属性按钮，就会弹出如图 2-77 所示的属性设置对话框，在这里可以对输入法进行各种有关的设置。

2.8.2 使用微软拼音输入文字

2.8.2.1 微软拼音新体验

此输入风格比较适合习惯以短语为单位输入中文的用户。你使用这一输入风格进行输入的时候，拼音窗口中会同时存在多个未经转换的拼音音节。输入法自动掌握拼音转汉字的时机，以减少拼音窗口的闪烁。不论是转换后的汉字还是未经转换的拼音，你都可以使用左右方向键定位进行编辑。在新体验输入风格下，一旦你键入了大写字母，输入法则自动停止随后的汉字转换过程，直到你确认输入为止。如图 2-78 所示。

图 2-76　文字服务和输入语言对话框　　　图 2-77　输入法属性设置

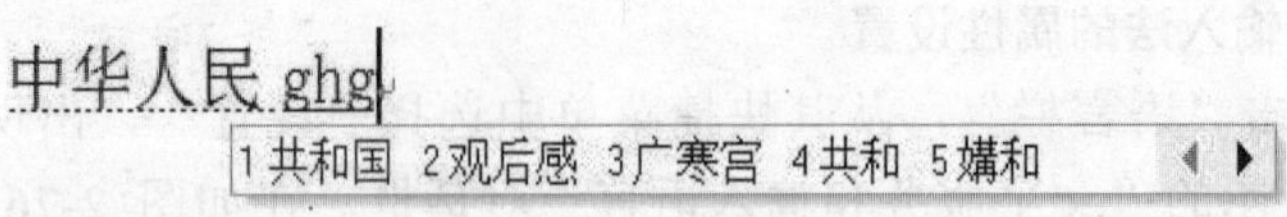

中华人民 ghg

1共和国　2观后感　3广寒宫　4共和　5媾和　◀ ▶

图 2-78　微软拼音

2.8.2.2 微软拼音经典

这一输入风格在微软拼音输入法早期版本中使用，如果你已经习惯了微软拼音输入法 3.0 及其以前版本的操作，你可以沿用这种风格。 这种风格比较适合习惯整句输入的用户。使用这一输入风格进行输入，在你输入一个汉字的拼音时，上一个拼音会自动转换成汉字。

2.8.2.3 ABC 输入风格

此输入风格是一种基于词的输入模式，完全兼容智能 ABC 输入法。在你输入的时候，输入法不进行自动转换，你必须用空格键或回车键进行拼音汉字转换。在这一输入风格下，当所有的拼音都转换为汉字时，空格键和回车键用于完成输入。如图 2-79 所示。

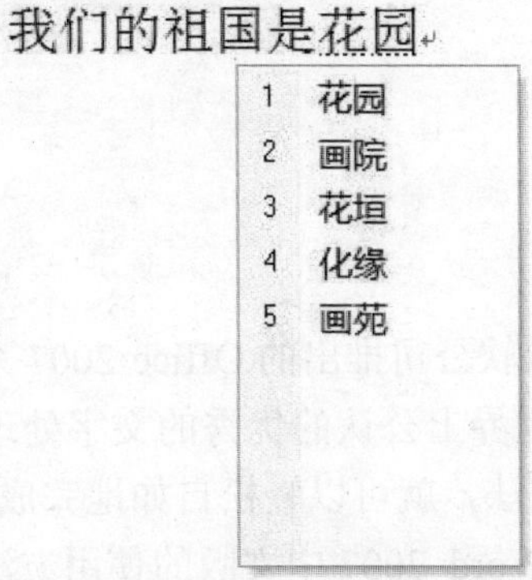

图 2-79 ABC 输入法

2.8.2.4 输入方式

微软拼音输入法提供了全拼和双拼两种输入方式。

（1）全拼输入

用户如欲使用全拼输入，则可利用鼠标左键单击输入法状态窗口的全拼/双拼切换按钮，将输入状态调整为全拼输入法，然后输入即可。

（2）双拼输入

为了提高输入速度，用户可采用双拼输入，即用两个英文字母输入一个汉字。使用鼠标左键单击输入法状态窗口的全拼/双拼切换按钮，切换至双拼输入状态即可。

3　文字处理 Word 2007

　　Word 2007 是微软公司推出的 Office 2007 系列产品中的文字处理软件，它是目前世界上公认的优秀的文字处理软件之一。掌握了 Word 2007 的使用方法，就可以轻松自如地完成文字处理工作。

　　本章主要介绍 Word 2007 中文版的使用方法，包括创建并保存文档、在文档中输入文本、进行文本编辑、设置文本和段落格式、进行图文混排、插入表格以及打印文档等操作。通过本章的学习，用户可以熟练掌握 Word 2007 的使用方法。

3.1　Word 2007 概述

3.1.1　Word 2007 的基本功能和操作界面

　　Word 2007 的基本功能包括：文字输入、表格生成、图文混合编辑排版、自定义宏语言、嵌入式程序语言、页面布局、插图以及模拟显示等。

　　单击"开始"按钮，选择"程序"—"Microsoft Office"—"Microsoft Office Word 2007"命令，即可启动 Word 2007，启动 Word 2007 后，

首先看到就是 Word 的操作界面。该界面主要由 Office 按钮、快速访问工具栏、标题栏、选项卡菜单栏、文档编辑区和状态栏几个部分组成。如图 3-1 所示。

3.1.1.1 Office 按钮

"Office"按钮位于 Word 2007 程序窗口的最左侧，单击该按钮，将弹出一个下拉菜单，在此菜单中可执行文档的新建、保存以及关闭等操作，如图 3-2 所示。

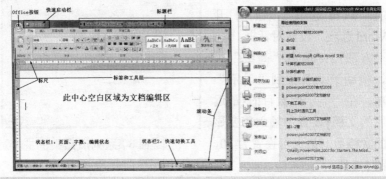

图 3-1　Word 2007 操作桌面	图 3-2　下拉菜单

（1）菜单命令

Word 2007 中的"Office"按钮菜单命令包括以下项目。

① 新建：新建文档，可以从对话框中选择模板来创建文档。

② 打开：打开 Word 文档。

③ 转换：转换为 Microsoft Office Open XML（可扩展标记语言）文件格式。

④ 保存：保存当前文档。

⑤ 另存为：将文档保存为一个备份。

⑥ 打印：设置打印机或打印文档。

⑦ 准备：准备要分发的文档。

⑧ 发送：将文档副本发送给他人。

⑨ 发布：将文档发布到博客、文档管理服务器或工作区。

⑩ 关闭：关闭当前 Word 文档（Word 程序不会关闭）。

（2）最近使用的文档

在"Office"按钮菜单中，有一个"最近使用的文档"列表，用户可以从中快速打开最近编辑过的文档，根据需要重新编辑或打开查看的文档。"最近使用的文档"列表数比早期版本有所增加，具体数量可通过 Word 2007 的选项进行设置，方法如下。

方法 1：单击"Office"按钮打开菜单，然后单击菜单底部的"Word 选项"按钮，打开"Word 选项"设置对话框。

方法 2：单击"高级"类别，拖动滚动条找到"显示"选项，在"显示此数目的{最近使用的文档}设置中输入需要显示的文档数，最大可设置为 50，如图 3-3 所示。

图 3-3　Word 选项

3.1.1.2 快速访问工具栏

快速访问工具栏位于"Office"按钮的左侧、标题栏的右侧，默认情况下只有保存、撤销和恢复三个功能按钮。

单击快速访问工具栏右侧的下拉按钮，在弹出的下拉菜单中可快速添加其他的功能按钮，以及设置快速访问工具栏的位置，如图 3-4 所示。

3.1.1.3 标题栏

Word 2007 的标题栏位于程序窗口的最上方，快速访问工具栏的右侧。

Word 2007 的标题栏包括正在编辑的文档名称、程序名称以及 3 个控制按钮，如图 3-5 所示。

标题栏中的 3 个控制按钮分别为"最小化"按钮 ▭ 、"最大化/还原"按钮 ▢ 以及"关闭"按钮 ✕ 。

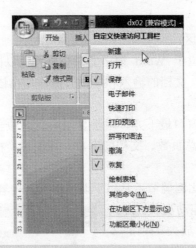

图 3-4　自定义快速访问工具栏

图 3-5　标题栏

3.1.1.4 标签和工具组

　　选项卡菜单栏位于标题栏的下方，由选项卡和功能区组成。

　　默认情况下，Word 2007 只有开始、插入、页面布局、引用、邮件、审阅和视图共 9 个选项卡，每个选项卡都对应着一个功能区，单击选项卡可以切换到相应的功能区，如图 3-6 所示。

图 3-6　选项卡菜单栏

　　功能区由多个选项组组成，从而取代了早期版本中的菜单命令。其中某些选项组的右下角有一个启动按钮，若将鼠标指向该按钮，可预览相对应的对话框或窗格。若对其单击，则会弹出相对应的对话框或窗格。

3.1.1.5 文档编辑区

文档编辑区位于 Word 窗口的中心位置，以白色显示，是窗口的重要组成部分，文档的输入和编辑等操作均在该区域中完成。

3.1.1.6 状态栏

状态栏位于窗口最下方，用于显示编辑区中当前文档的状态信息，如当前页数/总页数、文档的字数、视图切换按钮及显示比例调节工具等。

其中，显示比例调节工具用于调节编辑区内容的显示比例。

图 3-7　显示比例

➢ 若向右拖动滑块，或者单击"放大"按钮，可放大内容的显示比例。

➢ 若向左拖动滑块，或者单击"缩小"按钮，可缩小内容的显示比例。

➢ 若单击"缩小"按钮左侧的"缩放级别"按钮，可在弹出的"显示比例"对话框中精确设置内容的显示比例，如图 3-7 所示。

3.1.2 Word 2007 的新增功能

与 Word 以前的版本相比，Word 2007 的新功能主要有：

① 面向结果的功能区。面向结果的新界面在用户需要的时候，清晰而条理分明地为用户提供多种工具。

② 取消任务窗格功能。所有的误操作或者不需要的文档格式都可以通过单击功能区上的按钮来弹出一个操作选择窗格。

③ 增强的图表功能。新的图表和绘图功能包含三维形状、透明度、阴影以及其他效果。

④ 专业的 SmartArt 图形。SmartArt 图形是信息和观点的视觉表示形式。可以通过从多种不同布局中进行选择来创建 SmartArt 图形，从而快速、轻松、有效地传达信息。

⑤ 放心地共享文档。当用户向同事发送文档草稿以征求他们的意见时，Office Word 2007 可帮用户有效地收集和管理他们的修订和批注。在用户准备发布文档时，Office Word 2007 可帮助确保所发布的文档中不存在任何未经处理的修订和批注。

3.2 Word 2007 文档的创建与基本管理

文档管理工作是文字处理的一个重要环节。开始文字处理时，首先要创建一个新的文档。然后在其中输入文本内容及设定文本和段落格式，最后将该文档分门别类，保存在某一个特定的位置。

3.2.1 创建新文档

新建 Word 文档的方法有多种，用户可以灵活运用。

3.2.1.1 自动创建新文档

启动 Word 2007 后，系统将自动新建一个名为"文档 1"的空白文档，用户可以直接在此文档中进行文字编辑，编辑完成后单击快速访问工具栏的"保存"按钮即可。

新建文档后，建议用户立即保存并重命名文档。Word 2007 虽然能够自动保存文档，但是突发的关机事件前，仍然有一个时间段新编辑的文档不能保存。因此，自动保存文档的时间设置得越短越安全，但这可能影响文档的编辑效率，因为 Word 会在后台不断地保存文档。

要设置自动保存的时间间隔，在"Office"按钮菜单下面单击"Word"选项按钮，打开"Word 选项"设置对话框，如图 3-3 所示，在"保存"选项卡中将"保存自动恢复信息时间间隔"设置为一个较短的时间，例如 1 分钟。

3.2.1.2 新建空白文档

Word 程序打开后，需要新建文档，可执行如下操作。

第 1 步：在 Word 程序中，依次单击"Office"按钮"新建"菜单命令，打开"新建文档"对话框。

第 2 步：在"空白文档和最近使用的文档"列表中单击"空白文档"图标，再单击对话框的"创建"按钮，即可创建新的文档，如图 3-8 所示。

新建文档命令在文档编辑中会经常用到，但是 Word 2007 并没有设置该工具栏按钮。用户可以通过自定义快速访问工具栏按钮的办法从"Office"按钮菜单中将此命令添加到快速访问工具栏中。

3.2.1.3 使用模板创建新文档

Word 2007 提供了多种类型的模板文件、供用户使用，如信函、传真、简历等，用户可在模板文件的基础上快速建立相应类型的文档。Word 默认已安装的模板并不多，如果需要使用更多其他类型的模板，可通过在线下载。

（1）使用已安装的模板

对于已安装的模板，选中需要的模板样式后，单击"创建"按钮即可以该模板样式为基础创建一个新文档，具体操作方法如下：

第 1 步：打开上述操作中的"新建文档"对话框，在左侧列表框中选择"已安装的模板"选项，然后在中间的列表框中选择要使用的模板样式。

第 2 步：选择完成后单击"创建"按钮，Word 将自动打开新窗口，并根据所选模板样式创建新工作文档，如图 3-9 所示。

（2）使用在线模板

对于在线模板，选中需要的模板后，单击"下载"按钮，Word 将自动到网上下载，下载完成后创建新文档，具体操作方法如下。

第 1 步：打开"新建文档"对话框，在左侧列表框的"Microsoft Office Online"栏中选择模板类型，在中间选择需要的模板样式，如图 3-10 所示。

图 3-8　新建空白文档　　　　图 3-9　已安装模板

第 2 步：选择完成后单击"下载"按钮，Word 将自动开始下载。

第 3 步：下载完毕后，Word 将打开新窗口，并根据所选模板创建新工作文档。

3.2.2　保存文档

编辑好文档后，需要将文档保存起来，以方便以后使用。

3.2.2.1　新建文档的保存

第 1 步：单击"Office"按钮，在弹出的下拉菜单中执行"保存"命令，如图 3-2 所示。

第 2 步：在弹出的"另存为"对话框中设置保存路径及文件名，然后单击"保存"按钮即可，如图 3-11 所示。

此外，还可以通过以下两种方式快速打开"另存为"对话框：

➢　按下"Ctrl+S"或"Shift＋F12"组合键。

➢　单击快速访问工具栏中的"保存"按钮。

3.2.2.2　原有文档的保存

对于已经保存过的文档，再次保存的时候不会再弹出"另存为"对话框，而是直接覆盖前次保存的文档。如果需要将文档保存为另一个文件，可以在"Office"菜单中选择"另存为"命令，打开"另存为"对话框，以相同的文件名将文件保存到其他位置，或者重新命名后保存在同一位置，如图 3-12 所示。

图 3-10　模板样式　　　　　　　　图 3-11　保存

图 3-12　另存为

3.2.2.3 保存为 Word 97—2003 兼容模式

如果希望让其他仅安装了 Word 97、Word 2000、Word 2003 程序的用户阅读该文档，则需要保存为 Word 97—2003 兼容模式，具体操作方法如下，如图 3-12 所示。

第 1 步：单击"Office"按钮，在弹出的下拉菜单中依次执行"另存为"—"Word 97—2003 文档"命令。

第 2 步：在弹出的"另存为"对话框中设置保存存路径及文件名，然后单击"保存"按钮即可。

3.2.2.4 设置自动保存文档

在编辑文档的过程中，经常会因为停电、死机等意外情况而导致文档数据丢失。为了避免这样的情况，可以使用"自动保存"功能，具体操作方法如下：

第 1 步：单击"Office"按钮 ，在弹出的下拉菜单中单击"Word 选项"按钮，弹出"Word 选项"对话框，如图 3-13 所示。

第 2 步：切换到"保存"选项卡，勾选"保存自动恢复信息时间间隔"复选框，在右侧的微调框内设置自动保存的时间间隔，然后单击"确定"按钮保存设置即可，如图 3-14 所示。

图 3-13　Word 选项　　　　**图 3-14　保存文档**

设置自动保存后，Word 在非正常关闭的情况下，再次启动时，窗口左侧将出现上次未正式保存的文档，如图 3-15 所示。

此时，单击某个文档，将会打开自动保存过的内容，然后再对其进行保存，从而把损失降到最小，如图 3-16 所示。

图 3-15　文档恢复　　　　**图 3-16　已存文档**

3.2.3 打开与关闭文档

在对文档进行编辑处理操作，首先必须要打开文档，下面介绍打开与关闭文档的操作方法。

3.2.3.1 在 Word 窗口中打开文档

在 Word 窗口中，通过"打开"命令可打开其他需要编辑的文档，具体操作如下。

第 1 步：单击"Office"按钮，在弹出的下拉菜单中执行"打开"命令，如图 3-17 所示。

第 2 步：在弹出的"打开"对话框中选择文档文件，然后单击"打开"按钮即可，如图 3-18 所示。

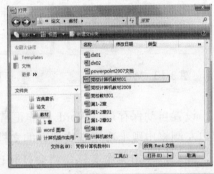

图 3-17　打开已存文档　　　　图 3-18　打开文档

在 Word 窗口中，按下"Ctrl+O"或者"Ctrl+F12"组合键，可快速打开"打开"对话框。

3.2.3.2 打开"我最近的文档"

在 Word 窗口中，单击"Office"按钮 ，弹出下拉菜单，在"最近使用的文档"栏中显示了最近打开的一些文档，单击需要打开的文档即可。

打开"Word"选项对话框，然后切换到"高级"选项卡，在该选项卡右侧的"显示"栏中，单击"显示此数目的最近使用文档"微调按钮，可以根据需要调整"最近使用文档"的显示数目，范围为 0～50，如图 3-3 所示。

3.2.3.3　关闭文档

　　当不再对文档进行编辑或操作完成时，应将其关闭。关闭文档与关闭 Word 有所不同，关闭 Word 是关闭打开的所有 Word 文档，同时退出 Word 程序；若当前打开了多个 Word 文档，则关闭文档只是关闭当前打开的文档，Word 窗口仍然存在，即没有退出 Word 程序。

　　当完成文档的编辑并保存后，用户可以将其关闭，具体方法有以下两种。

　　第 1 种：单击 Word 窗口右上角的"关闭"按钮 ✕ ，即可关闭当前文档。

　　第 2 种：单击"Office"按钮，在弹出的下拉菜单中执行"关闭"命令，关闭当前文档。

3.3　Word 2007 文档的编辑

　　文档编辑是 Word 2007 的核心功能。当文档中存在一些不满意的地方，用户可以通过文本输入、删除、移动、复制和粘贴等操作来编辑和修改文档。Word 2007 提供了强大的编辑功能，用户可以随时编辑和修改自己的文档，直到满意为止。

3.3.1　输入文本

　　文本输入是 Word 文档编辑的基本内容，如输入文字、符号等，接下来对其进行简单介绍。

　　新建文档后，会显示一个空白页面，在页面左上角的开始位置，光标闪烁，等待用户输入文档内容。

3.3.1.1　光标插入点

　　在输入文本时，可看见一个闪动的光标"｜"，即光标插入点。输入文本前，应先将鼠标光标定位到需要输入文本的位置。定位鼠标的方法主要有以下几种。

（1）将鼠标指针移到文档编辑区中，当变为"I"形状时，在需要编辑的位置单击鼠标左键。

（2）使用键盘上的光标控制键定位光标。

（3）双击文档中任意空白区域，即可定位插入点，即"即点即输"。

文字输入可以根据书面草稿进行，或者作者一边思考，一边输入文字，撰写文档。

具体的文字输入是输入法的事。输入法可以通过按下"Crtl+Shift"组合键来切换，直到任务栏显示出所需要的类型；或者直接单击任务栏的输入法图标，选择一种输入法，如图 3-19 所示。

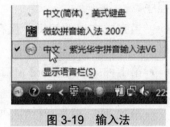

图 3-19 输入法

3.3.1.2 输入文本

定位好光标插入点，然后键入相关内容即可。输入文本时，插入点会自动向右移动。当每一行的文本输入完毕后，插入点会自动跳到下一行；若用户在没有输完一行文字的情况下，并需要开始新的段落时，按下"Enter"键即可。

3.3.2 使用 Word 的即点即输功能

Word 支持即点即输功能。也就是说，用户可以在页内（页边除外）空白的任意位置双击确定输入点。例如在页面的第二行缩进两行的位置双击，可实现首行缩进两行的效果，而无须在"段落设置"对话框中设置首行缩进。

在某些情况下无法使用"即点即输"功能，如在多栏方式下、大纲视图、项目符号和编号的后面。

3.3.3 使用自动更正

自动更正是提高文字输入效率的有效方法。例如，用户如果经常要输入自己常用的词组，除了可以利用输入法的造词功能来实现，还可以利用 Word 的自动更正来完成。

例如设置"***"="党校博文电脑工作室"，即输入三个"*"号，让 Word 自动将其替换为"党校博文电脑工作室"，设置方法如下。

第 1 步：单击"Office"按钮菜单，单击"Word 选项"按钮，打开"Word 选项"对话框。

第 2 步：选择"校对"设置，单击"自动更正选项按钮，打开"自动更正"对话框，如图 3-20 所示。

第 3 步：在替换框中输入三个"*"，在"替换为"框中输入"党校博文电脑工作室"，然后单击"添加"按钮。

第 4 步：完成后，单击"确定"按钮返回。

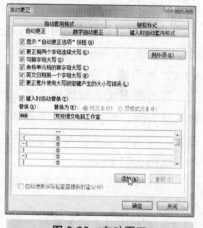

图 3-20 自动更正

这样，以后每次输入"*"后，就会立即被"党校博文电脑工作室"所替换，非常方便使用。

3.3.4 输入符号

在文档编辑中，经常要输入一些特殊的标点符号、单位符号、数学符号。除了通过输入法的功能输入一些符号，还可以利用 Word 的插入特殊符号功能。

3.3.4.1 利用键盘直接输入

标点符号在任何文档中都起着举足轻重的作用，如果没有标点符号，则阅读起来不仅会吃力，还很容易引起原文意思的误解。

加（+）、减（-）、句号（。）、星号（*）等常用符号可以利用键盘直接输入，例如输入星号（*），按下数字键盘区中的"*"键即可。

输入标点符号时，用户需要注意以下几个问题。

（1）有的键位由上、下档两种不同的符号组成，如"P"键右侧的"{（[)"键，若直接按下该键，则输入下档符号"["；若按住"Shift"键，同时再按下该键，则会输入上档符号"{"。

（2）引号和单引号使用同一键位，第一次按下该键，输入的是左引号或左单引号，第二次按下该键，则输入的是右引号或右单引号。

（3）在微软拼音等中文输入法中，按下"Shft+^"组合键，可以输入省略号"……"。

3.3.4.2 利用输入法功能

利用输入法也可以输入符号，以"紫光华宇拼音输入法 V6"输入法为例。单击输入法工具条上的"软键盘"开关图标，打开软键盘，直接单击要插入符号所在的键，即可实现软件键盘符号的输入，如图 3-21 所示。

有些输入法还有更多的软键盘，可通过输入法工具条的右键菜单来调用。

3.3.4.3 利用 Word 插入符号功能

在 Word 2007 中，插入特殊符号要切换到"插入"选项卡，具体操作步骤如下。

第 1 步：切换到"插入"选项卡。

第 2 步：在"特殊符号"工具组，单击"符号"按钮下拉列表，如果需要插入的符号在列表中，单击即可插入，如图 3-22 所示。

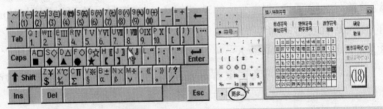

图 3-21　软键盘　　　　　图 3-22　插入特殊符号

第 3 步：如果符号不在列表中，继续单击"更多"按钮，打开"插入特殊符号"对话框，切换到特殊符号所在的选项卡，选择所需的符号，单击"确定"按钮即可，如图 3-22 所示。

3.3.5 选定文本

使用 Word 文字处理软件对文档进行编辑和排版前，应选定被操作的对象。选定文本后，文本呈高亮状态显示。对文本进行选定时，可以单独使用鼠标、键盘，也可以将鼠标和键盘同时使用。

3.3.5.1 使用鼠标

使用鼠标选定文本，通常是以拖动的方式实现，即按住鼠标左键不放，然后向右（或左、上、下）拖动鼠标，直至需要选定文本的结尾处释放鼠标。

（1）选定行

① 选定单行：将鼠标指针移到某行左边的选定栏上，当鼠标指针呈"⌐A"时，单击鼠标左键即可选定该行，如图 3-23（a）所示。

这是独处的妙处，我且受用这无边的荷香月色好了。

曲曲折折的荷塘上面，弥望的是田田的叶子。叶子出水很高，像亭亭的舞女的裙。层层的叶子中间，零星地点缀着些白花，有袅娜地开着的，

（a）选定单行

② 选定多行：将鼠标指针移到某行左边的选定栏上，当鼠标指针呈"⌐A"时，按住鼠标左键不放，并垂直向上或向下拖动鼠标即可，如图 3-23（b）所示。

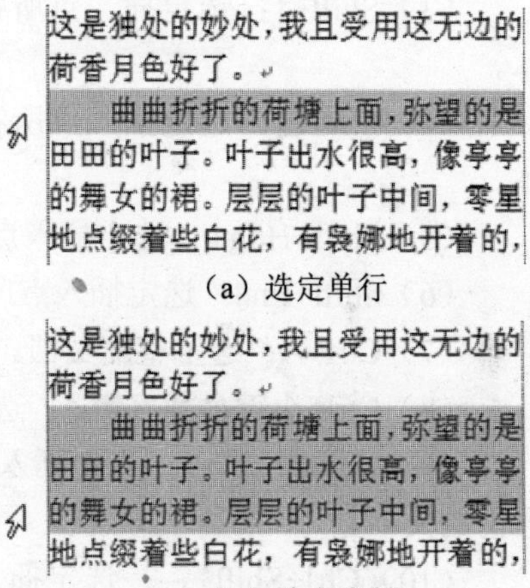

这是独处的妙处，我且受用这无边的荷香月色好了。

曲曲折折的荷塘上面，弥望的是田田的叶子。叶子出水很高，像亭亭的舞女的裙。层层的叶子中间，零星地点缀着些白花，有袅娜地开着的，

（b）选定多行

图 3-23　选定行

（2）选定段落

① 将鼠标指针移到某段落左边的选定栏上，当鼠标指针呈"⌐A"时，双击鼠标左键即可选定当前段落。

② 将鼠标定位到要某个段落的任意位置，然后快速地连续单击鼠标左键三次，即可选定该段落。

（3）选定整篇文档

在"开始"选项卡中，单击"编辑"选项组中的"选择"按钮，在弹出的下拉列表中选择"全选"选项，即可选定整篇文档。

在弹出的下拉列表中选择"选择格式相似的文本"选项，可将整篇文档中与光标所在位置的文本格式相同的文本全部选定。

此外，将鼠标指针移到左边的选定栏上，当鼠标指针呈"⇗"时，快速地连续三次单击鼠标左键，即可快速选定整篇文档。

3.3.5.2 使用键盘

键盘是电脑的重要输入设备，可以对文本进行选定操作。用户既可以通过"Shift"键和方向键选定文本，也可以通过其他组合键选定文本，下面罗列了一些常用的组合键及其作用。

（1）Shift+→：选定插入点所在位置右侧的一个或多个字符。

（2）Shift+←：选定插入点所在位置左侧的一个或多个字符。

（3）Shift+↑：选定插入点所在位置至上一行对应位置处的文本。

（4）Shift+↓：选定插入点所在位置至下一行对应位置处的文本。

（5）Shift+Home：选定插入点所在位置至行首的文本。

（6）Shift+End：选定插入点所在位置至行尾的文本。

（7）Ctrl+A：选定整篇文档。

（8）Ctrl+小键盘数字键5：选定整篇文档。

（9）Ctrl+Shift+→：选定插入点所在位置右侧的单词或标点符号前的文本。

（10）Ctrl+Shift+←：选定插入点所在位置左侧的单词或标点符号前的文本。

（11）Ctrl+Shift+↑：与"Shift+Home"组合键的作用相同。

（12）Ctrl+Shift+↓：与"Shift+End"组合键的作用相同。

（13）Ctrl+Shift+Home：选定插入点所在位置至文档开头的文本。

（14）Ctrl+Shift+End：选定插入点所在位置至文档结尾的文本。

3.3.5.3 同时使用鼠标和键盘

（1）选定一句话：按下"Ctrl"键的同时，单击需要选定的句中任意位置，即可选定该句。

（2）选定分散文本：先拖动鼠标选定第一个文本区域，再按住"Ctrl"键不放，然后拖动鼠标选定其他不连续的文本，选择完成后释放"Ctrl"键，即可完成分散文本的选定操作，如图3-24（a）所示。

（3）选定垂直文本：按住"Alt"键不放，同时按住鼠标左键拖动出一块矩形区域，即可选定该区域内的垂直文本，如图 3-24（b）所示。

3.3.6 插入和改写文本

输入文字内容后，通常需要对文本进行检查、修改，经常通过下面的方法修改文本。

3.3.6.1 插入文本

如果文本输入中漏掉了某个字符，或需要添加内容，就需要执行插入文本的操作。首先看一眼 Word 右下角的编辑状态栏，看当前是否处于"插入"的状态，如果不是"插入"状态，而是"改写"状态，就要单击一次"改写"按钮，使其显示变成"插入"。然后在需要插入文本的地方输入要加入的文本内容。

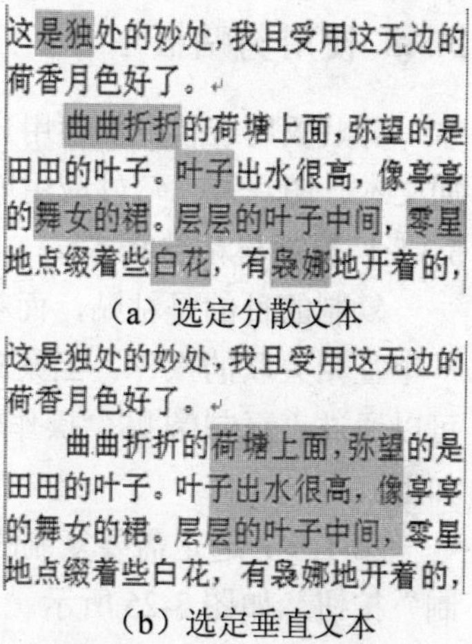

这是独处的妙处，我且受用这无边的荷香月色好了。

曲曲折折的荷塘上面，弥望的是田田的叶子。叶子出水很高，像亭亭的舞女的裙。层层的叶子中间，零星地点缀着些白花，有袅娜地开着的，

（a）选定分散文本

这是独处的妙处，我且受用这无边的荷香月色好了。

曲曲折折的荷塘上面，弥望的是田田的叶子。叶子出水很高，像亭亭的舞女的裙。层层的叶子中间，零星地点缀着些白花，有袅娜地开着的，

（b）选定垂直文本

图 3-24 任意选定文本

3.3.6.2 改写文本

改写文本的操作与插入相反，每输入一个文字，后面的一个字就会被"改"掉。这样容易造成错误。所以，通常情况下，都是先删除不要的文字，然后插入文本，而不是一边输入文本，一边改写掉不要的文字。

3.3.7 删除文本

对文档进行编辑时，对于多余的文本应将其删除，其方法有以下几种。

（1）按下"Backspace"键，可删除插入点前一个字符。

（2）按下"Delete"键，可删除插入点后一个字符。

（3）按下"Ctrl+Backspace"组合键，可删除插入点前一个单词或短语。

（4）按下"Ctrl+Delete"组合键，可删除插入点后一个单词或短语。

（5）若删除对象为句子、行或段落文本时，先将其选中，按下"Delete"或"Backspace"键即可删除。

3.3.8 使用剪贴板

剪贴板用于暂时保存用户在"复制"或"剪切"操作时的数据，如文本、图片等。巧妙应用剪贴板，可以提高文档的编辑效率。

3.3.8.1 复制与粘贴文本

复制的目的是粘贴，而粘贴的前提是复制，因此复制与粘贴是一个互相关联的操作。当某部分的内容与另一部分的内容相同时，可以通过"复制/粘贴"操作轻松完成该内容的输入。具体操作方法如下。

第1步：选定需要复制的文本，单击"剪贴板"选项组中的"复制"按钮，如图3-25所示。

第2步：复制的文本将被放置在剪贴板中，将光标定位到需要粘贴的目标位置，单击"剪贴板"选项组中的"粘贴"按钮，即可完成粘贴操作，如图3-26所示。

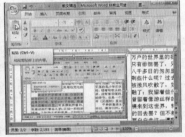

图 3-25　复制　　　　　　　图 3-26　粘贴

按下"Ctrl+C"组合键，可以快速执行复制操作；按下"Ctrl+V"或"Shift+Insert"组合键，可以快速执行粘贴操作。

3.3.8.2 选择性粘贴

在处理文档过程中，复制与粘贴是经常使用，并且配合使用的两个操作，而"选择性粘贴"则是"粘贴"命令中较特殊的功能。通过该功能，可以实现无格式文本粘贴，甚至可以将文本或表格转换为图片格式等。

例如，某文档中既包含了文本，又含有图片等元素，如果只需要粘贴文本，就可以使用"选择性粘贴"中的"无格式文本"粘贴功能，具体操作方法如下。

第1步：选择需要复制的文本，单击"剪贴板"选项组中的"复制"按钮进行复制操作，如图3-25所示。

第2步：定位光标插入点，单击"粘贴"按钮下方的下拉按钮，在弹出的下拉列表中选择"选择性粘贴"选项，如图3-27所示。

第3步：弹出"选择性粘贴"对话框，本操作是希望粘贴后的文本没有任何格式，因此在"形式"列表框中选择"无格式文本"或"无格式的Unicode文本"选项，然后单击"确定"按钮，如图3-28所示。

图 3-27 选择性粘贴选项　　　　图 3-28 选择性粘贴对话框

第4步：可将带格式文本以不带任何格式的纯文本复制到目标位置。

在"选择性粘贴"对话框的"形式"列表框中罗列了7个选项，

除了操作步骤中所提到的两个选项，其他选项的作用分别介绍如下。

（1）Microsoft Office Word 文档对象：以文件的方式嵌入目标文件中。在目标文件中双击该嵌入的对象时，该对象将在新的 Word 窗口中打开，对其进行编辑的结果同样会反映在目标文件中。

（2）带格式文本（RTF）：粘贴时带 RTF 格式，即与复制对象的格式一样。

（3）图片（Windows 图元文件）：将剪贴板中的内容作为 Windows 图元文件（BMP）粘贴到 Word 中。

（4）图片（增强型图元文件）：将剪贴板中的内容作为增强型图元文件（EMF）粘贴到 Word 中。

（5）HTML 格式：以 HTML 格式粘贴文本。

3.3.9 移动文本

编辑文本时，若需要将文本从一个位置移动到另一个位置，可通过以下两种方式实现。

3.3.9.1 使用鼠标拖动

使用鼠标拖动来实现文本的移动，步骤少且操作简单，适用于近距离的文本移动。

第 1 步：选中需要移动的文本，并将鼠标指针停留在该文本上，然后按住鼠标左键进行拖动，此时鼠标呈小矩形，如图 3-29 所示。

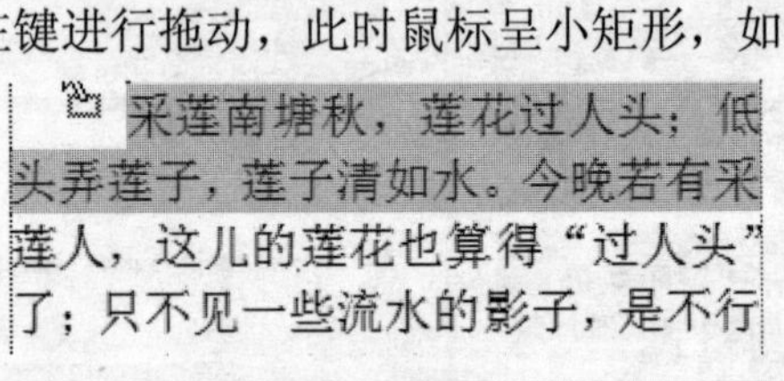

图 3-29　鼠标拖动

第 2 步：拖动至目标位置后释放鼠标，即可将所选文本移动至目标位置。

3.3.9.2 通过剪切移动文本

当需要移动远距离的文本时，可通过"剪切"操作实现，具体操作方法如下。

第 1 步：选定需要移动的文本，单击"剪贴板"选项组中的"剪切"按钮。

第 2 步：剪切的文本将被放置在剪贴板中，将光标定位到移动的目标位置，然后单击"剪贴板"选项组中的"粘贴"按钮，即可实现文本的移动。

此外，按下"Ctrl+X"或"Shift+Delete"组合键，可以快速执行剪切操作。

3.3.9.3 使用"F2"键

当需要进行远距离的文本移动时，可以通过"F2"键实现，具体操作方法如下。

第 1 步：选定需要移动的文本，按下"F2"键，状态栏将出现"移至何处"的文字。

第 2 步：单击需要移动的目标位置，光标即可变成虚线形状。

第 3 步：按下"Enter"键，即可将文本移动至目标位置。

3.3.10 查找与替换文本

在 Word 中，查找和替换是一项非常适用的功能。通过该功能，用户可以快速查找需要的内容、修改文档中的内容等，避免了在文档中逐字逐句进行查找和修改的麻烦，从而达到事半功倍的效果。

3.3.10.1 查找文本

（1）一般查找

所谓一般查找，指查找的对象既可以是中西文字符，也可以是符号，且没有任何格式及样式限制。如要在文档中查找"编辑"一词，无论该词是什么字体、字号，只要是"编辑"一词，便会成为查找对象。

下面以在文档中查找"叶子"一词为例，介绍具体操作方法。

第 1 步：在"开始"选项卡中，单击"编辑"选项组中的"查找"按钮。

第 2 步：弹出"查找和替换"对话框，在"查找内容"文本框内输入查找内容，然后单击"查找下一处"按钮，如图 3-30 所示。

图 3-30 查找和替换

单击"在以下项目中查找"按钮，在弹出的下拉菜单中可以设置内容的查找范围。

第 3 步：此时，系统将自动在文档中查找输入的内容，当在文档中查找到输入内容出现的第一个位置时，将会以选中形式显示。

第 4 步：继续单击"查找下一处"按钮，则会继续查找输入内容，直至查找到文档结尾处，并弹出提示框提示查找完毕，然后单击"确定"按钮。

第 5 步：返回到"查找和替换"对话框，若不需要进行任何操作，则单击"关闭"按钮关闭对话框即可。

在查找过程中，若需要将查找内容突出显示出来，可以按照下面的操作实现。

第 1 步：在"查找和替换"对话框中，单击"阅读突出显示"按钮，在弹出的菜单中执行"全部突出显示"命令，如图 3-31 所示。

第 2 步：单击"关闭"按钮关闭"查找和替换"对话框，返回至文档即可看见查找的内容突出显示了出来。

当不再需要突出显示时，则打开"查找和替换"对话框，然后单击"阅读突出显示"按钮，在弹出的菜单中执行"清除突出显示"命令。

（2）高级查找

所谓高级查找，就是为查找对象设置筛选条件，如限定中文字符的格式、区分西文字符的大小写及全/半角等。如果要将设置了某种格式的文本进行替换，则应先查找该文本，具体操作方法如下。

第1步：按照上述操作方法打开"查找和替换"对话框，在"查找内容"文本框内输入要查找的内容，然后单击"更多"按钮。

第2步：展开对话框，且"更多"按钮变成"更少"按钮，单击"格式"按钮，在弹出的菜单中选择要查找的文本格式，如"字体"，如图3-32所示。

第3步：弹出"查找字体"对话框，正确设置查找内容的字体样式，然后单击"确定"按钮，如图3-32所示。

图 3-31　阅读突出显示　　　　图 3-32　高级查找对话框

第4步：返回"查找和替换"对话框，在"查找内容"文本框的下方显示了查找内容的格式信息，然后按照一般查找的方法进行查找即可。

通过高级查找功能，还可以查找英文文本。查找英文时，主要需要设置是否区分大小写、全/半角等。

① 若勾选"区分大小写"复选框，Word 将会按照大小写查找在"查找内容"文本框输入的内容相一致的对象。如要查找的是"WORD"，绝不会查找"word"。

② 若勾选"全字匹配"复选框，则会搜索符合条件的完整单词，而不会搜索某个单词的局部。如要查找的是"sitting"绝不会查找"sit"。

③ 若勾选"同音"复选框，则会查找与查找内容发音相同但拼写不同的单词。如查找"Wear"时，也会查找"Where"。

④ 若勾选"查找单词的所有形式"复选框，则会查找关键字

单词的所有形式。如查找"south"时，还可查找出"southwest"等。

⑤ 若勾选"区分全/半角"复选框，Word 将严格按照输入时的全角或半角字符进行搜索。

设置好相关的查找条件，然后按照一般查找的方法进行查找即可。

此外，还可以使用通配符查找。通配符主要有"？"与"*"两个，"？"只代表一个字符，而"*"可以代表多个字符。如要查找"第 5 章"、"第 9 章"；可以用"？"，"第 3.3.6 节"、"第 4.2.2 节"之类的文字，可以用"*"。

下面以查找"第 3.3.6 节"、"第 4.2.2 节"这样的文字为例，介绍通配符的使用方法。

第 1 步：按照上述操作方法打开"查找和替换"对话框，在"查找内容"文本框内输入"第*节"，然后单击"更多"按钮。

输入通配符时，一定要在英文状态下输入。

第 2 步：展开该对话框，在"搜索选项"选项组中勾选"使用通配符"复选框，然后参照一般查找的方法进行查找即可。

3.3.10.2 替换文本

通常情况下，查找的目的就是替换，学会了如何进行查找，接下来就要学习如何对查找到的内容进行替换。

（1）逐一替换

第 1 步：在"开始"选项卡中，单击"编辑"选项组中的"替换"按钮。

第 2 步：弹出"查找和替换"对话框，在"查找内容"文本框内输入查找内容，在"替换为"文本框内输入替换内容，然后单击"查找下一处"按钮，如图 3-33 所示。

图 3-33　查找下一处

第 3 步：将查找出指定内容在文档中的第一个所在位置，若单击"替换"按钮即可替换掉当前内容，且自动跳转到指定内容的下一个位置。

第 4 步：若单击"查找下一处"按钮，Word 会忽略当前位置，直接跳转到指定内容的下一个位置。

第 5 步：按照刚才的操作方法，对其他内容进行替换或忽略，替换完成后，在弹出的提示框中单击"确定"按钮，在返回的"查找和替换"对话框中单击"关闭"按钮，关闭对话框即可。

（2）全部替换

第 1 步：按照前面的操作方法打开"查找和替换"对话框，在"查找内容"和"替换为"文本框内输入相应的内容，然后单击"全部替换"按钮。

第 2 步：Word 即可替换掉文档中所有的查找对象，替换完后在弹出的提示框中单击"确定"即可，如图 3-33 所示。

（3）替换为有格式的文本

若需要将查找的内容替换为有格式的文本，则可以按照下面的操作步骤实现。

第 1 步：打开"查找和替换"对话框，在"查找内容"和"替换为"文本框内输入相应的内容，将光标定位在"替换为"文本框，然后单击"更多"按钮，如图 3-33 所示。

第 2 步：展开对话框，单击"格式"按钮，在弹出的菜单中选择替换内容的文本格式，如"字体"，如图 3-32 所示。

第 3 步：在弹出的"替换字体"对话框中设置替换内容的字体样式，然后单击"确定"按钮。

第 4 步：返回到"查找和替换"对话框，在"替换为"文本框的下方显示了详细的格式信息，然后根据操作需要进行逐一替换或全部替换即可。

替换为有格式的文本时，如果要设置查找内容的格式，光标必须定位到"查找内容"文本框中；如果要设置替换内容的格式，光标必须定位到"替换为"文本框中。

3.3.10.3 快速定位目标

在"查找和替换"对话框还有一个选项卡，就是"定位"选项卡。利用定位功能，可以快速转到要到达的页面。

例如要快速转到一个长文档的第 26 页，可执行如下操作。

第 1 步：按下"Ctrl+G"组合键，打开"查找和替换"对话框，并自动切换到了"定位"选项卡。

第 2 步：在"定位目标"列表中选择"页"，在"输入页号"文本框中输入"26"，单击"下一处"按钮，即可快速转到文档的第 26 页。

在上述操作中，如果选择定位目标为"行"，可快速转到文档的某一行；选择"节"，可快速转到文档的某一节。

3.3.11 撤销与恢复

在文档的编辑过程中，难免会出现一些误操作，例如不小心删除了某个段落，或者将该复制的内容操作为移动等。这时通过 Word 的撤销与恢复功能可以快速恢复到操作前的状态。

3.3.11.1 撤销操作

撤销操作的方法主要有以下几种：

第 1 步：单击快速访问工具栏上的"撤销"按钮，即可撤销最近一步的操作。

第 2 步：按 下 "Ctrl+Z" 或 "Alt+Backspace"组合键，可撤销上一步操作，重复任意一个组合键可撤销多步操作。

第 3 步：单击快速访问工具栏上的"撤销"按钮右边的下拉按钮，在弹出的下拉列表中选择恢复到某一指定的操作，如图 3-34 所示。

图 3-34 撤销

3.3.11.2 恢复操作

恢复操作是撤销操作的逆过程，让之前进行的撤销操作失败，并将文档恢复到撤销操作之前的状态，其方法有以下几种。

第 1 步：单击快速访问工具栏上的"恢复"按钮 🔄，即可恢复被撤销的操作。

第 2 步：按下"Ctrl+Y"组合键，可恢复被撤销的上一步操作，重复按下该组合键可恢复被撤销的多步操作。

3.4 Word 2007 文档的修饰

为了让一篇文档美观得体、轻重分明、层次清晰，就需要对其设置相应的字符格式，如字体、字形、字号及颜色等。

3.4.1 文本格式化

3.4.1.1 设置字体、字号和字形

通常情况下，对文本设置字体、字号及字形是首要操作，接下来将对其进行详细介绍。

（1）设置字体

字体是指文字的标准外观形状，如宋体、黑体及楷体等。

① 通过功能区设置

第 1 步：选定需要设置字体的文本，在"开始"选项卡的"字体"选项组中，单击"字体"文本框右侧的下拉按钮。

第 2 步：在弹出的下拉列表中，指向某字体时，可以预览效果，单击某种字体，即可将其应用到所选文本上，如图 3-35 所示。

② 通过浮动工具栏设置

第 1 步：选定需要设置字体的文本，即可弹出半透明的菜单工具栏，如图 3-37 所示。

第 2 步：将鼠标移向半透明的菜单工具栏，即可清晰地显示出工具栏。

第 3 步：单击"字体"文本框右侧的下拉按钮，在弹出的下拉列表中单击某种字体，如图 3-36 所示。

图 3-35 字体下拉列表	图 3-36 字体文本框

图 3-37 浮动工具栏

第 4 步：所选字体即可应用到当前的文本。

③ 通过对话框设置

第 1 步：选定需要设置字体的文本，在"开始"选项卡中的"字体"选项组中，单击右下角的启动按钮，如图 3-38 所示。

第 2 步：弹出"字体"对话框，在"中文字体"下拉列表中设置中文字体，在"西文字体"下拉列表设置西文字体，

图 3-38 中、西文字体

然后单击"确定"按钮即可，如图 3-38 所示。

（2）设置字号

默认情况下，文本的字号为"五号"，根据操作的需要，用户可以对其进行更改，具体操作方法如下。以下的操作步骤如图 3-38 所示。

第 1 步：选定需要设置字号的文本，单击"字体"选项组中右下角的启动按钮。

第 2 步：弹出"字体"对话框，在"字号"列表框中设置合适的字号，然后单击"确定"按钮即可。

此外，通过以下三种方式也可以对字号进行设置。以下步骤可参考图 3-35 或图 3-37 进行操作。

第 1 步：在"字体"选项组或浮动工具栏中，单击"字号"文本框右侧的下拉按钮，在弹出的下拉列表中选择合适的字号即可。

第 2 步：在"字体"选项组或浮动工具栏中，单击"增大字体"按钮 A，可以放大字号；单击"缩小字体"按钮 A，可以缩小字号。

第 3 步：选中需要更改字号的文本，然后在"开始"菜单选项中，单击"字号"下拉按钮，在弹出的下拉菜单中选择字号。

（3）设置字形

字形就是指文字的显示效果，主要包括常规、倾斜、加粗及加粗倾斜四种效果。

默认情况下，输入的文字为常规状态，用户可以根据操作需要进行更改，具体操作方法为：在"字体"选项组或浮动工具栏中，单击"加粗"按钮对所选文本设置加粗效果；单击"倾斜"按钮可对所选文本设置倾斜效果。

除了上述操作方法之外，还可以通过对话框设置，具体操作方法如下。

第 1 步：选定需要设置字形的文本，在"开始"选项卡中，单击"字体"选项组中的启动按钮，如图 3-38 所示。

第 2 步：弹出"字体"对话框，在"字形"列表框中选择需要的字形效果，然后单击"确定"按钮即可，如图 3-38 所示。

3.4.1.2 设置字体颜色

字体颜色就是指字符的显示色彩，如蓝色、红色、绿色等。在 Word 中，文字的默认颜色为黑色，为了丰富文本的表达效果，用户可以设置个性化的字体颜色，具体操作方法如下。

第 1 步：选定需要设置颜色的文本，在"开始"选项卡中，单击"字体"选项组中的启动按钮,如图3-38所示。

第2步:弹出"字体"对话框,在"字体颜色"下拉列表中选择需要的颜色,若需要更多选择,则选择"其他颜色"选项,如图3-39所示。

第3步:弹出"颜色"对话框,在"标准"选项卡中进行颜色的选择,如图3-40所示。

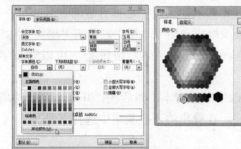
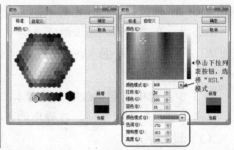

图3-39　字体颜色　　　　　图3-40　字体颜色标准

第4步:用户也可以切换到"自定义"选项卡中设置颜色,在"颜色模式"下拉列表中,若选择"RGB"模式,则可以在"红色"、"绿色"和"蓝色"微调框中设置0~225的数值,如图3-40所示。

第5步:在"颜色模式"下拉列表中,若选择"HSL"模式,则可以在"色调"、"饱和度"和"亮度"微调框中设置 0~255 的数值,如图3-40所示。

第6步:设置完成后单击"确定"按钮,返回"字体"对话框,用户可以在"预览"栏中预览当前设置的效果,如果满意当前的颜色效果,则单击"确定"按钮即可。

3.4.1.3 设置字符间距

字符间距指字符间的距离,Word 主要提供了"标准"、"加宽"、"紧缩"3 种距离。

(1)设置间距

设置字符间距的具体操作步骤如下。

第1步:选定需要设置间距的文本,在"开始"选项卡单击"字体"选项组中的启动按钮。

第 2 步：弹出"字体"对话框后切换到"字符间距"选项卡，在"间距"下拉列表中选择间距类型，在右侧的微调框设置加宽或紧缩的大小，然后单击"确定"按钮，如图 3-41 所示。

（2）设置缩放

默认情况下，字符的水平缩放为 100%，字符间的间距为标准状态。根据实际需要，用户可以对其进行更改。

第 1 步：选择需要设置缩放的文本，在"开始"选项卡中，单击"字体"选项组中的启动按钮。

第 2 步：弹出"字体"对话框后切换到"字符间距"选项卡，在"缩放"下拉列表中选择需要的缩放比例，然后单击"确定"按钮即可。

以上步骤如图 3-41 所示进行操作即可。

此外，还可以通过功能区设置字符缩放，具体操作方法如下。

第 1 步：选定需要设置缩放的文本，单击"段落"选项组中的"中文版式"按钮 ，在弹出的下拉列表中选择"字符缩放"选项，然后在弹出的列表中选择缩放比例，如图 3-42 所示。

第 2 步：此时，当前文本的缩放比例即可更改为所选比例。

图 3-41　字体间距

图 3-42　段落

3.4.1.4　设置下划线与着重号

对文本进行美化操作时，为了让文档轻重分明、突出重点，可以对某些字、词、句设置下划线或着重号。

（1）设置下划线

第 1 步：选择要设置下划线的文本，在"开始"选项卡单击"字体"组中的启动按钮，如图 3-38 所示进行操作。

第 2 步：弹出"字体"对话框，在"下划线线型"下拉列表中选择下划线样式，在"下划线颜色"下拉列表中设置下划线颜色。

第 3 步：设置完成后单击"确定"按钮，在返回的文档中即可查看效果。

（2）设置着重号

第 1 步：选定需要设置着重号的文本，在"开始"选项卡中，单击"字体"选项组中的启动按钮。

第 2 步：弹出"字体"对话框，在"着重号"下拉列表中选择"."列表项，如图 3-38 所示进行操作。

第 3 步：设置完成后单击"确定"按钮，在返回的文档中即可查看效果。

3.4.1.5 设置其他字符效果

美化文本时，不仅可以设置字体、字号、字体颜色等基本格式，还可以设置阴影、拼音指南、字符的边框与底纹等效果。

（1）设置一般字符效果

一般的字符效果主要包括删除线、阴影、阳文等，具体设置方法如下。

第 1 步：选择需要设置一般效果的文本，在"开始"选项卡中，单击"字体"选项组中的启动按钮，如图 3-38 所示进行操作。

第 2 步：弹出"字体"对话框，在"效果"选项组中勾选某个效果前的复选框，如"阴影"与"空心"。

第 3 步：设置完成后单击"确定"按钮，在返回的文档中即可查看效果。

（2）设置特殊字符效果

特殊效果主要包括拼音指南和带圈字符两种。例如，

měilì
美丽　　圉

① 拼音指南

当遇到不认识的字或撰写特殊文稿时，可以为字符添加拼音，具体操作方法如下。

第 1 步：选择需要添加拼音的字符，单击"字体"选项组中的"拼音指南"按钮🔲。

第 2 步：弹出"拼音指南"对话框，在"对齐方式"下拉列表中设置拼音的对齐方式，通过"偏移量"微调框设置拼音与汉字的距离，然后设置拼音的字体、"字号"等，如图 3-43 所示。

第 3 步：设置完成后单击"确定"按钮，在返回的文档中即可查看效果。

② 带圈字符

通过 Word 提供的带圈功能，可以以圆圈、三角形等形式将单个汉字、一个或两个数字，以及一个或两个字母圈起来，具体操作方法如下。

第 1 步：选择需要带圈的字符，然后单击"字体"选项组中的"带圈字符"按钮🔲。

第 2 步：弹出"带圈字符"对话框，在"样式"栏中选择带圈样式，在"圈号"列表框中选择图形，如图 3-44 所示。

图 3-43　拼音指南

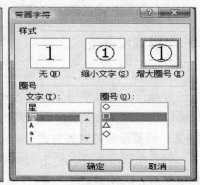

图 3-44　带圈字符

第 3 步：设置完成后单击"确定"按钮，即可在返回的文档中查看效果。

在"样式"栏中，若选择"缩小文字"样式，则会缩小字符，让其适应圈的大小；若选择"增大圈号"样式，则会增大圈号，让其适应字符的大小。

（3）设置字符边框与底纹

对文本进行美化操作时，为了提高阅读性，可以对部分文本设置边框、底纹，从而起到强调的作用。

第 1 步：选定需要添加边框的文本，单击"字体"选项组中的"字符边框"按钮 A，即可为选定的文本添加"边框"。

第 2 步：选定需要添加底纹的文本，单击"字体"选项组中的"字符底纹"按钮 A，即可为选定的文本添加"底纹"。

3.4.1.6 快速清除字符格式

对文本设置某种格式后，如果需要还原为默认格式，就需要将已经设置的格式清除掉，其具体操作方法如下。

第 1 步：选定需要清除格式的文本，然后单击"字体"选项组中的"清除格式"按钮。

第 2 步：文本即可还原为默认格式，即宋体、五号字。

对于比较特殊的格式不能通过"清除格式"功能清除掉，如突出显示、拼音指南及带圈字符等。

3.4.2 设置段落格式

在 Word 中对文本进行编辑，通常情况下都是以段落为基本单位进行操作。对段落进行对齐方式、间距与行距、缩进等设置，不仅可以让文档更加美观，还能突出重点。

3.4.2.1 设置段落的对齐方式

对齐是指段落在文档中的相对位置，对齐的方式包括水平对齐和垂直对齐两种类型。

（1）水平对齐

水平对齐方式主要包括左对齐、居中、右对齐、两端对齐与分散对齐 5 种方式。

> ➢　"左对齐"：段落的文字向左靠拢并对齐。
> ➢　"居中"：段落的文字居中显示，以文档中间为中心向两边排列开。
> ➢　"右对齐"：段落的文字向右靠拢并对齐。
> ➢　"两端对齐"：段落文字的上下对齐排列，靠向页面的一侧。
> ➢　"分散对齐"：段落文字向两边分散，并对齐最左侧和最右侧的文字。

默认情况下，段落的水平对齐方式为两端对齐，根据版式的设计需要，用户可以进行更改。

① 通过对话框设置

第 1 步：选定需要设置水平对齐方式的段落，在"开始"选项卡中，单击"段落"选项组中的启动按钮。

第 2 步：弹出"段落"对话框，在"对齐方式"下拉列表中选择对齐方式，如图 3-45 所示。

第 3 步：设置完成后单击"确定"按钮，在返回的文档中即可查看效果。

② 通过功能区设置

"段落"选项组中包含了 5 种对齐方式按钮，从左到右分别表示左对齐、居中、右对齐、两端对齐、分散对齐。选定需要设置对齐方式的段落，然后单击某个按钮，即可实现相应的对齐方式，具体操作方法如下。

第 1 步：选定需要设置水平对齐方式的段落，单击"段落"选项组中的某个对齐方式按钮，如"居中"，如图 3-46 所示。

第 2 步：此时，所选段落即可应用居中对齐方式。

③ 通过快捷键设置

除了上述操作之外，还可以通过快捷键快速实现水平对齐方式。

> ➢　左对齐："Ctrl+L"
> ➢　居中："Ctrl+E"

> ➢ 右对齐："Ctrl+R"
> ➢ 两端对齐："Ctrl+J"
> ➢ 分散对齐："Ctrl+Shift"

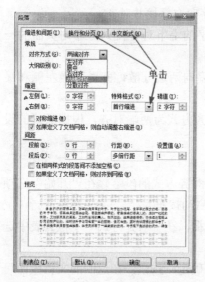

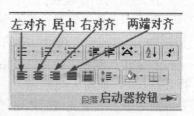

图 3-45　对齐方式　　　　　　图 3-46　段落

（2）垂直对齐

段落的垂直对齐方式主要包括顶端对齐、居中、基线对齐、底端对齐与自动设置 5 种，设置垂直对齐方式的具体操作如下。

第 1 步：选定需要设置垂直对齐方式的段落，单击"段落"选项组中的启动按钮。

第 2 步：弹出"段落"对话框，切换到"中文版式"选项卡，然后在"文本对齐方式"下拉列表中选择垂直对齐方式，如图 3-45 所示。

第 3 步：设置完成后，单击"确定"按钮即可。

3.4.2.2 设置段落缩进

缩进决定段落到左（右）页边距的距离。缩进主要包括四种方式，分别为左缩进、右缩进、首行缩进和悬挂缩进。

（1）设置左、右缩进

所谓左（右）缩进，就是指段落整体向左（右）缩进一定的字符量，设置的方法如下。

第 1 步：将光标定位在需要设置缩进的段落中，单击"段落"选项组中的启动按钮。

第 2 步：弹出"段落"对话框，在"缩进"栏中，通过"左侧"或"右侧"微调框，分别设置左缩进或右缩进的大小，设置完成后单击"确定"按钮即可，如图 3-45 所示。

（2）设置特殊格式缩进

特殊格式缩进主要包括首行缩进和悬挂缩进。首行缩进是指段落的首行向右缩进一定的字符量，悬挂缩进是指段落的首行向左缩进一定的字符量，设置的具体方法如下。

第 1 步：将光标定位在需要设置缩进的段落中，然后参照上述的操作打开"段落"对话框。

第 2 步：在"缩进"栏的"特殊格式"下拉列表中，选择"首行缩进"或"悬挂缩进"选项，然后在右侧的微调框中调整缩进号，如图 3-45 所示。

第 3 步：设置完成后，单击"确定"按钮即可。

3.4.2.3 设置段落间距和行距

段落间距是指相邻的两个段落之间的距离，行距是指段落中行与行之间的距离。适当调整段落与段落、行与行之间的距离，可以使文档看起来疏密有致。

（1）设置段落间距

段落间距分为段前间距和段后间距两种情况。顾名思义，段前间距是指本段与上一段之间的距离，段后间距是指本段与下一段之间的距离。如果相邻两个段落的段前间距与段后间距不一致，则会以数值大的为准。

第 1 步：选定需要设置间距的段落，然后按照上述操作方法打开"段落"对话框。

第 2 步：在"间距"栏中，分别通过"段前"微调框和"段后"

微调框调整段前间距与段后间距，设置完成后单击"确定"即可，如图 3-45 所示。

（2）设置行距

行距只是针对段落中行与行之间的距离，虽然有的段落只有一行，但是行距并不包括这种行。设置行距的方法主要有以下两种。

第 1 步：选中需要设置行距的段落，然后按照上述操作方法打开"段落"对话框。

第 2 步：在"间距"栏中，在"行距"下拉列表中选择适当的行距，然后单击"确定"按钮即可，如图 3-45 所示。

在"行距"下拉列表中，包含了多个选项供用户选择，如"单倍行距"、"1.5 倍行距"、"2 倍行距"等，其中各个选项的功能含义如下。

➢ 单倍行距：为该行最大字体的高度加上额外间距，额外间距的大小取决于所用的字体。默认情况下，5 号字的行距为 15.6 磅。

➢ 1.5 倍行距：是单倍行距的 1.5 倍。

➢ 2 倍行距：是单倍行距的 2 倍。

➢ 最小值：适应该行最大字体或图形所需的最小行距。

➢ 固定值：Word 不对指定的间距数值进行调节。

➢ 多倍行距：行距按照指定的百分比增大或缩小。

3.4.2.4 设置制表位

制表位主要用于创建易于格式化的文档，制表位为两个字符，按一下"Tab"键，光标就会向前移动两个字符。用户也可以根据需要，手动添加制表位，具体操作如下。

第 1 步：在打开的文档中切换到"视图"菜单选项卡，在"显示/隐藏"选项组中勾选"标尺"复选框，如图 3-47 所示。

第 2 步：接下来在水平标尺的合适地方单击鼠标左键，即可在相对应的位置添加一个制表位，如图 3-48 所示。

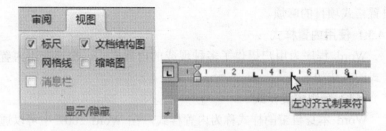

图 3-47　视图　　　　　　　图 3-48　左对齐制表符

3.4.2.5 设置段落底纹

在 Word 中可以为段落添加某种颜色的边框和底纹，以突出该段落的内容，并起到美化文档的作用。

（1）设置边框

第 1 步：选定需要设置边框的段落，在"段落"选项组中，单击"边框"按钮右侧的下拉按钮，在弹出的下拉列表中选择"边框和底纹"选项。

第 2 步：弹出"边框和底纹"对话框，在"边框"选项卡中设置边框的相关格式，如边框类型、样式、颜色等，然后在"应用于"下拉列表中选择"段落"选项。

第 3 步：设置完成后，单击"确定"按钮即可，如图 3-49 所示。

（2）设置底纹

第 1 步：选定需要设置底纹的段落，然后按照上述操作打开"边框和底纹"对话框，如图 3-49 所示。

第 2 步：切换到"底纹"选项卡，设置底纹的填充颜色、填充图案等，然后在"应用于"下拉列表中选择"段落"选项。

第 3 步：设置完成后，单击"确定"按钮即可。

3.4.3 应用样式

样式是设置好的格式集合，将文本或其他对象的格式信息集合在一起并命名保存，该集合便称为样式。定义一个样式后，可以将该样式的格式应用于文档中的任何文本或对象，这样就免去了逐项设置格式项目的麻烦。

3.4.3.1 使用内置样式

Word 程序为用户提供了多种现成的内置样式，快速应用内置样式的方法如下。

（1）套用内置样式

Word 本身自带的样式称为内置样式，在 Word 2007 中可以通过下面的两种方法调用内置样式。

➢ 通过菜单选项卡调用：在"开始"菜单选项卡的"样式"选项组中可以快速选择需要的样式，如图 3-50 所示。

➢ 通过样式窗口调用：在"开始"菜单选项卡的"样式"选项组中单击右下角的展开按钮，即可打开"样式"任务窗格，该窗格是活动的，用户可以将其拖动到编辑区的任意位置，如图 3-51 所示。

图 3-49　设置边框

图 3-50　样式选项组

单击样式列表框右侧的下拉按钮，在展开的列表框中显示更多的样式，单击需要的样式即可将其快速应用。

（2）使用样式集

Word 2007 提供了多种默认的样式集合，通过样式集合方式，可以为整篇文档指定样式，具体设置方法如下。

第 1 步：在"开始"菜单选项卡中单击"样式"选项组中的"更改样式"按钮，如图 3-50 所示。

第 2 步：在弹出的下拉菜单中将鼠标指向"样式集"选项，然后在展开的级联菜单中选择需要的样式即可，如图 3-52 所示。

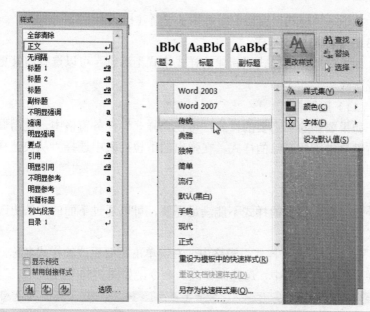

图 3-51　正文样式　　　　图 3-52　更改样式

3.4.3.2 创建新样式

如果系统提供的样式不能满足用户的需要，还可以自行创建新样式，其具体操作方法如下。

第 1 步：打开"样式"窗格，单击"新建样式"按钮，如图 3-51 所示。

第 2 步：在弹出的"根据格式设置创建新样式"对话框中，在"名称"文本框内输入样式名称，在"样式类型"下拉列表中选择样式的类型，如图 3-53 所示。

第 3 步：在"格式"栏中为新建的样式设置字体、字号、字行和颜色等格式，如果还需要更完善地设置，则单击对话框左下角的"格式"按钮，在弹出的菜单中选择需要设置的格式，如"段落"。

第 4 步：在弹出的"段落"对话框中根据需要进行相应的设置，并单击"确定"按钮，保存设置。

第 5 步：返回到"根据格式设置创建新样式"对话框，单击"确定"按钮，"样式"窗格中即可显示出新建样式。

3.4.3.3 删除与更改样式

如果对默认的样式或新建的样式格式不满意，可以选择将其更改或删除。

（1）删除样式

如果要删除不需要的样式，可在"样式"任务窗格中，使用鼠标右键单击需要删除的样式，在弹出的下拉列表中选择"从快速样式库中删除"命令。

（2）更改样式

如果之前设置的样式不能满足需要，可以通过下面的方法更改样式。

第 1 步：在"样式"窗格中，右键单击需要更改的样式名称，在弹出的快捷菜单中，选择"修改"命令，如图 3-54 所示。

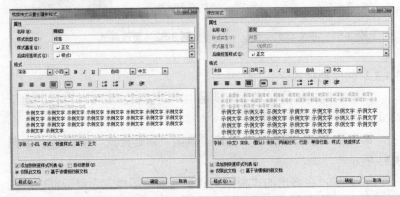

图 3-53　创建新样式　　　　图 3-54　修改样式

第 2 步：在打开的"修改样式"对话框中，重新编辑样式，如字体、段落格式等，编辑完毕单击"确定"命令保存设置即可。

3.4.3.4 自动生成目录

对文档中的各级标题设置了各级样式后，还有一个非常实用的好处，就是能够通过标题样式自动生成文档目录索引。该功能在编辑图书时显得尤其实用，其具体操作方法如下。

第 1 步：将鼠标定位到文档末尾，然后切换到"引用"菜单选项卡，在"目录"选项组中，单击"目录"下拉按钮，在打开的菜单中选择"插入目录"命令，如图 3-55 所示。

第 2 步：在弹出的"目录"对话框中，根据需要选择是否显示页码、页码对齐方式等，如图 3-56 所示。

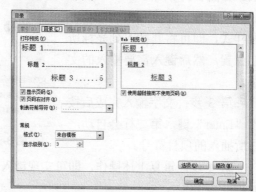

图 3-55　插入目录　　　　　　　　图 3-56　目录

第 3 步：单击"确定"按钮，即可在光标位置自动生成目录。

3.4.4　项目符号与编号

办公文档中，经常有一、二、三；第一条、第二条、第三条……这样的小标题和段落编号。这在 Word 中称为"项目符号"的应用。

Word 的项目符号基本分为三种：项目符号、编号、多级列表，在"段落"工具组分别对应三个按钮。

3.4.4.1　添加项目符号

在 Word 中，添加项目符号的方法有两种，一种是在输入文本时自动添加项目符号，另一种是对已经输入的文本添加项目符号。

（1）输入文本时自动添加项目符号

输入文本时自动添加项目符号的具体操作方法如下。

第 1 步：定位好光标插入点，然后切换到"开始"菜单选项卡，单击"段落"选项组中的"项目符号"下拉按钮，打开其下拉列表，如图 3-57 所示。

图 3-57 定义新项目符号

第 2 步：单击需要的项目符号样式，即可将其插入到光标所在位置，然后键入需要输入的文字。

第 3 步：文字输入完成后按下"Enter"键，第二行会自动产生所插入的项目符号。

第 4 步：重复上述操作，即可实现键入文字时自动添加项目符号。

若要取消自动编号，则在刚出现下一个编号时按下"Ctrl+Z"组合键或再次按下"Enter"键即可。

（2）对已经输入的文本添加项目符号

如果要为已经输入的文本添加项目符号，则可以执行以下操作。

第 1 步：选定已经输入好的段落，单击"项目符号"按钮右侧的下拉按钮。

第 2 步：在弹出的下拉列表中指向某项目符号样式时可以进行预览，单击即可应用到所选段落，如图 3-57 所示。

选中需要设置项目符号的文本，然后单击"段落"选项组中的"项目符号"按钮，可以直接应用上次所使用的项目符号样式。

3.4.4.2 自定义项目符号

如果 Word 自带的项目符号样式不能满足需要，用户还可以自定义项目符号，具体操作方法如下。

（1）添加符号形式的项目符号

第 1 步：选择需要添加项目符号的段落，在"段落"选项组中，单击"项目符号"按钮右侧的下拉按钮，在弹出的下拉列表中选择"定义新项目符号"选项，如图 3-57 所示。

第 2 步：在弹出的"定义新项目符号"对话框中，单击"符号"按钮，如图 3-58 所示。

第 3 步：在弹出的"符号"对话框中选择需要的符号，然后单击"确定"按钮，如图 3-59 所示。

第 4 步：返回到"定义新项目符号"对话框，在"预览"栏中可以预览所设置的效果，然后单击"确定"按钮。

第 5 步：返回到文档，再次单击"项目符号"按钮右侧的下拉按钮，在弹出的下拉列表中选择之前设置的样式，此时，所选文本即可应用该样式。

对没有设置缩进的段落添加自定义项目符号时，不需要进行第 5 步操作；若段落设置了缩进格式，则需要进行第 5 步操作。

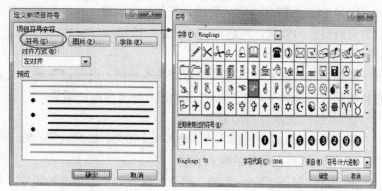

图 3-58　定义新项目符号　　　　　　图 3-59　符号

（2）添加图片形式的项目符号

除了可以添加符号作为项目符号，还可以将图片添加为项目符号，具体操作和添加项目符号的操作一样。

第 1 步：打开"定义新项目符号"对话框，然后单击"图片"按钮，如图 3-58 所示。

第 2 步：在弹出的"图片项目符号"对话框中选择图片，然后单击"确定"按钮。

第 3 步：返回到"定义新项目符号"对话框，在"预览"栏中可以预览所设置的效果。

第 4 步：然后单击"确定"按钮即可应用该样式。

（3）导入外部图片为项目符号

如果需要将计算机中保存的图片作为项目符号，请参照添加项目符号的操作，按照下面的操作方法实现。

第 1 步：打开"图片项目符号"对话框，然后单击"导入"按钮，如图 3-58 所示。

第 2 步：在弹出的"将剪辑添加到管理器"对话框中选择需要导入的图片，然后单击"添加"按钮。

第 3 步：在返回的"图片项目符号"对话框中可以看见导入的图片，然后单击"确定"按钮。

第 4 步：返回到"定义新项目符号"对话框，在"预览"栏可以预览所设置的效果，然后单击"确定"按钮即可应用该样式。

3.4.4.3 添加编号

添加编号与添加项目符号的方法基本相同，既可以在输入文本时自动产生添加编号，也可以对已经输入的文本添加编号。

（1）输入文本时自动编号

第 1 步：定位好光标插入点，输入一个编号，如"一、"、"a."、"1."等，然后在编号后输入文字。

第 2 步：按下"Enter"键，第二行将自动产生连续的编号，同时还会出现"自动更正选项"按钮。

第 3 步：在新产生的编号后键入相关文字，当需要新起段落时按下"Enter"键，重复这样的操作，即可完成自动编号。

（2）对已经输入的文本添加编号

第 1 步：选定已经完成输入的段落，单击"编号"按钮右侧的下拉按钮，在弹出的下拉列表中指向某编号样式时可以预览效果，单击相应样式即可应用到当前段落，如图 3-57 所示。

第 2 步：若需要其他编号样式，则在下拉列表中选择"定义新编号格式"选项，弹出"定义新编号格式"对话框，在"编号样式"下拉列表中选择编号样式，如图 3-60 所示。

第 3 步：选择完成后单击"确定"按钮，在返回的文档中即可查看效果。

（3）插入编号项

对段落添加编号后，若要在某个位置插入编号项，则按照下面的操作方法实现。

第 1 步：若要在某行的下面添加插入编号项，则将光标定位在该行的行末。

第 2 步：按下"Enter"键，在新起的段落将自动插入一项连续编号，且其他列表项也会作出相应调整。

3.4.4.4 自定义编号

除了内置的编号样式外，用户还可以自定义编号列表，下面以设置"第一，"、"第二，"……之类的编号列表为例，介绍具体操作方法。

第 1 步：选择需要添加编号的段落，单击"编号"按钮右侧的下拉按钮，在弹出的下拉列表中选择"定义新编号格式"选项，如图 3-60 所示。

第 2 步：弹出"定义新编号格式"对话框，在"编号样式"下拉列表中选择编号样式，本例中需选择"1，2，3，…"，此时，"编号格式"文本框中将出现"1"字样，且"1"以灰色显示，如图 3-61 所示。

第 3 步：在"1"前面键入"第"，然后在"1"的后面输入"节"，此时可以在"预览"栏中进行预览，然后单击"确定"按钮，如图 3-61 所示。

第 4 步：返回到文档，再次单击"编号"按钮右侧的下拉按钮，在弹出的下拉列表中选择之前设置的列表样式，此时，所选文本即可应用该样式。

图 3-60 编号样式　　　图 3-61 定义新编号格式

3.4.4.5 设置多级列表

设置多级列表用于表示多层次的文本结构关系，更能清晰地体现文本的层次结构，并能提高可阅读性。

（1）应用内置多级列表

第 1 步：选定需要添加多级列表的多个段落，单击"段落"选项组中的"多级列表"按钮，在弹出的下拉列表中选择列表样式，如图 3-62 所示。

第 2 步：此时所有段落的编号级别为 1 级，因而需要进行调整。将光标定位到本应是 2 级列表编号的段落中，单击"多级列表"按钮，在弹出的下拉列表中选择"更改列表级别"选项，如图 3-62 所示，在弹出的级联列表中选择"2 级"选项。

第 3 步：此时，该段落的级别即可调整为"2 级"。

第 4 步：将光标定位到本应是三级列表编号的段落中（或选择所有的三级列表段落），单击"多级列表"按钮，在弹出的下拉列表中选择"更改列表级别"选项，在弹出的级联列表中选择"3 级"选项。

第 5 步：此时，所选段落的级别即可调整为"3 级"。

第 6 步：按照上述操作步骤，对其他段落调整相应的级别即可。

（2）自定义多级列表

除了使用内置的列表样式，用户还可以定义新的多级列表样式，具体操作方法如下。

第 1 步：选择需要添加编号列表的段落，单击"多级列表"按钮，在弹出的下拉列表中选择"定义新的多级列表"选项，如图 3-62 所示。

第 2 步：弹出"定义新多级列表"对话框，在"单击要修改的级别"列表框中选择"1"选项，然后在"此级别的编号样式"下拉列表中选择该级别的编号样式，如"1st，2nd，3rd，…"，如图 3-63 所示。

第 3 步：在"单击要修改的级别"列表框中选择"2"选项，在"此级别的编号样式"下拉列表中选择该级别的编号样式，如"1，2，3，…"，此时，"输入编号的格式"文本框内显示为"1st.1"，将"1st.1"删除即可，如图 3-63 所示依次操作。

第 4 步：在"单击要修改的级别"列表框中选择"3"选项，在"此级别的编号样式"下拉列表中选择该级别的编号样式，如"A，B，C，…"，此时，"输入编号的格式"文本框内显示的为"1st.1.a"，将"1st.1"删除即可，如图 3-63 所示依次操作。

第 5 步：假定所选段落只有 3 个级别，因此只设置前三个级别的样式即可，相应级别的格式设置完成后，可以通过预览框进行预览，若确定当前的样式，则单击"确定"按钮。

第 6 步：此时，文档中所选段落的编号级别都为 3 级。

第 7 步：参照应用内置多级列表时调整级别的操作方法，对当前段落调整正确的级别即可。

3.4.5 设置页面结构

3.4.5.1 页面设置

很多用户通常是先在 Word 中录入文本，等到需要打印的时候再进行页面设置。事实上，这种方式并不可取，因为一旦重新设置页面，会导致排好的版面发生错乱。因此，在使用 Word 开始工作前，应先进行页面设置，如纸张类型、页边距、文字方向等。

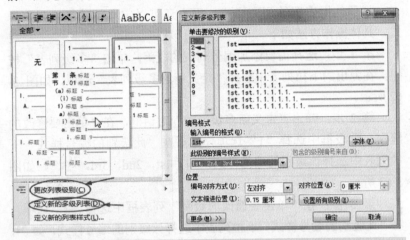

图 3-62　多级列表　　　　图 3-63　定义新多级列表

对纸张的设置通常包括纸张大小和纸张方向两个方面。

（1）设置纸张大小

换到"页面布局"选项卡，然后单击"页面设置"选项组中的"纸张大小"按钮，在弹出的下拉列表中选择纸张大小即可，如图 3-64 所示。

如需要自定义纸张大小，则可以按照下面的操作实现。

第 1 步：单击"纸张大小"按钮，在弹出的下拉列表中选择"其他页面大小"选项，如图 3-64 所示。

第 2 步：弹出"页面设置"对话框，在"纸张大小"下拉列表中选择"自定义大小"选项，然后设置纸张的宽度与高度，设置完成后单击"确定"按钮即可，如图 3-65 所示。

（2）设置纸张方向

纸张的方向主要包括"纵向"与"横向"两种，而默认情况下，纸张的方向为"纵向"，若要更改为"横向"，则可以按照下面的操作实现。

第 1 步：单击"页面设置"选项组中的"纸张方向"按钮，在弹出的下拉列表中，如果"纵向"选项呈高亮状态显示，则表示当前纸张方向为"纵向"，如图 3-64 所示进行操作。

第 2 步：此时，选择"横向"选项，即可将纸张方向更改为"横向"。

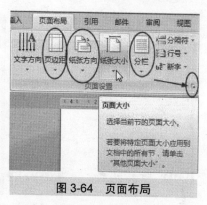

图 3-64　页面布局

此外，还可以通过对话框设置纸张的方向，具体操作方法如下。

第 1 步：切换到"页面布局"选项卡，然后单击"页面设置"选项组中的启动按钮，如图 3-64 所示中箭头所指的位置。

第 2 步：弹出"页面设置"对话框后切换到"页边距"选项卡，在"纸张方向"栏中选择需要的纸张方向，然后单击"确定"按钮即可，如图 3-66 所示。

3.4.5.2 设置页边距

页边距是指文档中除正文外页面四周的空白区域。页边距中的可打印区域主要用于插入页眉、页脚等，从而让文档更加美观。

（1）查看页边距

为了更形象地理解页边距，可以通过下面的操作查看页边距。

第 1 步：单击"Office 按钮"，在弹出的下拉菜单中单击"Word 选项"按钮。

第 2 步：弹出"Word 选项"对话框，切换到"高级"选项卡，然后在"显示文档内容"选项组中勾选"显示正文边框"复选框，如图 3-67 所示。

第 3 步：设置完成后单击"确定"按钮返回，页边距将以虚线的形式显示在文档中。

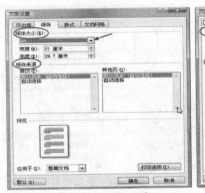 

图 3-65　页面设置纸张大小　　　图 3-66　页面设置页边距

　　（2）设置页边距

　　第 1 步：切换到"页面布局"选项卡，单击"页面设置"选项组中的"页边距"按钮，在弹出的下拉列表中选择页边距，如图 3-64 所示中左边第一个用椭圆圈起来的按钮，单击它即可。

　　第 2 步：如果需要自定义页边距大小，则在下拉列表中选择"自定义边距"选项，弹出"页面设置"对话框，然后通过"页边距"栏中的微调框设置相应的值，如图 3-66 所示中上面椭圆圈起来的即是"页边距"栏。

　　第 3 步：设置完成后，单击"确定"按钮即可。

　　（3）设置装订线

　　通常情况下，多于两页的文档都需要装订起来，装订位置就是装订线。设置装订线的具体操作如下。

　　第 1 步：切换到"页面布局"选项卡，然后单击"页面设置"选项组中的启动按钮，如图 3-64 所示箭头所指的位置。

　　第 2 步：弹出"页面设置"对话框后切换到"页边距"选项卡，在"装订线位置"下拉列表中选择装订位置，然后在"装订线"微调框内设置装订线的宽度。在图 3-66 中上面椭圆圈起来的即是"页边距"栏，它下面的第三个选项就是"装订线（G）"和"装订线位置（U）"的设置栏。

第 3 步：设置完成后，单击"确定"按钮即可。

3.4.5.3 设置分栏

利用分栏进行排版，可以创建不同风格的文档，具体操作如下。

第 1 步：切换到"页面布局"选项卡，单击"页面设置"选项组中的"分栏"按钮，在弹出的下拉列表中选择需要的栏数。在图 3-64 中右边第一个用椭圆圈起来的按钮，单击它即可。

第 2 步：若选择"更多分栏"选项，可在弹出的"分栏"对话框中自行设置分栏的列数、宽度和应用范围等，设置完毕后单击"确定"按钮即可，如图 3-68 所示。

图 3-67　Word 选项

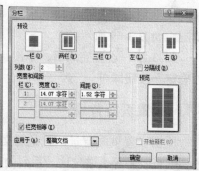

图 3-68　分栏

3.4.5.4 设置文字方向和字数

设置了纸张大小和页边距之后，页面的基本版式已经被确定了。此时，还需要对文字方向与字数进行设置。

（1）设置字数

第 1 步：切换到"页面布局"选项卡，单击"页面设置"选项组右下角的启动按钮，如图 3-64 所示箭头所指的位置。

第 2 步：弹出"页面设置"对话框，切换到"文档网格"选项卡，在"网格"栏中选择某个选项，然后在下面可操作的微调框内设置相应的值，如每页的行数、每行的字符数，在图 3-65、图 3-66 里设置即可。

第 3 步：设置完成后，单击"确定"按钮即可。

（2）设置文字方向

第 1 步：切换到"页面布局"选项卡，单击"页面设置"选项组中的"文字方向"按钮，在弹出的下拉列表中选择文字方向。在图 3-64 中左边第一个按钮就是该按钮。

第 2 步：若在下拉列表中选择"文字方向"选项，将弹出"文字方向-主文档"对话框，在"方向"栏中提供了几种可以使用的文字方向，然后在"应用于"下拉列表中可设置文字方向的应用范围，如图 3-69 所示。

第 3 步：设置完成后，单击"确定"按钮即可。

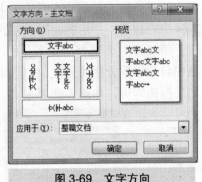

图 3-69　文字方向

3.4.6 设置页面背景

所谓设置页面背景，就是对文档底部进行相关设置，如页面颜色、填充效果等。通过这一系列的设置，可以起到渲染文档的作用。

3.4.6.1 添加与删除水印

水印是出现在文档底层的文本或图片，通常用于标识文档状态，或者增加趣味。

（1）添加内置水印

第 1 步：切换到"页面布局"选项卡，单击"页面背景"选项组中的"水印"按钮，如图 3-70 所示。

第 2 步：在弹出的下拉列表中提供了"机密"、"紧急"和"免责声明"3 类水印，用户可以根据实际需要进行选择，如图 3-71 所示。

第 3 步：文档中即可应用所选水印样式。

（2）自定义水印

内置水印的样式毕竟有限，根据操作需要，用户可以自定义水印。

① 自定义文字水印

第 1 步：单击"页面背景"选项组中的"水印"按钮，在弹出的下拉列表中选择"自定义水印"选项。选择图 3-71 所示用椭圆圈起来的命令即可。

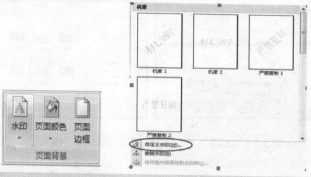

图 3-70　"水印"按钮　　　　图 3-71　机密

　　第 2 步：在弹出的"水印"对话框中选择"文字水印"单选项，然后根据需要对水印文字的内容、字体、颜色等进行设置，如图 3-72 所示。

　　第 3 步：设置完成后单击"确定"按钮，即可在返回的文档中查看到效果。

　　② 定义图片水印

　　第 1 步：按照上述操作打开"水印"对话框，选择"图片水印"单选项，然后单击"选择图片"按钮，如图 3-72 所示。

　　第 2 步：在弹出的"插入图片"对话框中选择图片，然后单击"插入"按钮，如图 3-73 所示。

　　第 3 步：返回"水印"对话框，在"缩放"下拉列表中选择适当的比例。

　　第 4 步：设置完成后单击"确定"按钮，即可在返回的文档中查看效果。

　　对于图片水印来说，一般应用冲蚀效果，这样才能降低图片的色彩，增加文档的和谐程度，因而一般不要取消"冲蚀"复选框的勾选。

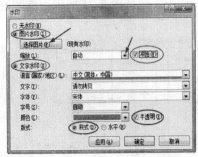

图 3-72 水印	图 3-73 插入图片

（3）删除水印

若要删除水印，则单击"页面背景"选项组中的水印按钮，在弹出的下拉列表中选择"删除水印"选项即可，如图 3-71 所示。

3.4.6.2 设置页面背景

除了设置水印背景之外，还可以对页面背景设置填充效果，从而更加丰富文档的视觉效果。

（1）纯色填充

第 1 步：切换到"页面布局"选项卡，单击"页面背景"选项中的"页面颜色"按钮，如图 3-74 所示。

第 2 步：在弹出的下拉列表中指向某颜色时可以预览效果，单击即可应用到当前文档。

（2）渐变填充

第 1 步：切换到"页面布局"选项卡，单击"页面背景"选项组中的"页面颜色"按钮，在弹出的下拉列表中选择"填充效果"选项，如图 3-74 所示。

第 2 步：弹出"填充效果"对话框，在"渐变"选项卡中，选择颜色方案，如"双色"，接着分别设置"颜色 1"与"颜色 2"的颜色，然后在"底纹样式"栏中选择渐变方案，如图 3-75 所示。

第 3 步：设置完成后单击"确定"按钮，在返回的文档中即可查看效果。

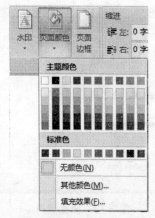

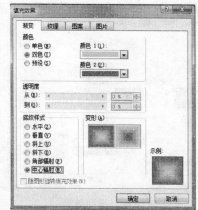

图 3-74 页面颜色　　　　图 3-75 填充效果

（3）纹理填充

第 1 步：按照上述操作方法打开"填充效果"对话框，切换到"纹理"选项卡，在"纹理"列表框中选择纹理样式，如图 3-76 所示。

第 2 步：选择完成后单击"确定"按钮，即可在返回的文档中查看效果。

（4）图案填充

第 1 步：打开"填充效果"对话框后切换到"图案"选项卡，设置相应的前景色与背景色，然后在"图案"列表框中选择具体的图案样式，如图 3-77 所示。

第 2 步：设置完成后单击"确定"按钮，即可在返回的文档中查看效果。

（5）图片填充

第 1 步：打开"填充效果"对话框后切换到"图片"选项卡，然后单击"选择图片"按钮，如图 3-78 所示。

第 2 步：在弹出的"选择图片"对话框中选择图片，然后单击"插入"按钮，如图 3-79 所示。

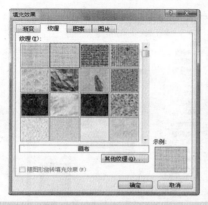

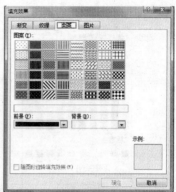

图 3-76　纹理效果　　　　　　　图 3-77　图案效果

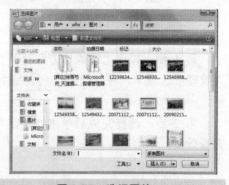

图 3-78　图片效果　　　　　　　图 3-79　选择图片

　　第 3 步：返回"填充效果"对话框，单击"确定"按钮，即可在返回的文档中查看效果。

3.4.6.3 设置页面边框

　　与字符和段落边框不同的是，页面边框将出现在每个页面中。在 Word 2007 中，页面边框包括线条与艺术两种方式。

　　（1）线条页面边框

　　第 1 步：切换到"页面布局"选项卡，单击"页面背景"选项组中的"页面边框"按钮，如图 3-70 所示右边第一个按钮。

　　第 2 步：弹出"边框和底纹"对话框，在"设置"列表项中选择边框类型，在"样式"列表框中选择具体的边框线样式，在"颜色"下拉列表中设置边框线的颜色，"宽度"下拉列表中选择边框的宽度，如图 3-80 所示。

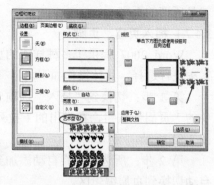

图 3-80 页面边框

第 3 步：设置完成后，单击"确定"按钮，然后在返回的文档中即可查看效果。

第 4 步：在"应用于"下拉列表中有 4 个选项，其作用分别如下。

➢ 整篇文档：无论文档是否分节，页面边框应用于当前文档的所有页面。

➢ 本节：对于分节的文档，页面边框只应用于当前节。

➢ 本节仅首页：对于分节的文档，页面边框只应用于本节的首页。

➢ 本节除首页外的所有页：对于分节的文档，页面边框应用于本节除首页外的所有页。

（2）艺术页面边框

第 1 步：打开"边框和底纹"对话框，在"艺术型"下拉列表中选择边框图案，然后在"宽度"微调框内调整图案的大小，如图 3-80 所示。

第 2 步：设置完成后单击"确定"按钮，当前文档即可应用该样式。

3.4.7 添加页眉与页脚

页眉是每个页面页边距的顶部区域，而页脚是每个页面页边距的底部区域，打印后分别显示在页面的顶端和底端。通俗地讲，正文上面显示的书名、章名，就是所谓的页眉；正文下方显示的页码，就是所谓的页脚。

3.4.7.1 插入页眉、页脚

Word 2007 提供了多种样式的页眉、页脚，用户可以根据实际需求进行选择，具体操作如下。

第 1 步：切换到"插入"选项卡，单击"页眉和页脚"选项组中的"页眉"按钮，在弹出的下拉列表中选择需要的页眉样式，如图 3-81 所示。

第 2 步：所选样式将自动添加到页面顶端，与此同时，文档将自动切换到页眉编辑区。

第 3 步：切换到"插入"选项卡，单击"页眉和页脚"选项组中的"页脚"按钮，在弹出的下拉列表中选择需要的页脚样式，如图 3-82 所示。

图 3-81 页眉　　　　　　　　图 3-82 页脚

第 4 步：所选样式将自动添加到页面底端，与此同时，文档将自动切换到页脚编辑区。

第 5 步：编辑完成后，单击功能区中的"关闭页眉和页脚"按钮，退出页眉页脚编辑状态即可。

3.4.7.2 编辑页眉、页脚

插入页眉或页脚后，选项卡菜单栏会新增"页眉和页脚工具/设计"选项卡，通过该选项卡可以对页眉、页脚进行相关编辑。

（1）编辑内容

插入页眉、页脚后，还需要编辑页眉、页脚内容。双击页眉或页脚即可进入编辑状态，此时，便可进行相关的编辑。

第 1 步：将光标定位在某页的页眉，输入页眉内容，然后对其设置相应的格式。

第 2 步：切换到"页眉和页脚工具/设计"选项卡，单击"导航"选项组中的"转至页脚"按钮，如图 3-83 所示。

图 3-83 页眉和页脚

第 3 步：转至当前页的页脚，输入页脚内容，然后对其设置相应的格式。

第 4 步：编辑完成后切换到"页眉和页脚工具/设计"选项卡，单击"关闭"选项组中的"关闭页眉和页脚"按钮，可以退出页眉页脚编辑状态，如图 3-83 所示。

在页眉、页脚中，除了输入一般文本之外，还可以插入图片、剪贴画、自选图形等对象。

（2）设置不同的奇偶页

如果希望奇数页与偶数页使用不同效果的页眉、页脚，可以在编辑内容之前设置奇偶页不同，具体操作方法如下。

第 1 步：双击页眉或页脚就可进入编辑状态，自动切换到"页眉和页脚工具/设计"选项卡，然后勾选"选项"选项组中的"奇偶页不同"复选框，如图 3-83 所示。

第 2 步：此时，页眉或页脚的左侧将显示相关提示信息，然后分别对奇数页与偶数页编辑页眉、页脚内容即可。

3.4.7.3 设置页码

对文档进行排版时，页码是必不可少的元素。Word 2007 提供了多种样式的页码，用户可根据需要选择适用的样式。

（1）插入页码

在 Word 中，可以将页码插入到页面顶端、页面底端、页边距等，下面以在页面底端插入页码为例，介绍插入页码的操作方法。

第1步：双击页眉或页脚，激活页眉、页脚的编辑区域。

第 2 步：将光标定位在奇数页的页眉或页脚中，单击"页眉和页脚"选项组中的"页码"按钮，在弹出的下拉列表中选择"页面底端"选项，然后在弹出的级联列表中选择页码样式，如图 3-83 所示。

第3步：所选样式的页码即可插入到奇数页页脚中。

第 4 步：将光标定位在偶数页页眉或页脚中，单击"页码"按钮，在弹出的下拉列表中选择"页面底端"选项，然后在弹出的级联列表中选择页码样式。

第5步：所选样式的页码即可插入到偶数页页脚中。

（2）设置页码格式

插入页码后，还可以对其设置相关格式，具体操作方法如下。

第1步：单击"页眉和页脚"选项组中的"页码"按钮，在弹出的下拉列表中选择"设置页码格式"选项，如图 3-83 所示。

第 2 步：弹出"页码格式"对话框，在"编号格式"下拉列表中可以设置页码的编号格式，在"页码编号"栏中，若选择"续前节"选项，则页码与上一节相接续。如果选择"起始页码"选项，则需要在右侧的微调框中设置起始页码，如图 3-84 所示。

图 3-84　页码格式

第3步：设置完成后，单击"确定"按钮即可。

3.4.8　设置打印文档

完成了页面设置、文档的编辑及排版等相关操作后，可以将文档打印出来，以方便日后的使用。

3.4.8.1　打印预览

通常情况下，为了确保打印出来的文档准确无误，需要在打印之前通过"打印预览"功能查看输出效果，具体操作如下。

第 1 步：单击"Office"按钮 ，在弹出的下拉菜单中依次执行"打印"—"打印预览"命令，如图 3-2 所示。

第 2 步：此时，文档将由原来的视图方式转换到"打印预览"视图方式，从而可以全面地查看文档的打印效果，如图 3-85 所示。

图 3-85　打印预览

第 3 步：在"打印预览"视图中，用户可以进行翻页、修改页面设置等相关操作。

按下"Ctrl+Alt+I"组合键，可以快速转换到打印预览视图。

（1）设置显示状态

在"显示比例"选项组中，包含了"显示比例"、"单页"等按钮，如图 3-85 所示右边图。

在该选项组中，可以进行如下操作。

第 1 步：单击"显示比例"按钮，则可以在弹出的"显示比例"对话框中设置显示比例，如图 3-85 所示。

第 2 步：单击"单页"按钮，可以在屏幕上显示一页。

第 3 步：单击"双页"按钮，可以在屏幕上并排显示两页，并自动调整页面的显示比例。

（2）翻页

在"预览"选项组单击"上一页"按钮或"下一页"按钮，可以对文档进行翻页，如图 3-85 所示。

（3）修改文档

默认情况下，"预览"选项组中的"放大镜"复选框为勾选状态，且鼠标呈放大镜形状，单击鼠标会放大或缩小文档显示比例。

如果取消"放大镜"复选框的勾选，鼠标将呈"I"形，此时，定位好光标插入点，可以修改文档中的内容，如图 3-85 所示。

（4）修改页面设置

在打印预览时，若认为页面设置不合理，则可以通过"页面设置"选项组中相应的选项进行调整，如图 3-85 所示。

预览完成后，若打印预览效果符合要求，则可以单击"打印"选项组中的"打印"按钮，进行打印；若还需要对文档进行修改，则单击"预览"选项组中的"关闭打印预览"按钮，关闭打印预览视图，如图 3-85 所示。

3.4.8.2 设置打印选项

通过页面设置与打印预览，只能确保文档的页面效果，具体打印环节中还涉及打印范围、打印份数等问题，因而在打印前还需要进行相关设置。

（1）设置打印范围

第 1 步：在需要打印的文档中单击"Office"按钮⊞，在弹出的下拉菜单中依次执行"打印"—"打印"命令，如图 3-2 所示。

第 2 步：弹出"打印"对话框，在"页面范围"栏中设置需要打印的页面范围，如图 3-86 所示。

第 3 步：设置完成后单击"确定"按钮，即可开始打印。

按下"Ctrl+P"组合键，可以快速打开"打印"对话框。

（2）设置打印份数

第 1 步：按照上述操作方法，打开"打印"对话框，然后在"副本"栏中通过"份数"微调框设置打印份数，如图 3-86 所示。

第 2 步：设置完成后单击"确定"按钮，即可开始打印。

（3）高级设置

第 1 步：在需要打印的文档中单击"Office 按钮"，在弹出的下拉菜单中单击"Word 选项"按钮。

第 2 步：弹出"Word 选项"对话框后切换到"高级"选项卡，在"打印"选项组中进行相应设置，如图 3-13 所示。

第 3 步：切换到"显示"选项卡，在"打印选项"选项组中进行相应设置，设置完成后单击"确定"按钮即可，如图 3-87 所示。

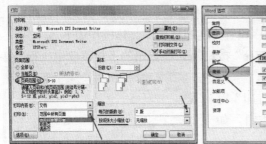

图 3-86　打印　　　　　　　　图 3-87　打印选项

第 4 步：进行相关设置后，打开上述操作中的"打印"对话框，然后单击"确定"按钮即可开始打印。

3.4.8.3 打印技巧

（1）只打印奇数页或偶数页

如果用户只需要打印奇数页或偶数页，可以按照下面的操作实现。

第 1 步：在需要打印的文档中单击"Office"按钮，在弹出的下拉菜单中依次执行"打印"—"打印"命令，如图 3-13 所示。

第 2 步：弹出"打印"对话框，在"打印（R）"下拉列表中进行选择，如"奇数页"，如图 3-86 所示。

第 3 步：设置完成后单击"确定"按钮，即可开始打印奇数页。

（2）双面打印

为了节约纸张，可以在一张纸上进行双面打印（双面打印需要打印机的支持），其具体操作如下。

第 1 步：按照上述操作方法打开"打印"对话框，然后在"每页的版数"下拉列表中选择需要的版数，如"2 版"，如图 3-86 所示。

第 2 步：设置完成后单击"确定"按钮，即可在每张纸中打印两个版面。

（3）逆序打印

打印一份多页的 Word 文档时，打印完成后，通常会发现第一页在最后，此时从后往前一页页地整理十分麻烦。因此，打印前，可以将 Word 的打印顺序设置为逆序打印，具体操作如下。

第 1 步：单击"Office"按钮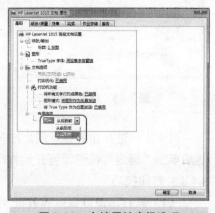，在弹出的下拉菜单中执行"打印"中的"打印"命令。

第 2 步：弹出"打印"对话框，单击"属性"按钮，如图 3-86 所示。

第 3 步：切换到"高级"选项卡，单击"布局选项"选项中的"页序"下拉按钮，在弹出的下拉列表中选择"从后到前"命令，如图 3-88 所示。

第 4 步：设置完成后，单击"确定"按钮即可。

图 3-88　文档属性高级选项

3.5　Word 2007 图文混排

3.5.1　插入图片与剪贴画

在 Word 中可以插入图片、剪贴画，以达到美化文档的作用。

3.5.1.1　插入图片

Word 2007 支持的图片格式很多，主要有 JPEG 格式、PNG 格式和 GIF 格式，另外还支持 CGM、EPS、PCT、WPG 和 PICT 等格式的图片，插入图片的具体操作如下。

第 1 步：将光标定位在需要插入图片的位置，切换到"插入"选项卡，单击"插图"选项组中的"图片"按钮，如图 3-89 所示。

第 2 步：弹出"插入图片"对话框，选择需要插入的图片，然后单击"插入"按钮，如图 3-90 所示。

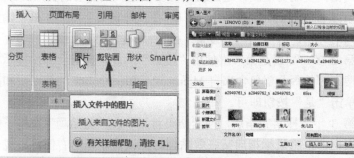

图 3-89　插入　　　　　　　　图 3-90　插入图片

第 3 步：接下来在返回的文档中，即可看到插入图片后的效果。

3.5.1.2　插入剪贴画

Word 中自带了多种剪贴画供用户使用，此外用户还可以通过"Office 网上剪辑"下载剪贴画，以满足不同的需求。

（1）插入 Word 自带的剪贴画

在 Word 2007 中，若需要插入程序自带的剪贴画，可通过下面两种方法实现。

① 通过窗口插入

第 1 步：切换到"插入"选项卡，单击"插图"选项组中的"剪贴画"按钮，如图 3-89 所示。

第 2 步：打开"剪贴画"窗格，该窗格的默认位置在窗口右侧，单击窗格中的"管理剪辑"链接，如图 3-91 所示左边图。

第 3 步：打开"Microsoft 剪辑管理器"窗口，在左侧选择剪贴画的类别，使用鼠标指向对话框右侧的某张剪贴画时，该剪贴画的右侧即可出现一个下拉按钮，单击该按钮，在弹出的下拉菜单中执行"复制"命令，如图 3-91 所示右边图。

第 4 步：返回到文档，将鼠标定位到需要插入剪贴画的位置，然后进行粘贴操作，即可将复制的剪贴画插入到文档中。

② 搜索需要的剪贴画

如果对剪贴画的类别非常熟悉，则无需通过"Microsoft 剪辑管理器"窗口复制剪贴画，通过搜索可以快速找到需要的剪贴画。

第 1 步：打开"剪贴画"窗口，在"搜索文字"文本框中输入剪贴画的类别，然后单击"搜索"按钮，如图 3-92 所示。

第 2 步：如果是第一次使用"搜索"功能，此时会弹出提示框询问搜索时是否希望包含来自 Microsoft Office Online 的剪贴画和照片，单击"是"按钮即可。

第 3 步：搜索完毕后，搜索结果将显示在"剪贴画"窗格下侧的列表框中，将鼠标指向某张剪贴画时，该剪贴画的右侧将出现一个下拉按钮，如图 3-92 所示。

第 4 步：单击该按钮，在弹出的下拉菜单中执行"插入"命令。

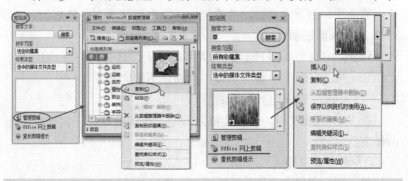

图 3-91　管理剪辑　　　　　　图 3-92　剪贴画

第 5 步：接下来在文档中，即可看到插入后的效果了。

在剪贴画窗格中，除了可以使用"插入"命令插入剪贴画，直接双击需要插入的图片，也可以快速插入剪贴画。

（2）插入网上的剪贴画

第 1 步：打开"剪贴画"窗格，单击"Office 网上剪辑"链接。如图 3-92 所示横线标示的按钮。

第 2 步：此时将自动启动 IE 浏览器，打开"免费下载剪贴、照片、动画和声音"网页，在"浏览剪贴画和多媒体分类"选项组中单击剪贴画的某个类别链接，如图 3-93 所示。

第 3 步：在接下来打开的网页中，单击某张剪贴画下的"复制"按钮，如图 3-94 所示。

图 3-93　多媒体分类	图 3-94　植物剪贴画

第 4 步：返回到文档中，将鼠标定位在需要插入剪贴画的位置，进行粘贴操作，即可将剪贴画插入到文档中。

3.5.1.3 管理剪辑库

在"剪贴画"窗格，单击底部的"管理剪辑"链接，打开"剪辑管理器"程序（也可以在"开始"菜单 Office 程序组的"Microsoft Office 工具"中启动剪辑管理器）。

在剪辑管理器中，用户可以创建自己的剪贴画分类，以便以后使用；或者将网络上的剪贴画下载到本地，以便脱机使用，如图 3-95 所示。

在"剪贴画"窗格底部，单击"Office 网上剪辑"链接，会打开浏览器，用户可以在浏览器中浏览微软网站上的分类剪贴画，选择感兴趣的并将其收藏。

3.5.2 编辑图片

插入图片后，可以利用 Word 2007 的图片编辑功能对图片进行各种格式设置和美化处理。

3.5.2.1 使用图片工具选项卡

细心的用户在插入图片后会发现功能区上出现一个新的"图片工具"选项卡。单击此选项卡，图片工具的"格式"选项卡就激活了，如图 3-96 所示。

利用该选项卡可以快速应用图片样式，完成更改图片大小、排列图片等操作。

3.5.2.2 调整图片

插入的图片可以直接在 Word 中进行某些效果的调整，例如调整亮度、对比度等，如图 3-96 所示的"调整"工具组选项（标示为 1）。

1. 调整工具组； 2. 图片样式工具组；
3. 排列工具组； 4. 大小工具组

图 3-95　搜索　　　　　图 3-96　调整工具组选项

（1）图片亮度

该设置用来提高或降低图片的亮度。"亮度"下拉菜单中有多个修正选项。

要更改图片亮度，单击"亮度"下拉列表，鼠标指向一种亮度值，通过预览确定最佳的亮度效果。

（2）图片对比度

提高或降低图片的对比度。要更改图片对比度，单击"对比度"下拉列表，鼠标指向一种对比度值，通过预览确定最佳的对比效果。

（3）图片重新着色

使用重新着色功能，可以为景物或任务图片加上各种非常具有艺术性的效果。在应用某种效果之前，可以通过预览观察效果。

（4）压缩图片

该功能是为了减小图片插入后文档的大小。如果文档中的图片较多，这些图片会使文档的体积变得很大。通过图片压缩，可以减小文档大小，以方便存储和传送。其操作方法如下。

第 1 步：双击图片切换到"图片工具"选项卡，单击"压缩图片"按钮，打开"压缩图片"对话框。

第 2 步：单击"选项"按钮，打开"压缩选项"对话框，根据文档的输出目标（打印、屏幕显示、作为电子邮件发送）选择一个输出选项，然后单击"确定"按钮，如图 3-97 所示。

（5）更改图片

更改图片是指将当前选中的图片替换为其他图片，同时保持当前图片的格式和大小，这样就可以快速插入其他图片，而不必重设图片的各种格式了。

（6）重设图片

"重设图片"是指放弃对图片的所有格式设置，恢复到插入时的状态，单击"调整"选项组中的"重设图片"按钮即可。

3.5.2.3 应用图片样式

将图片插入文档后，应用图片样式可轻松获得绚丽的图片修饰效果，具体方法如下，如图 3-96 所示中的"图片样式"工具组选项（标示为 2）。

第 1 步：选中图片，然后在"图片样式"工具组，单击"其他"按钮，打开图片样式列表，其中包含了 Word 2007 内置的精彩样式效果。

第 2 步：单击应用选定的样式，例如"金属框架"，即可快速应用该样式。

用户不仅可以通过上面的步骤轻松修饰图片，还能给图片添加更多特效。

（1）图片形状

单击"图片形状"下拉列表，选择一种适合图片的形状，单击这种形状，即可给图片加上这种形状的边框。例如，应用形状"月亮"的方法如下。

第1步：选中图片，然后切换到"图片工具"选项卡，单击"图片样式"选项组中的"图片形状"按钮，打开图片形状下拉菜单。

第2步：选择要应用的图片形状，本例中选择"基本形状"中的"月亮"，单击该形状，即可看到应用形状后的效果，如图 3-98 所示。

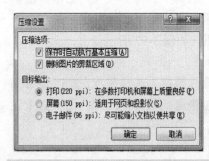

图 3-97　压缩设置

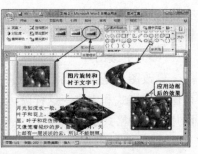

图 3-98　图片工具

（2）图片边框

在"图片样式"选项组中，单击"图片边框"按钮，可以为图片设置边框，具体方法如下。

第1步：选中图片，然后单击"图片样式"选项组中的"图片边框"按钮，打开图片边框下拉列表。

第2步：选择一种颜色，作为边框颜色，如"红色"，如图 3-98 所示。

第3步：再次单击"图片边框"按钮，在弹出的下拉列表中选择"粗细"选项，在弹出的子菜单中选择图片边框粗细。

第4步：在上述下拉列表中选择"虚线"选项，在弹出的下拉列表中选择线形。

第 5 步：进入上述操作后，就可以看到添加图片边框后的效果了。

（3）图片效果

Word 2007 内置了多种类型的图片效果，这些效果可以单独使用，也可以组合使用。利用这些效果，结合用户的创意和设计，就能编辑出精美的图片来。

应用图片效果的具体操作步骤如下。

第 1 步：选中图片，然后在"图片样式"工具组单击"图片效果"下拉按钮，在打开的下拉列表中选择一种效果类别，例如"发光"。

第 2 步：在效果类别中指向一种效果，预览应用到图片上的效果。

第 3 步：单击选定的效果，然后继续设置其他类别的效果，例如选择"三维旋转"效果。

第 4 步：设置完成后，即可看到图片效果。

3.5.2.4 图片排列

将图片插入文档后，会有一个图片和文字的关系问题。图片与文字的关系基本有两种：

① 图片嵌入文档——这种情况下，图片单独占用一定的空间，即使图片两边仍然有空白，也不会有文字填充进去。

② 文字环绕——这种情况下，文字和图片紧密依存，环绕周围。

文字环绕具体分 9 种情况：顶端居左、顶端居中、顶端居右、中间居左、中间居中、中间居右、底端居左、底端居中、底端居右。具体采取哪种环绕方式，根据图片大小和文档的整体排版需要而定。

（1）图片嵌入文档

图片嵌入文档时，图片不可以任意移动，只能通过段落工具组的"左对齐"、"居中"、"右对齐"来设置其对齐方式。

本教程中的大多数图片都是上下型和四周型环绕排列方式，极少部分图片是嵌入型的排列方式。

（2）图片绕排

插入图片后，如果需要文字绕排，可选择"文字环绕"方式的一种。选择之后，图片可以在文档中上下自由移动，用户可以通过移动图片，观察图片插入文档中的最佳位置，具体操作方法如下。

第1步：选中图片，切换到"图片工具"选项卡，单击"排列"选项组中的"文字环绕"按钮，如图3-96所示的"排列"工具组选项（标示为3）。

第2步：在打开的"文字环绕"下拉列表中选择一种环绕方法，例如"四周型环绕"。

第3步：选择该文字环绕方式后的效果如图3-96所示。

（3）图片衬于下方

将图片插入文档，如果不是为了显示图片，而是为了让图片成为背景的衬托，可设置图片衬于文字下方。在"排列"工具组单击"文字环绕"下拉列表，选择"衬于下方"选项，图片就下沉到文字后面，成为背景，如图3-98所示。

（4）翻转图片

摄影时，有时为了纵向取景，会拍出侧立的照片。插入的图片如果是侧立或倒立，可以通过"旋转"工具将其颠倒过来，其具体操作步骤如下。

第1步：首先插入图片，假设图片是向左侧立的。

第2步：选中图片，在"排列"工具组单击"旋转"按钮，选择"向右旋转90°"，即可将照片颠倒过来。

3.5.2.5 更改图片大小

在文档中插入图片后，还可以根据需要更改图片的大小。在Word 2007中，设置图片大小的方法主要有以下几种。

（1）通过功能区设置

选定图片后，切换到"图片工具/格式"选项卡，在"大小"选项组中，通过"形状高度"和"形状宽度"微调框分别调整图片的高度和宽度，如图3-96中的"大小"工具组选项（标示为4）。

（2）通过对话框设置

此外，还可以通过"大小"对话框，更改图片大小，具体操作方法如下。

第 1 步：选定需要设置大小的图片，切换到"图片工具/格式"选项卡，单击"大小"选项组右下角的展开按钮。

第 2 步：弹出"大小"对话框，在"尺寸和旋转"栏中，通过"高度"和"宽度"微调框调整图片的高度和宽度，如图 3-99 所示。

第 3 步：设置完成后，单击"关闭"按钮，关闭"大小"对话框即可。

（3）拖动控制点实现

选定图片后，图片周围将出现控制点，将鼠标停放在控制点上，指针即可变成双向箭头，此时，按下鼠标左键并任意拖动，可以快速改变图片的大小。

3.5.3 插入与编辑自选图形

Word 2007 中，称几何图形为形状。Word 中有丰富多彩的形状，可以将形状组合成复杂的图形。

3.5.3.1 绘制自选图形

下面以插入"心形"图形为例，介绍在 Word 2007 中插入自选图形的具体操作。

第 1 步：在需要插入自选图形的文档中切换到"插入"选项卡，然后单击"插图"选项组中的"形状"按钮，如图 3-89 所示。

第 2 步：在弹出的下拉列表中，选择"基本形状"组中的"心形"图形，如图 3-100 所示。

第 3 步：此时，鼠标呈十字状，在文档编辑区中按下鼠标左键并拖动，从而可绘制出所选图形样式，绘制到合适大小时释放鼠标即可。

3.5.3.2 自选图形的编辑和美化

直接插入的形状往往单调乏味。用户在绘制自选图形后，将出现一个"绘图工具"选项卡，通过该选项卡中的各个功能按钮，可以对自选图形进行编辑和美化。

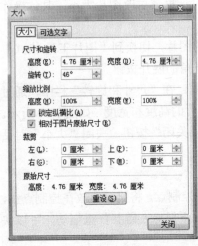

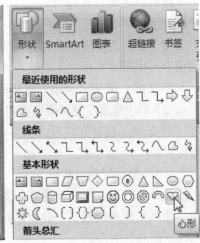

图 3-99　大小　　　　　　　　图 3-100　基本形状

（1）应用形状样式

第 1 步：选中需要应用形状样式的自选图形，然后切换到"绘图工具"选项卡。

第 2 步：在"形状样式"选项组中单击"其他"按钮，在样式列表中鼠标指向一种样式，预览应用效果，如图 3-101 中标示为"2"的工具组。

第 3 步：单击选择一种样式，即可快速将该样式应用到选中的自选图形中。

应用形状样式后，还可以利用形状填充按钮更改填充颜色；利用"形状轮廓"按钮改变轮廓颜色；利用"更改形状"按钮替换图形形状。

（2）添加三维效果

在上面图形效果的基础上，还可以追加三维效果，使图形更具有立体感，具体方法如下。

第 1 步：选中要添加三维效果的自选图形，然后在"三维效果"选项组中单击"三维效果"下拉按钮，如图 3-101 中标示为"4"的工具组。

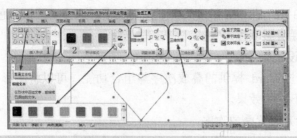

图 3-101 绘图工具

第 2 步：在打开的"三维效果"下拉列表中，将鼠标指向一种三维样式预览效果，然后单击选定的三维样式。

第 3 步：在"三维效果"下拉列表中，选择"三维颜色"选项，可以设置三维图形的颜色，此外还可以进行"深度"、"方向"、"照明"和"表面效果"等设置。

第 4 步：应用三维样式后的效果如图 3-102 所示。

选中应用三维样式后的自选图形，然后单击"三维效果"按钮旁边的旋转按钮，可以向 4 个不同的方向旋转图形。

（3）添加阴影效果

图 3-102 应用三维样式后的效果

除了上面的三维效果，用户还可以选择给图形添加阴影效果，但三维效果和阴影效果是不能同时使用的。

第 1 步：选中自选图形，然后在"阴影效果"工具组单击"阴影效果"下拉列表，如图 3-103 所示。将鼠标指向一种阴影样式预览效果，如图 3-101 中标示为"3"的工具组。

图 3-103 应用阴影样式后的效果

第 2 步：单击选定的阴影样式，即可看到应用阴影样式的效果。如图

3-103 所示。

第 3 步：在"阴影效果"下拉列表中，选择"阴影颜色"选项，可以设置阴影颜色。

3.5.3.3 设置叠放次

通过 Word 提供的叠放次序与组合功能，可以将图形与艺术字组合成不同的效果。

（1）设置叠放次序

为了组合成不同的效果，在进行组合前，应先对图形和艺术字进行有效的排列，其具体操作方法主要有两种。

① 通过右键菜单设置

选定要设置叠放次序的对象，单击鼠标右键，在弹出的快捷菜单中执行"叠放次序"命令，然后在弹出的子菜单中选择需要的排放方式即可，如图 3-104 所示。

② 通过功能区设置

选定要设置叠放次序的对象，接着切换到展开的"格式"选项卡，在"排列"选项组中，通过单击"置于顶层"或"置于底层"按钮右侧的下拉按钮，在弹出的下拉列表中进行设置，如图 3-101 中标示为"5"的工具组。

（2）设置组合

将多个对象进行组合后，将成为一个新的操作对象，若要调整大小、位置时，只需操作组合对象，从而简化了很多操作。在 Word 2007 中主要有以下两种方法组合对象。

① 通过右键菜单实现

第 1 步：先设置好需要组合的多个对象的格式，接着按住"Ctrl"键，选中要设置组合的多个图形，如图 3-105 所示。

第 2 步：使用鼠标右键单击某个图形，在弹出的快捷菜单中依次执行"组合"中的"组合"命令，即可将选定的多个图形组合起来形成一个整体。

如果要取消组合，则右键单击组合的图形，在弹出的快捷菜单中选择"组合"中的"取消组合"命令即可。

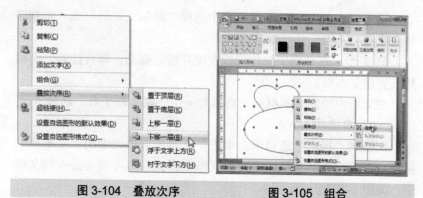

图 3-104　叠放次序　　　　　图 3-105　组合

② 通过菜单选项卡实现

先设置好需要组合的多个对象的格式，接着按住"Ctrl"键，选中要设置组合的多个图形。

切换到展开的"格式"菜单选项卡，单击"排列"选项组中的"组合"按钮，在弹出的下拉列表中选择"组合"选项即可，如图 3-101 所示中标示为"5"的工具组。

右键单击自选图形，在弹出的快捷菜单中选择"添加文字"命令，可以在自选图形中输入文字。

3.5.4 文本框的使用

通过文本框，可以在文档中的任意位置插入文本。通常情况下，文本框用于在图形或图片上插入注释或批注。

3.5.4.1 插入文本框

在以前的版本中，若要使用文本框，需要自己绘制，而在 Word 2007 中，不但可以自己绘制，还可使用 Word 提供的内置文本框样式。

（1）手动绘制

第 1 步：切换到"插入"选项卡，单击"文本"选项组中的"文本框"按钮，如图 3-106 所示。

图 3-106　文本框

第 2 步：在弹出的下拉列表中选择"绘制文本框"或"绘制竖排文本框"选项。

第 3 步：在文档中按住鼠标左键并进行拖动，即可绘制一个横排或竖排文本框。

在文档中绘制文本框后，将增加一个"文本框工具"选项卡。

（2）直接插入

切换到"插入"选项卡，单击"文本"选项组中的"文本框"按钮，在弹出的下拉列表中选择文本框样式，即可将其插入到文档中，如图 3-107 所示。

插入系统提供的内置文本框后，文本框内的"键入文档的引述或关注点的摘要……更改重要引述文本框的格式"字样的提示文字是占位符。默认情况下，占位符呈选定状态，如图 3-108 所示。

图 3-107　内置

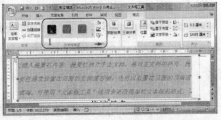

图 3-108　文本框工具

此时，按下"Delete"或"Backspace"键，即可将占位符号删除掉，然后输入内容即可。

3.5.4.2 编辑文本框

插入文本框后，可以对其设置大小、填充颜色及围绕方式，具体操作方法如下。

第 1 步：选中某文本框，切换到"文本框工具"选项卡，然后单击"文本框样式"选项组中的启动按钮，如图 3-108 标示"1"的工具组。

第 2 步：弹出"设置文本框格式"对话框，在"颜色与线条"选项卡中，可以设置文本的填充颜色、轮廓颜色等，如图 3-109 所示。

第 3 步：切换到"大小"选项卡，可以调整文本框的大小。依照图 3-109 操作。

第 4 步：切换到"版式"选项卡，可以设置文本框的环绕方式。依照图 3-109 操作。

第 5 步：设置完成后，单击"确定"按钮即可。

3.5.5 艺术字的使用

艺术字就是将普通的文本进行颜色、字形等方面的美化，从而使文字具有立体感。

3.5.5.1 插入艺术字

在文档中插入艺术字的具体操作方法如下。

第 1 步：定位好插入点，切换到"插入"选项卡，在"文本"选项组中单击"艺术字"按钮，如图 3-110 所示。

第 2 步：在弹出的下拉列表中选择喜欢的艺术字样式，如图 3-110 所示。

第 3 步：弹出"编辑艺术字文字"对话框，在"文本"文本框中键入内容，然后设置字体、字号，设置完成后单击"确定"按钮，如图 3-111 所示。

图 3-109　设置自选图形格式

图 3-110　艺术字

第 4 步：接下来在返回的文档中，即可看到设置后的艺术字效果了。

3.5.5.2 编辑艺术字

插入艺术字后，还可以根据操作的需要设置字符格式，如字体、字号以及字符间距等。

（1）编辑文字

插入艺术字后，若需要更改文字内容、字体、字号等，可按照下面的操作步骤实现。

第 1 步：选定需要进行编辑的艺术字，在展开的"艺术字工具/格式"选项卡中，单击"文字"选项组中的"编辑文字"按钮，如图 3-112 所示。

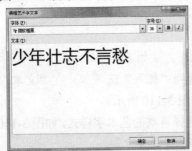

图 3-111　编辑艺术字文字

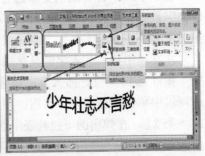

图 3-112　艺术字工具

第 2 步：弹出"编辑艺术字文字"对话框，参照插入艺术字的操作方法进行编辑，设置完成后单击"确定"按钮即可。

选定需要编辑的艺术字后，单击鼠标右键，在弹出的快捷菜单中执行"编辑文字"命令，可快速弹出"编辑艺术字文字"对话框。

（2）设置字符等高

英文单词有大小写之分，因而其艺术字的高度也会有所不同，从而影响整体效果。

如图 3-113 所示即为艺术字的字符等高与不等高的对照效果。

要实现等高的方法很简单，只需选中艺术字，然后单击"文字"选项组中的"等高"按钮，即可让大小写字符实现等高。

字符等高　　　　　字符不等高

FreeBSD　FreeBSD

图 3-113　艺术字对照效果

（3）设置字符间距

Word 为艺术字提供了 5 种字符间距，分别是"很紧"、"紧密"、"常规"、"稀疏"和"很松"。

设置字符间距的方法为：选定艺术字，单击"文字"选项组中的"间距"按钮，在弹出的下拉列表中设置字符间距即可，如图 3-112 所示。

（4）设置艺术字竖排

选定艺术字，单击"文字"选项组中的"艺术字竖排文字"按钮，即可为艺术字设置竖排效果，如图 3-114 所示。

3.5.5.3　设置艺术字样式

为了让插入的艺术字更具个性化，用户可以对其设置填充效果、轮廓、形状等样式。

（1）更改艺术字样式

插入艺术字后，若不满意当前所应用的样式，用户可以进行修改，具体操作如下。此操作如图 3-110 所示。

第 1 步：选定需要修改样式的艺术字，然后切换到"艺术字工具/格式"选项卡。

第 2 步：在"艺术字样式"选项组中，单击艺术字样式列表框中的下拉按钮，在弹出的下拉列表中选择合适的样式即可。

（2）设置填充效果

填充效果有多种，例如纹理效果、图片填充效果、颜色填充效果等，下面以填充纹理效果为例，具体操作如下。

第 1 步：选定需要设置填充效果的艺术字，在展开的"格式"选项卡的"艺术字样式"选项组中，单击"形状填充"按钮右侧的下拉按钮，如图 3-112 所示。

第 2 步：在弹出的下拉列表中，将鼠标指向"纹理"选项，然后在展开的级联菜单中选择合适的纹理选项即可，如图 3-115 所示。

第 3 步：接下来在返回的文档中即可看到设置后的效果了。

（3）设置轮廓

为艺术字设置轮廓的具体操作方法如下。

第 1 步：选定需要设置轮廓的艺术字，在展开的"格式"选项卡的"艺术字样式"选项组中，单击"形状轮廓"按钮右侧的下拉按钮，如图 3-112 所示。

图 3-114　艺术字竖排文字　　　　　图 3-115　纹理

第 2 步：在弹出的下拉列表中选择需要的轮廓颜色，如图 3-115 所示操作。

第 3 步：单击"形状轮廓"按钮右侧的下拉按钮，在弹出的下拉列表中将鼠标指向"粗细"选项，在弹出的级联菜单中选择需要的粗细大小。

第 4 步：再次单击"形状轮廓"按钮右侧的下拉按钮，在弹出的下拉列表中将鼠标指向"虚线"选项，在弹出的级联菜单中选择需要的虚线样式。

第 5 步：再次单击"形状轮廓"按钮右侧的下拉按钮，在弹出的下拉列表中选择"图案"命令，接着在弹出的"带图案线条"对话框中选择需要的图案类型，然后单击"确定"按钮，如图 3-116

所示。

第 6 步：在返回的文档中即可看到设置后的轮廓效果了。

（4）设置形状

若提供的艺术字样式不能满足用户的需求，可以通过"更改形状"功能对其进行设置，具体操作如下。

第 1 步：选定艺术字，单击"艺术字样式"选项组中的"更改样式"按钮，如图 3-112 所示。

第 2 步：在弹出的下拉列表中选择需要的形状，如图 3-117 所示。

第 3 步：接下来在返回的文档中，即可看到更改后的艺术字效果了。

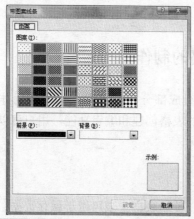

图 3-116　带图案线条

图 3-117　更改形状

3.5.5.4 设置环绕方式

在 Word 2007 中，也可以为插入的艺术字设置环绕方式，与设置图片的环绕方式相同。

艺术字的环绕方式有 7 种，分别是嵌入型、四周型、紧密型、衬于文字下方、浮于文字上方、上下型和穿越型。

第 1 步：选定需要设置环绕方式的艺术字，切换到"艺术字工具/格式"选项卡，然后单击"排列"选项组中的"文字环绕"按钮，如图 3-118 所示。

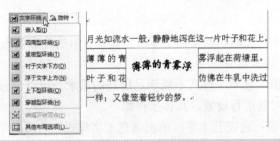

图 3-118　文字环绕

第 2 步：在弹出的下拉列表中选择需要的环绕方式即可。

第 3 步：接下来在返回的文档中，就可以看到设置的效果了，如图 3-118 所示。

3.6　Word 2007 中表格的制作

表格是文字处理的重要组成部分，在日常生活中应用非常广泛。Word 2007 提供了强大的表格创建和编辑功能，用户可以在文档中绘制各式各样的表格。

3.6.1　创建表格

在 Word 2007 中，也可以使用表格。表可用于保存数据、人事管理，也可用于辅助定位，用途十分广泛。

3.6.1.1　使用"插入表格"对话框

需要插入的表格行列数太多时，可通过"插入表格"对话框实现，具体操作如下。

第 1 步：将光标定位到需要插入表格的位置，切换到"插入"选项卡，单击"表格"选项组中的"表格"按钮，在弹出的下拉列表中选择"插入表格"选项，如图 3-119 所示。

第 2 步：弹出"插入表格"对话框，通过"行数"和"列数"微调框分别设置表格的行数和列数，如图 3-120 所示。

第 3 步：设置完成后，单击"确定"按钮即可。

在"插入表格"对话框的"{自动调整}操作"栏中有 3 个选项，其作用如下。

① 固定列宽：若选择该单选项，则表格的宽度是固定的，当单元格中的内容过多时，会自动进行换行。

② 根据内容调整表格：若选择该单选项，则插入的表格会缩小至最小状态，在单元格输入内容时，表格会根据输入的内容自动调整列宽。

③ 根据窗格调整表格：插入的表格会根据文档窗口的大小自动进行调整。

图 3-119　绘制表格

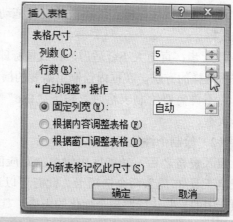

图 3-120　插入表格选项

3.6.1.2 使用虚拟表格功能

虚拟表格功能是 Word 2007 新增的功能之一，通过该功能，可以快速创建一个简单的表格。下面以插入一个"6×5"表格为例，具体操作如下。

第 1 步：将光标定位到需要插入表格的位置，切换到"插入"选项卡，然后单击"表格"选项组中的"表格"按钮。

第 2 步：在弹出的下拉列表中有一个 10 列 8 行的虚拟表格，移动鼠标选择 6 列 5 行的单元格，此时鼠标前的区域即可为选定状态，并显示为橙色，如图 3-121 所示。

第 3 步：单击鼠标左键，即可在文档中插入一个 6 列 5 行的表格。

3.6.1.3 手动绘制表格

如果需要插入的不是一个常规样式的表格，可进行手动绘制。

（1）常规绘制

第 1 步：切换到"插入"选项卡，单击"表格"选项组中的"表格"按钮，在弹出的下拉列表中选择"绘制表格"选项，如图 3-119 所示。

第 2 步：此时，鼠标呈笔状 ，将鼠标定位在要插入表格的起始位置，然后按住鼠标左键不放并进行拖动，即可在屏幕上画出一个虚线框。

第 3 步：直至大小合适后，释放鼠标即可绘制出表的外框，然后按照同样的方法，在框内绘制出需要的横纵表线即可。

当不再需要绘制表格时，按下"Esc"键，鼠标指针即可退出笔形状态。

（2）绘制个性化表格

插入表格之后，功能区中将增加对应的"表格工具/设计"和"表格工具/布局"两个选项卡。此时可以通过"表格工具/设计"选项卡中的一些选项绘制个性化的表格，具体操作如下。

第 1 步：切换到"表格工具/设计"选项卡，单击"绘图边框"选项组中的"笔样式"按钮，在弹出的下拉列表中选择线性样式，如图 3-122 中标示 3。

第 2 步：单击"笔画粗细"按钮，在弹出的下拉列表中选择合适的粗细，如图 3-122 中标示 2。

第 3 步：单击"笔颜色"按钮，在弹出的下拉列表中选择线条的颜色，如图 3-122 中标示 1。

第 4 步：照常规绘制表格的方法绘制表格，绘制完成后，再次单击"绘制表格"按钮，或者按下"Esc"键退出绘制状态即可。

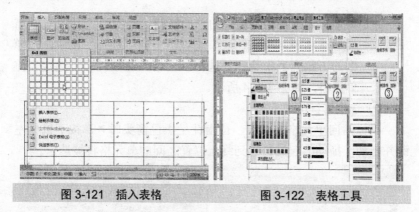

图 3-121 插入表格   图 3-122 表格工具

3.6.1.4 使用"快速表格"功能

Word 2007 提供了"快速表格"功能，通过此功能，可以快速插入内置样式表格，具体操作如下。

第 1 步：切换到"插入"选项卡，单击"表格"选项组中的"表格"按钮。

第 2 步：在弹出的下拉列表中指向"快速表格"选项，在弹出的级联列表中提供了多种内置表格样式，如图 3-123 所示。

第 3 步：单击需要的样式，即可将其插入到光标所在位置。

3.6.2 表格的基本操作

所谓表格基本操作，就是对表格的单元格、行以及列进行操作，如插入行或列、删除表格以及合并与拆分单元格等。

3.6.2.1 选定表格或单元格

对表格进行操作前，涉及表格的选定操作，如选定单元格、选定行等。

（1）选定单元格

在 Word 文档中选定表格中的单元格，主要分以下几种情况。

① 选定单个单元格

➢ 将鼠标指向单元格的左侧，待指针呈黑色箭头时 ，单击鼠标左键即可选中该单元格。

> 将光标定位在需要选择的单元格中，切换到"表格工具/布局"选项卡，单击"表"选项组中的"选择"按钮，在弹出的下拉列表中选择"选择单元格"选项，即可选定当前单元格，如图 3-124 所示。

② 选定连续的单元格

鼠标指向单元格的左侧，待指针呈黑色箭头时 ↗，按下鼠标左键并拖动，拖动的起始位置到终止位置之间的单元格将被选定。

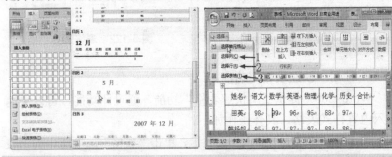

图 3-123   快速表格   图 3-124   选择单元格

将光标定位到需要选择的起始位置，按下"Shift"键，同时使用鼠标单击终止位置的单元格，即可选中起始位置至终止位置之间的单元格。

③ 选定分散的单元格

先选定第一个单元格，然后按下"Ctrl"键不放，单击其他分散的单元格，选择完成后释放"Ctrl"键，即可完成分散单元格的选定操作。

（2）选定行或列

① 使用鼠标直接选择

> 将鼠标指向表格某行的左侧，待指针呈白色箭头时 ↖，单击鼠标左键即可选中该行。

> 将鼠标指向表格某列的上边，待指针呈黑色箭头时 ↓ 时，单击鼠标左键即可选中该列。

② 通过功能区选择

➢ 将光标定位在某个单元格中，切换到"表格工具/布局"选项卡，单击"表"选项组中的"选择"按钮，在弹出的下拉列表中选择"选择行"选项，即可选择光标插入点所在位置的行，如图 3-124 所示箭头 2。

➢ 将光标定位在某个单元格中，单击"表"选项组中的"选择"按钮，在弹出的下拉列表中选择"选择列"选项，即可选择光标插入点所在位置的列，如图 3-124 所示箭头 1。

（3）选定整个表格

若想选中整个表格，可通过以下几种方法实现。

① 将鼠标指向表格，表格左上角将出现标志 ⊞，单击该标志即可选中整个表格。

② 将鼠标指向表格，表格右下角将出现标志 □，单击该标志即可选中整个表格。

③ 将光标定位在任意单元格中，单击"表"选项组中的"选择"按钮，在弹出的下拉列表中选择"选择表格"选项，即可选定整个表格，如图 3-124 所示箭头 3。

3.6.2.2 插入单元格、行或列

当插入的表格范围无法满足数据的录入时，可根据实际情况插入单元格、行或列。

（1）插入单元格

第 1 步：将光标定位在某个单元格中，切换到"表格工具/布局"选项卡，单击"行和列"选项组右下角的展开按钮，如图 3-125 所示。

第 2 步：在弹出的"插入单元格"对话框中，选择"活动单元格右移"单选项，然后单击"确定"按钮，如图 3-125 所示。

第 3 步：此时，光标插入点所在行的右侧将插入一个单元格。

如果选择"活动单元格下移"单选项，则会在当前单元格的上方插入一个单元格，且该单元格及右侧的所有单元格会向下移动，并在表格底添加一个新行。

（2）插入行或列

如果希望在已有的表格中插入新的行或列，可通过以下 2 种方

法实现：

① 将光标定位在某个单元格，然后切换到"表格工具/布局"选项卡，在"行和列"选项组中单击相应的按钮即可，如图 3-126 所示。

② 右键单击某个单元格，在弹出的快捷菜单中执行"插入"命令，然后在弹出的子菜单中执行需要的操作命令，如图 3-126 所示。

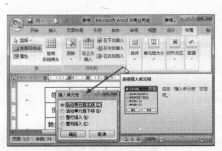

图 3-125　插入单元格　　　　　图 3-126　行和列

3.6.2.3 删除单元格、行或列

对于多余的单元格、行或列，可以选择将其删除。

（1）删除单元格

第 1 步：定位好光标插入点，单击"行和列"选项组中的"删除"按钮，在弹出的下拉列表中选择"删除单元格"选项。

第 2 步：弹出"删除单元格"对话框，默认选定的是"右侧单元格左移"单选项，单击"确定"按钮即可，如图 3-127 所示。

第 3 步：此时，光标插入点所在的行将删除一个单元格。

（2）删除行或列

第 1 步：将鼠标定位在某个单元格，切换到"表格工具/布局"选项卡，单击"行和列"选项组中的"删除"按钮，然后在弹出的下拉列表中选择"删除行"选项，如图 3-127 所示箭头 3。

第 2 步：此时，该单元格所在的行即可被删除。

第 3 步：将鼠标定位在某个单元格，单击"行和列"选项组中

的"删除"按钮，在弹出的下拉列表中选择"删除列"选项，如图
3-127 所示箭头 2。

第 4 步：此时，该单元格所在的列即可被删除。

（3）删除整个表格

选定整个表格后，按下"Delete"键进行删除，删除的只是表
格中的内容而非表格本身。如果需要删除整个表格，可通过下面的
方法实现。

将光标定位在表格中的任意单元格。

切换到"表格工具/布局"选项卡，单击"行和列"选项组中
的"删除"按钮，在弹出的下拉列表中选择"删除表格"选项即可，
如图 3-127 所示箭头 4。

3.6.2.4 表格的合并与拆分

在 Word 中操作表格时，既可以将多个单元格或表格进行合并，
也可以将所选的单元格或表格进行拆分。

（1）合并与拆分单元格

合并与拆分单元格是对同一个表格内的单元格进行操作。

① 合并单元格

第 1 步：选定需要合并的多个单元格，切换到"表格工具/布局"
选项卡，单击"合并"选项组中的"合并单元格"按钮，如图 3-128
所示。

第 2 步：此时，所选单元格将合并为一个单元格，如图 3-129
所示。

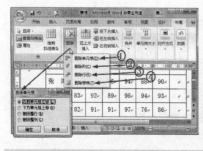

图 3-127　删除单元格

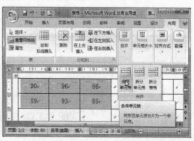

图 3-128　合并单元格

② 拆分一个单元格

第 1 步：选定需要拆分的单元格，单击"合并"选项组中的"拆分单元格"按钮。

第 2 步：弹出"拆分单元格"对话框，分别在"列数"和"行数"微调框内设置拆分的列数和行数，设置完成后，单击"确定"按钮即可，如图 3-130 所示。

图 3-129　合并后的单元格

图 3-130　拆分单元格

第 3 步：此时，所选单元格将拆分成所设置的列数和行数，如图 3-131 所示。

③ 同时拆分多个单元格

第 1 步：选定多个单元格，单击"合并"选项组中的"拆分单元格"按钮。

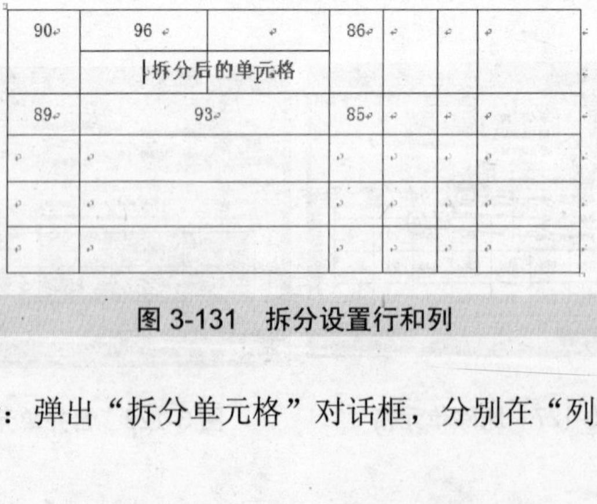

图 3-131　拆分设置行和列

第 2 步：弹出"拆分单元格"对话框，分别在"列数"和"行数"微调框内设置拆分的列数和行数，然后勾选"拆分前合并单元格"复选框，设置完成后单击"确定"按钮即可，如图 3-132 所示。

第 3 步：此时，程序会先将选定的多个单元格进行合并，然后再按照设置的列数和行数进行拆分，如图 3-133 所示。

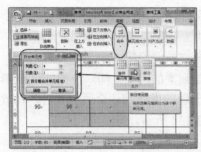

图 3-132 拆分前合并单元格   图 3-133 拆分后的单元

（2）合并与拆分表格

顾名思义，合并表格是将两个或两个以上的表格合并为一个表格，拆分表格是将一个表格拆分成两个或两个以上的表格。下面的操作请参照上面的操作方法进行。

① 合并表格

第 1 步：若要合并上下两个表格，将两个表格之间的内容或回车符删除即可。

第 2 步：此时，两个表格将合并为一个表格。

② 拆分表格

第 1 步：将光标定位在拆分后第二个表格的第一行中，切换到"表格工具/布局"选项卡，单击"合并"选项组中的"拆分表格"按钮。

第 2 步：此时，表格将按照光标所在位置进行拆分。

3.6.2.5 调整行高与列宽

在表格编辑过程中，除了插入、删除、合并、拆分等操作外，调整表格的大小也是比较频繁的操作。

（1）调整行高与列宽

在设置行高或列宽时，用户比较惯用的操作是拖动鼠标，但是该操作不能保证精确度，因此，还可以通过功能区或对话框设置行高与列宽。

① 拖动鼠标

第1步：将鼠标指向需要调整行高的两行之间，待指针呈 ÷ 形状时，按下鼠标左键并拖动，此时，文档中将出现虚线，当虚线到达合适位置时，释放鼠标即可实现行高的调整，如图3-134所示。

第2步：将鼠标指向需要调整列宽的两列之间，待指针呈 ᐧ|ᐧ 形状时，按下鼠标左键并拖动，当出现的虚线到达合适位置时，释放鼠标即可实现列宽的调整，如图3-134所示。

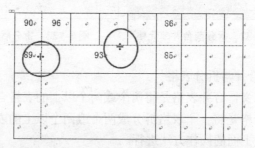

图 3-134 拖动鼠标

② 通过功能区实现

第1步：将光标定位在某行的任意单元格内，切换到"表格工具/布局"选项卡，在"单元格大小"选项组中，通过"表格行高度"微调框可以设置行高，如图3-135（b）所示。

第2步：将光标定位在某列的任意单元格内，在"单元格大小"选项组中，通过"表格列宽度"微调框可以设置列宽，如图 3-135（b）所示。

③ 通过对话框实现

第1步：在"表格工具/布局"选项卡中，单击"表"选项组中的"属性"按钮，如图3-135（a）所示。

第 2 步：弹出"表格属性"对话框，切换到"行"选项卡，勾选"指定行高"复选框，然后在右侧的微调框内设置具体的高度，如图 3-136 所示。

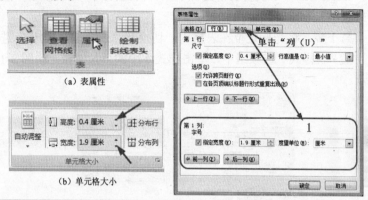

（a）表属性

（b）单元格大小

图 3-135　表格工具/布局　　　　　**图 3-136　表格属性**

第 3 步：单击"上一行"或"下一行"按钮，可以对其他行设置行高。

第 4 步：切换到"列"选项卡，勾选"指定宽度"复选框，然后在右侧的微调框内设置具体的列宽，如图 3-136 所示标示 1 的区。

第 5 步：单击"前一列"或"后一列"按钮，可以对其他列设置列宽。

第 6 步：设置完成后单击"确定"按钮即可。

（2）调整单元格大小

第 1 步：在"表格工具/布局"选项卡中，单击"单元格大小"选项组中右下角的展开按钮，弹出"表格属性"对话框，如图 3-136 所示。

第 2 步：切换到"单元格"选项卡，在"指定宽度"复选框右侧的微调框内设置宽度，设置完成后单击"确定"按钮即可。

3.6.3　设置表格格式

为了使插入到 Word 文档中的表格更加整齐、美观，可以设置相应的格式，如边框、底纹、对齐方式等。

3.6.3.1 设置表格样式

Word 2007 不仅为表格提供了多种内置样式，还提供了"表格样式选项"设置，具体操作如下。

第1步：将光标定位在表格内，切换到"表格工具/设计"选项卡，在"表样式"选项组中，单击样式库中的下拉按钮，如图 3-137 所示。

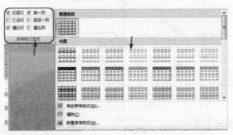

图 3-137　表样式

第2步：在弹出的下拉列表中选择表格样式即可。

第3步：在"表格样式选项"选项组中，根据需要勾选相应的复选框，即可实现相应的特殊效果，如图 3-137 所示。

第4步：在返回的文档中即可看到设置后的表格效果。

"表格样式选项"选项组中各选项的作用介绍如下。

① 标题行：表格的第一行显示特殊格式。

② 汇总行：表格的最后一行显示特殊格式。

③ 镶边行：可以使表格的偶数行和奇数行格式互不相同。

④ 第一列：表格的第一列显示特殊格式。

⑤ 最后一列：表格的最后一列显示特殊格式。

⑥ 镶边列：可以使表格的偶数列和奇数列格式互不相同。

3.6.3.2 设置边框与底纹

创建完表格后，表格的常规样式均为边框状态。若只需要显示外侧框线或内侧框线，则需要进行边框设计。对于表格中重要的数据，可以通过设置底纹，让其突出显示。

（1）设置边框

第 1 步：选定整个表格，切换到"表格工具/设计"选项卡，在"表样式"选项组中，单击"边框"按钮右侧的下拉按钮，在弹出的下拉列表中选择需要的框线，如图 3-138（a）所示。

第 2 步：如果需要进行进一步设置，可在弹出的下拉列表中选择"边框和底纹"命令，弹出"边框和底纹"对话框，如图 3-139 所示。

第 3 步：在对话框中对边框的样式、颜色以及宽度等进行设置。

第 4 步：设置完成后，单击"确定"按钮即可，然后在返回的文档中即可看到设置后的效果了。

除了上述操作方法之外，还可以通过对话框进行设置，具体操作方法如下。

第 1 步：将光标定位在某个单元格，单击"边框"按钮右侧的下拉按钮，在弹出的下拉列表中选择"边框和底纹"选项，如图 3-139 所示。

第 2 步：弹出"边框和底纹"对话框，在"边框"选项卡中，设置边框的类型、线形样式、颜色和宽度等，然后通过"预览"区域的相关按钮调整框线。

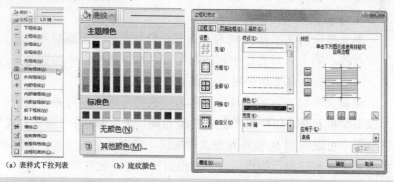

（a）表样式下拉列表　　（b）底纹颜色

图 3-138　表格工具/设计　　　　图 3-139　边框和底纹

第 3 步：设置完成后，单击"确定"按钮即可。

在"应用于"下拉列表中，如果选择"单元格"选项，则应用范围是当前所选单元格；如果选择"表格"选项，则应用范围是整个表格。

（2）设置底纹

为 Word 中的表格设置底纹，可通过下面两种方式实现。

① 选定需要设置底纹的单元格，切换到"表格工具/设计"选项卡，在"表样式"选项组中，单击"底纹"按钮右侧的下拉按钮，在弹出的下拉列表中选择颜色即可，如图 3-138（b）所示。

② 打开"边框和底纹"对话框，切换到"底纹"选项卡，在其中对底纹颜色、填充图案，以及填充图案的颜色等选项进行设置，设置完成后单击"确定"按钮即可，如图 3-139 所示。

3.6.3.3 设置表格对齐方式

默认情况下，新创建的表格总是会靠在页面的左边，要想改变表格的对齐方式，可通过下面的操作实现。

第 1 步：将光标定位在表格中，切换到"表格工具/布局"选项卡，单击"表"选项组中的"属性"按钮，如图 3-135（a）所示。

第 2 步：弹出"表格属性"对话框，切换到"表格"选项卡，在"对齐方式"栏中选择需要的对齐方式，设置完成后单击"确定"按钮即可，如图 3-140 所示。

3.6.3.4 设置文字对齐方式

单元格中的文字有 9 种对齐方式，分别是靠上两端对齐、靠上居中对齐、靠上右对齐、中部两端对齐、水平居中、中部右对齐、靠下两端对齐、靠下居中对齐与靠下右对齐。

设置文本对齐方式的具体操作为：选择需要设置对齐方式的一个或多个单元格，切换到"表格工具/布局"选项卡，在"对齐方式"选项组中可以看到 9 种对齐方式的按钮，指向某个按钮时，会弹出浮动文字提示该按钮的作用，然后根据需要进行设置即可。

3.6.3.5 绘制斜线表头

斜线表头也是比较常见的一种表格操作，其位置一般在第一行的第一列。绘制斜线表头的具体操作方法如下。

第 1 步：将光标定位在需要绘制斜线表头的单元格，切换到"表格工具/布局"选项卡，然后单击"表"选项组中的"绘制斜线表头"

按钮。

第 2 步：弹出"插入斜线表头"对话框，在 "标题样式"下拉列表中选择表头样式，然后分别在"行标题"和"列标题"文本框内输入相应的内容，如图 3-141 所示。

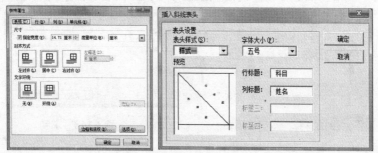

图 3-140 表格属性   图 3-141 插入斜线表头

第 3 步：设置完成后单击"确定"按钮，即可在返回的文档中查看效果。

3.7 表格的高级应用

为了使插入到 Word 中的表格更加实用，可以对其进行更高级的设置，如处理表格中的数据，以及将表格和文本进行互换等。

3.7.1 处理表格数据

通常，用户都是通过具有数据处理功能的软件来处理数据的，其实在 Word 中同样可以对数据进行相关处理。

3.7.1.1 表格简单运算

在 Word 中，可以对表格中的数据进行简单的运算，如求和、平均数等。

（1）求和运算

对数据进行行求和运算时，需要使用函数 SUM，具体操作如下。

第 1 步：定位好光标插入点，切换到"表格工具/布局"选项卡，单击"数据"选项组中的"公式"按钮，如图 3-142 中标示 3 所示。

第 2 步：弹出"公式"对话框，在"公式"文本框内输入运算公式，如"=SUM（B2：G12）"，其中括号中的内容为需要求和的单元格，然后单击"确定"按钮即可，如图 3-143 所示。

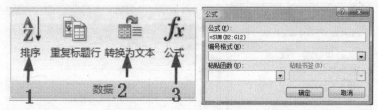

图 3-142　数据选项组　　　　　　　图 3-143　求和

第 3 步：此时，当前单元格将显示出运算的结果，如图 3-145 所示。

图 3-144　求平均值

（2）求平均值

计算数据的平均值时，需要使用函数 AVERAGE，具体操作如下。

第 1 步：定位好光标插入点，切换到"表格工具/布局"选项卡，单击"数据"选项组中的"公式"按钮。

第 2 步：弹出"公式"对话框，在"公式"文本框内输入运算公式，如"=AVERAGE（B2：B8）"，其中括号中的内容为需要求平均值的单元格，然后单击"确定"按钮即可，如图 3-144 所示。

第 3 步：此时，当前单元格将显示出运算的结果，如图 3-145 所示。

3.7.1.2 排序操作

为了能快速直观地显示数据，可以对表格进行排序操作，具体操作如下。

第 1 步：将光标定位在表格内，切换到"表格工具/布局"选项卡，单击"数据"选项组中的"排序"按钮，如图 3-142 中标示 1 所示。

科目 姓名	语文	数学	英语	物理	化学	历史	合计
田 英	98	99	96	95	88	97	573
韩扬帆	95	97	87	97	88	86	
彭 明	90	96	86	90	86	96	
李 丹	89	93	85	92	88	92	
张 鸿	86	95	96	94	88	90	
赵 安	83	92	89	98	94	93	
刘梦姣	82	91	91	97	76	86	
平均成绩	623						

图 3-145　表格文本内容

第 2 步：在弹出的"排序"对话框中设置相关排序条件，然后单击"确定"按钮，如图 3-146 所示。

第 3 步：此时，表格中的数据将按照设置的排序条件进行排序。

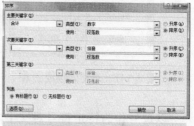

图 3-146　排序

3.7.2 将表格与文本互换

表格只是一种形式，是对文字或数据实行的一种规范化处理，在 Word 中，表格和文本之间是可以相互转换的。

3.7.2.1 将表格转换为文本

第 1 步：选定需要转换为文本的表格，切换到"表格工具/布局"选项卡，单击"数据"选项组中的"转换为文本"按钮，如图 3-142 中标示 2 所示。

第 2 步：在弹出的"表格转换成文本"对话框中选择文本的分隔符，然后单击"确定"按钮，如图 3-147 所示。

第 3 步：所选表格即可转换为文本内容，其中分隔符号为上一步中所选的符号。

3.7.2.2 将文本转换为表格

第 1 步：选定需要转换为表格的文本，切换到"插入"选项卡，单击"表格"选项组中的"表格"按钮，在弹出的下拉列表中选择

"文本转换成表格"选项。

第 2 步：在弹出的"将文字转换成表格"对话框中进行相关设置，然后单击"确定"按钮即可，如图 3-148 所示。

第 3 步：接着在返回的文档中，即可看到刚才选中的文本内容转换为表格了。

图 3-147　表格转换成文本　　　图 3-148　将文字转换成表格

以逗号作为特定符号对文字内容进行间隔时，逗号必须在英文状态下输入。在"文字分隔位置"栏中，必须选择正确的选项。如本例中的文字通过逗号间隔，因而在"文字分隔位置"栏应选择"逗号"单选项。

此外，还可以通过"插入表格"选项实现转换，具体操作方法如下。

第 1 步：选定需要转换为表格的规范化文本，切换到"插入"选项卡，单击"表格"选项组中的"表格"按钮，在弹出的下拉列表中选择"插入表格"选项。

第 2 步：此时 Word 在执行该命令的同时会自动进行识别，然后将选定的文本转换为表格。

4 演示文稿制作 PowerPoint 2007

PowerPoint 2007，是微软公司推出的专门用来编制演示文稿的应用软件，是中文 Office 2007 的一个重要组成部分，是制作演示文稿的有力工具，是一种强有力的表达观点、演示成果以及传递信息的软件。

利用 PowerPoint 2007，用户可以制作出集文字、图形、图像、声音以及视频剪辑等多媒体对象于一体的演示文稿。

4.1 PowerPoint 2007 简介

（1）PowerPoint 2007 基本功能简介

PowerPoint 2007 所创建的文件称为演示文稿，演示文稿由多张幻灯片组成，用户可以对这些幻灯片做如下操作。

① 屏幕演示：演示文稿中的幻灯片可以包含文本、图表、图画、照片，以及其他程序创建的剪贴画、影片、声音和其他艺术对象等。用户可以随时利用 PowerPoint 2007 对演示文稿进行修改，使用幻灯片切换、定时和动画控制它的放映方式。可以单独运行播放演示文稿，也可以通过网络在多台计算机上播放演示文稿，召开

演示文稿网上会议。

② 打印文稿：用户可以把演示文稿用打印机打印出来。

③ 制作投影机幻灯片：利用专用的设备可以将演示文稿印成黑白或彩色的胶片，可以创建投影机放映的演示文稿。

④ 制作备注、讲义和大纲：利用 PowerPoint 2007 可以向观众提供讲义，将多张幻灯片打印到一页上，或将演讲者备注打印出来；也可以打印大纲，包括幻灯片标题和重点。观众既可以观看屏幕，也可以阅读文字材料。

⑤ 制作 35 mm 幻灯片：特别服务机构可以将幻灯片转换成 35 mm 幻灯片。

⑥ 制作全球广域网文档：用户可以针对全球广域网设计演示文稿，再将它存成各种与 Web 兼容的格式，例如 HTML，在全球广域网上传播。

（2）PowerPoint 2007 的新增功能

和以往的 PowerPoint 版本相比，PowerPoint 2007 是一种全新的设计，它除了保留了 PowerPoint 传统的功能以外，又增加了许多新功能，其新增加的功能是以往版本所没有的，是一种全新的设计。

① 全新的面向结果的直观的功能区界面：PowerPoint 2007 具有一个称为 Microsoft Office Fluent（如图 4-1）用户界面的全新直观用户界面；与早期版本的 PowerPoint 相比，它可以帮您更快更好地创建演示文稿。PowerPoint 2007 提供了新的效果、改进效果、主题（一组统一的设计元素，使用颜色、字体和图形设置文档的外观）和增强的格式选项；利用它们可以创建外观生动的动态演示文稿，而所用的时间只是以前的几分之一。

用户可以：

在直观的分类选项卡和相关组中查找功能和命令。

从预定义的快速样式（格式设置选项的集合，使用它更易于设置文档和对象的格式）、版式、表格格式、效果及其他库中选择便于访问的格式选项，从而以更少的时间创建更优质的演示文稿。

利用实时预览功能，在应用格式选项前查看它们。

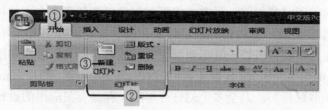

① 选项卡都是按面向任务型设计的。

② 在每个选项卡中，都是通过组将一个任务分解为多个子任务。

③ 每组中的命令按钮都可执行一项命令或显示一个命令菜单。

图 4-1 Office Fluent 用户界面的组件"功能区"的示例

② 主题和快速样式：PowerPoint 2007 提供新的主题（主题颜色、主题字体和主题效果三者的组合。主题可以作为一套独立的选择方案应用于文件中）、版式（幻灯片上标题和副标题文本、列表、图片、表格、图表、形状和视频等元素的排列方式）和快速样式（格式设置选项的集合，使用它更易于设置文档和对象的格式）；当用户设置演示文稿格式时，它们可以为用户提供广泛的选择余地。过去，演示文稿格式设置工作非常耗时，因为用户必须分别为表格、图表和图形选择颜色和样式选项，并要确保它们能相互匹配。而主题简化了专业演示文稿的创建过程。用户只需选择所需的主题，PowerPoint 2007 便会执行其他的任务。单击一次鼠标，背景、文字、图形、图表和表格全部都会发生变化，以反映用户选择的主题，这样就确保了演示文稿中的所有元素能够互补。最重要的是，可以将应用于演示文稿的主题应用于 Word 2007 文档或 Excel 2007 工作表。

在演示文稿中应用主题之后，"快速样式"库将发生变化，以适应该主题。结果，在该演示文稿中插入的所有新 SmartArt 图形、表格、图表、艺术字或文字均会自动与现有主题匹配。由于具有一致的主题颜色（文件中使用的颜色的集合。主题颜色、主题字体和主题效果三者构成一个主题），所有材料就会具有一致而专业的外观。

　　③ 自定义幻灯片版式：使用 PowerPoint 2007，您就不再受预先打包的版式的局限。现在，您可以创建包含任意多个占位符（一种带有虚线或阴影线边缘的框，绝大部分幻灯片版式中都有这种框。在这些框内可以放置标题及正文，或者是图表、表格和图片等对象）的自定义版式；各种元素（如图表、表格、电影、图片、SmartArt 图形和剪贴画）；乃至多个幻灯片母版（存储有关应用的设计模板信息的幻灯片，包括字形、占位符大小或位置、背景设计和配色方案）集（具有适合不同幻灯片主题的自定义版式）。此外，现在还可以保存您自定义和创建的版式，以供将来使用。

　　④ 设计师水准的 SmartArt 图形：过去，要创建设计师水准的图示和图表，可能不得不雇用专业设计师。但是，设计师的图示是以图像形式保存的，无法编辑。现在，利用 SmartArt 图形，可以在 PowerPoint 2007 演示文稿中以简便的方式创建信息的可编辑图示，完全不需要专业设计师的帮助。可以为 SmartArt 图形、形状、艺术字和图表添加绝妙的视觉效果，包括三维（3D）效果、底纹、反射、辉光等。

　　⑤ 新效果和改进效果：可以在 PowerPoint 2007 演示文稿的形状、SmartArt 图形、表格、文字和艺术字上添加阴影、反射、辉光、柔化边缘、扭曲、棱台和 3D 旋转等效果。用户不再需要雇用设计师为您创建上述效果，用户完全可以直接在 PowerPoint 中自行使用专业的易于修改的效果。

　　⑥ 新增文字选项：可以使用多种文字格式功能（包括形状内文字环绕、直栏文字或在幻灯片中垂直向下排列的文字，以及段落水平标尺）创建具有专业外观的演示文稿。现在，还可以选择不连续文字。

　　新的字符样式为用户提供了更多文字选择。除了早期版本的 PowerPoint 中的所有标准样式外，在 PowerPoint 2007 中还可以选择全部大写或小型大写字母、删除线或双删除线、双下划线或彩色下划线。可以在文字上添加填充颜色、线条、阴影、辉光、字距调整（调整两个字符之间的间隔，以实现等间距的外观，将文字与给定空间相匹配，并调整行间距）和 3D 效果。

⑦ 增强的表格和图表：在 Office PowerPoint 2007 中，表格和图表都经过了重新设计，因而更加易于编辑和使用。功能区提供了许多易于发现的选项，供用户编辑表格和图表使用。快速样式库提供创建具有专业外观的表格和图表所需的全部效果和格式选项。使用主题演示文稿可以拥有与工作表相同的外观。

⑧ 演示者视图：如果您使用了两台监视器，就可以在一台监视器（如指挥台）上运行 PowerPoint 2007 演示文稿，而让观众在第二台监视器上观看该演示文稿。演示者视图提供下列工具，可以让您更加方便地呈现信息：

使用缩略图，您可以不按顺序选择幻灯片，并且可以为观众创建自定义演示文稿。

预览文本可让您看到您的下一次单击会将什么内容添加到屏幕上，例如，新幻灯片或列表中的下一行项目符号文本。

演讲者备注以清晰的大字体显示，因此可以将它们用作演示文稿的脚本。

在演示期间可以关掉屏幕，随后可以在中止的位置重新开始。例如，在中间休息或问答时间，您可能不想显示幻灯片内容。

⑨ 有效地共享信息：在以前版本的 PowerPoint 中，如果文件较大，则难以共享内容或通过电子邮件发送演示文稿，您也无法以可靠方式与使用不同操作系统的用户共享演示文稿。

现在，无论用户是需要共享演示文稿、创建审批、审阅工作流，还是需要与没有使用 PowerPoint 2007 的联机用户协作，都可以通过多种新方法实现与其他用户的共享和协作。

在 PowerPoint 2007 中，可以通过在位于中心位置的幻灯片库（位于运行 Microsoft Office SharePoint Server 2007 的服务器）中存储单个幻灯片文件，共享和重复使用幻灯片内容。可以将 PowerPoint 2007 中的幻灯片发布到幻灯片库，也可以将幻灯片库中的幻灯片添加到 PowerPoint 演示文稿中。在幻灯片库中存储内容，削减了重新创建内容的必要性，因为用户可以轻松地重复使用已有的内容。使用幻灯片库时，可以通过将演示文稿中的幻灯片与服务器上存储的幻灯片相链接，确保用户拥有最新内容。如果服务器版本改变，则会提示用户更新幻灯片。

⑩ PowerPoint XML 文件格式：PowerPoint XML 是压缩文件格式，因此生成的文件相当小，这样就降低了存储和带宽要求。在 Open XML 格式中，分段式数据存储有助于恢复损坏的文档，因为当文档的一部分损坏时，文档的其余部分仍能打开。

⑪ 新增 PDF 和 XPS 格式：可将文档移植成 PDF 格式文件保存。

PDF 格式是一种版式固定的电子文件格式，可以保留文档格式，实现文件共享。PDF 格式确保在联机查看或打印文件时能够完全保留原有的格式，并且文件中的数据不会被轻易更改。此外，PDF 格式还适用于使用专业印刷方法复制的文档。

还可将文档移植成 XPS 格式文件保存。

XPS 格式是一种电子文件格式，可以保留文档格式，实现文件共享。XPS 格式可确保在联机查看或打印时，文件可以严格保持你所要的格式，文件中的数据也不能轻易更改。

⑫ 保护并管理信息：当用户与他人共享演示文稿时，用户可以使用"标记为最终版本"命令将演示文稿设置为只读状态，以确保不被其他用户修改其演示文稿的内容、个人信息等，另外，用户还能够限制对演示文稿内容的访问，以免公开可能的敏感信息。其次 PowerPoint 2007 改进了在程序异常关闭时有助于避免丢失工作成果的功能。用户也可以通过向演示文稿添加不可见的数字签名，以保障演示文稿在提供可靠性、完整性和来源方面的无误和准确。

4.1.1 启动 PowerPoint 2007

当用户安装完 Office 2007（典型安装）之后，PowerPoint 2007 将会被成功地安装到系统中，这个时候用户就可以启动 PowerPoint 2007 来创建演示文稿了。常用的启动方法有 3 种：常规启动、通过创建新文档启动和通过现有演示文稿启动。

（1）常规启动

常规启动是在 Windows 操作系统中最常用的启动方式，即通过"开始"菜单启动。单击"开始"按钮，选择"程序"—"Microsoft Office"—"Microsoft Office PowerPoint 2007"命令，即可启动 PowerPoint 2007，如图 4-2 所示。

（2）通过创建新文档启动 PowerPoint 2007

当用户成功安装 Microsoft Office 2007 之后，用户就可以在桌面或者"我的电脑"窗口中的空白区域右击，将弹出如图 4-3 所示的快捷菜单，此时选择"新建"—"Microsoft Office PowerPoint 演示文稿"命令，即可在桌面或者当前文件夹中创建一个名为"新建 Microsoft Office PowerPoint 演示文稿"的文件。此时可以重命名该文件，然后双击文件图标，即可打开新建的 PowerPoint 2007 文件。

图 4-2 "开始"菜单

图 4-3 "程序"菜单

（3）通过现有演示文稿启动

用户在创建并保存 PowerPoint 演示文稿后，可以通过已有的演示文稿启动 PowerPoint。通过已有演示文稿启动可以分为两种方式：直接双击演示文稿图标和在"文档"中启动。

4.1.2 PowerPoint 2007 的界面

PowerPoint 2007 与以往 PowerPoint 版本相比较，其界面发生

了较大的改变，变化最为显著的是 PowerPoint 窗口顶部的区域，此区域不再是您过去见到的菜单和工具栏，而是一个贯穿屏幕的长条，其中包含许多非常直观的命令，这些命令按组进行排列。该条形区域称为"功能区"，现在它是用户创建演示文稿的控制中心。其中 PowerPoint 2007 使用选项卡替代了原有的菜单，使用各种组替代了原有的菜单子命令和工具栏。目的是为了让这些命令一目了然，从而使用户无需在未显示的菜单或工具栏上仔细搜寻命令了。

这些常用的命令位于功能区的第一层或第一个选项卡上，称为"开始"选项卡。这些命令显示为按钮，支持那些常用的任务，包括复制和粘贴、添加幻灯片、更改幻灯片版式、设置文本格式和定位文本，以及查找和替换文本。

功能区上还有其他选项卡。在您创建演示文稿时，每个选项卡都专用于您执行的某一类操作。在每个选项卡上，按钮按照逻辑组的形式排列。在每个组中，越常用的按钮尺寸越大。即使是那些早期版本中没有的、根据客户要求提供的较新的命令，现在也更为直观。

本节将主要介绍 PowerPoint 2007 的工作界面及各种视图方式。

启动 PowerPoint 2007 应用程序后，用户就会看到全新的工作界面，如图 4-4 所示。PowerPoint 2007 的界面不仅美观实用，而且各个工具按钮的摆放更便于用户的操作。

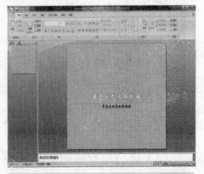

图 4-4 Power Point 2007 工作界面

（1）功能区的 3 个基本组成部分是选项卡、组和命令。

① 选项卡横跨在功能区的顶部。每个选项卡都代表着您在特定的程序中执行的一组核心任务。

② 组显示在选项卡上，是相关命令的集合。您可能需要使用

一些命令来执行某种类型的任务，而组将您需要的所有命令汇集在一起，并保持显示状态且易于使用，为您提供了丰富直观的帮助。

③ 命令按组来排列。命令可以是按钮、菜单或者供您输入信息的框。

（2）功能区上的主要选项卡

功能区由多个选项卡组成。除"开始"选项卡之外，还有以下选项卡：

"插入"选项卡：该选项卡包含您想放置在幻灯片上的所有内容，从表、图片、图示、图表和文本框，到声音、超链接、页眉和页脚，无所不有。

"设计"选项卡：为幻灯片选择包含背景设计、字体和配色方案的完整外观，然后自定义该外观。

"动画"选项卡：该选项卡包含所有动画效果。最易于添加的是列表或图表的基本动画效果。

"幻灯片放映"选项卡：选择笔颜色或某张幻灯片作为开始。录制旁白、运行放映以及执行其他准备工作。

"审阅"选项卡：在该选项卡上可以找到拼写检查和信息检索服务。您的工作组可以使用注释来审阅演示文稿，然后审阅这些批注。

"视图"选项卡：快速切换到备注页视图，打开网格线或在窗口中排列所有打开的演示文稿。

（3）使用高级选项

如果您在组中看不到所需的选项，显然，一个组内无法容纳下所有的命令和选项，只能显示一些最常用的命令。如果您要使用一个不太常用的命令，请单击位于组下角的斜箭头，将显示更多选项。例如，在功能区上"开始"选项卡的"字体"组中，如图 4-5 所示，用户单击角上的箭头。将打开一个对话框，其中包括更多可供选择的选项，比如字体和字号、加粗、倾斜、颜色等常用的格式设置按钮。

当您在幻灯片上执行操作，而该操作可能调用某个组内的命令时，该组内将出现箭头。例如，如果用户在幻灯片上的文本占位符

（幻灯片上具有点线边框的框称为占位符。它是您键入文本的位置。占位符也可以包含图片、图表以及其他非文本项目）内单击，则"开始"选项卡中包含与处理文本有关的命令的每个组内都将出现箭头。

（4）快速访问工具栏

用户在处理演示文稿的过程中，可能会执行某些常见的或重复性的操作，而这些操作与特定流程阶段无关，例如，保存文件或撤销您不需要的某些操作。

对于这类情况，用户可以使用快速访问工具栏，如图 4-6 所示。该工具栏位于功能区左上方，由为数不多的一组按钮组成，其中包含"保存"、"撤销"、"重复"或"恢复"命令。

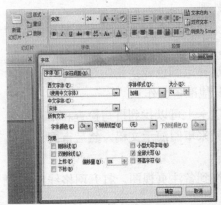

图 4-5 字体选项

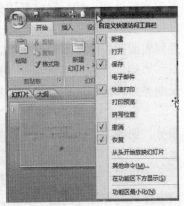

图 4-6 快速访问工具栏

例如，如果用户经常使用"字体功能组"，可以按如下步骤添加这个快速访问功能组按钮，把鼠标放到"字体功能组"上，然后右键单击"字体组"功能区，在快捷菜单中选择"添加到快速访问工具栏"选项，就可以将"字体功能组"添加到快速访问工具栏。

（5）更改视图

用户在 PowerPoint 中经常需要更改视图，而且 PowerPoint 2007 以往的版本都可以通过按钮轻松地切换。这一点没有改变。普通视

图、幻灯片浏览视图和幻灯片放映视图的按钮的快捷方式工具栏仍
然保留在底部，只不过从窗口的左下角移到了右下角。视图按钮与
以前相同。只不过在窗口中的位置变了。这些按钮位于一个新工具
栏中，该工具栏中还包括缩放滑块以及一个使幻灯片在放大和缩小
后重新适应窗口大小的按钮，如图 4-7 所示。

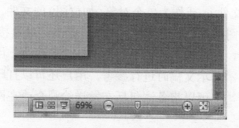

图 4-7 窗口调整按钮

拖动缩放滑块可以放大或缩小幻灯片视图。单击减号（－）和
加号（＋）按钮具有同样的效果。

单击此按钮可使幻灯片在缩放后重新适应窗口大小。

4.1.3 视图方式

（1）PowerPoint 视图方式

PowerPoint 有 4 种主要视图：普通视图、幻灯片浏览视图、备
注页视图和幻灯片放映视图。

① 普通视图

普通视图是主要的编辑视图，可用于撰写或设计演示文稿。该
视图包括 4 个工作区域：

大纲选项卡，此区域是用户开始撰写内容的理想场所；在这里，
用户可以捕获灵感，计划如何表述它们，并能移动幻灯片和文本。
"大纲"选项卡以大纲形式显示幻灯片文本。

幻灯片选项卡，左侧显示演示文稿中幻灯片的小版本，也叫做缩
略图版本，此区域是用户在编辑时以缩略图大小的图像在演示文稿中
观看幻灯片的主要场所。使用缩略图能方便地浏览演示文稿，并观

看任何设计更改的效果。在这里还可以轻松地重新排列、添加或删除幻灯片。

幻灯片窗格，在 PowerPoint 窗口的右上方，"幻灯片窗格"显示当前幻灯片的大视图。在此视图中显示当前幻灯片时，用户可以添加文本，插入图片可以取消组合并作为两个或多个对象操作的文件（如图元文件），或作为单个对象（如位图）的文件、表、SmartArt 图形、图表、图形对象、文本框、电影、声音、超链接和动画。

备注窗格，可以键入应用于当前幻灯片的备注。用户可以打开备注，并在展示演示文稿时进行参考。用户还可以打印备注，将它们分发给观众，也可以将备注包括在发送给观众或在网页上发布的演示文稿中。

② 幻灯片浏览视图

幻灯片浏览视图是以缩略图形式显示幻灯片的视图。

③ 备注页视图

用户可以在"备注"窗格中键入备注，该窗格位于"普通"视图中"幻灯片"窗格的下方。但是，如果您要以整页格式查看和使用备注，请在"视图"选项卡的"演示文稿视图"组中单击"备注页"。

④ 幻灯片放映视图

"幻灯片放映视图"占据整个计算机屏幕，就像实际的演示一样。在此视图中，用户所看到的演示文稿就是观众将看到的效果。用户可以看到在实际演示中，图形、计时、影片、动画（给文本或对象添加特殊视觉或声音效果。例如，用户可以使文本项目符号逐字从左侧飞入，或在显示图片时播放掌声）效果和切换效果的状态。

（2）自定义快速访问工具栏

快速访问工具栏可以位于以下两个位置之一：

"Microsoft Office 按钮"旁边的左上角（默认位置）和功能区下方。

如果用户不希望快速访问工具栏在其当前默认位置显示，可以

将其移到其他位置。例如，单击"自
定义快速访问工具栏"，在下拉框
列表中，单击"在功能区下方显示"
即可。

用户也可以单击"自定义快速
访问工具栏"，在下拉框列表中，
单击"其他命令"，在弹出的
"PowerPoint 选项"对话框中的"从
下列位置选择命令"下拉框列表中

图 4-8　添加工具栏

向"自定义快速访问工具栏"添加命令，如图 4-8 所示。

4.2 创建演示文稿的基本操作

用户要制作演示文稿，首先要掌握演示文稿的基本操作，主要
包括创建演示文稿、保存演示文稿以及打开与关闭演示文稿。

4.2.1 创建演示文稿

用 PowerPoint 制作出来的整个文件叫演示文稿。而演示文稿中
的每一页叫做幻灯片，每张幻灯片都是演示文稿中既相互独立又相

图 4-9　新建演示文稿

互联系的内容。

在 PowerPoint 启动后，默认状态
下会自动创建一个空白演示文稿，用
户也可以自己创建符合自己要求的演
示文稿。用户要开始创建一个新的演
示文稿，可以单击"Office 按钮"然
后单击"新建"。在"新建演示文稿"
窗口中，从空白幻灯片开始创建演示
文稿，或基于模板或现有演示文稿创
建新的演示文稿，如图 4-9 所示。

当然在 PowerPoint 2007 中还有另外几种方法可以用来创建演

示文稿，这些方法就是：① 通过快捷菜单新建演示文稿；② 根据已安装的模板创建演示文稿；③ 根据现有内容创建演示文稿；④ 根据自定义模板创建演示文稿。下面就对这些方法分别介绍。

（1）通过快捷菜单新建演示文稿

用户可以通过桌面上的快捷菜单新建一个空白的演示文稿，具体操作方法如下：

第 1 步：右键单击桌面空白处，在弹出的快捷菜单中，单击"新建"—"Microsoft Office PowerPoint 演示文稿"命令。

第 2 步：这个时候就会在桌面上出现一个名称为"新建 Microsoft Office PowerPoint 演示文稿"的 PowerPoint 空白演示文稿，并且该演示文稿的名称处于可编辑状态，用户可以对该空白演示文稿进行重新命名，如图 4-10 所示。

（2）根据已安装的模板创建演示文稿

PowerPoint 2007 拥有非常强大的模板功能，为用户提供了比以往更加丰富多彩的内置模板，用户可以根据已安装的内置模板来创建演示文稿，具体操作方法如下：

第 1 步：单击"Office"按钮，然后单击"新建"命令，打开"新建演示文稿"对话框，在模板列表中选择"已安装的模板"选项。

第 2 步：在"已安装的模板"列表选项中，选择需要的模板，如"宽屏演示文稿"，在右边的预览框里用户可以看到该模板的预览效果，如图 4-11 所示。

图 4-10　重命名　　　　　　　　图 4-11　宽屏演示文稿

第 3 步：单击"创建"按钮，就会生成包含多张幻灯片的演示文稿框架，然后用户只要把所要填的内容输入到示例文本中就可以了。

不过用户如果计算机已经接入了互联网，就可以到 Office Online 去下载更多的模板。Office Online 为用户提供了更为丰富的更多的模板。

（3）根据现有内容创建演示文稿

用户可以利用现有的演示文稿来创建新的演示文稿，具体操作方法如下：

第 1 步：单击"Office"按钮，然后单击"新建"命令，打开"新建演示文稿"对话框，在模板列表框中选择"根据现有内容创建"选项，如图 4-12 所示。

第 2 步：在打开的"根据现有演示文稿新建"对话框中已经存在的文件所在的文件夹，然后单击选中的演示文稿，如"学用 Linux 工作"。

第 3 步：单击"新建"命令按钮，PowerPoint 2007 就会生成一个新的演示文稿，并且内容与"FreeBSD 使用手册"相同，用户可以在这个基础上根据自己的需要进行编辑修改，如图 4-13 所示。

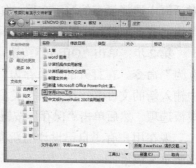

图 4-12 空白演示文稿　　　　图 4-13 学用 Linux 工作

（4）根据自定义模板创建演示文稿

不过有些时候 PowerPoint 2007 内置的模板不一定适合用户的

需要，这个时候用户就要自己来设计所需要的模板了。当用户打开新的"空白"演示文稿时，会应用非常简单的"默认设计"模板。使用此设计作为用户设计新模板的基础。这是"幻灯片设计"任务窗格中"默认设计"模板的方法。

用户要在 PowerPoint 中创建自己设计的新模板，首先要从一个现有的模板开始，然后根据用户的需要对其进行修改。如果要尽可能地从头开始，请使用 PowerPoint 默认应用的设计模板。该设计模板在您单击"常用"工具栏上的"新建"按钮时出现。图中显示了应用此模板的默认幻灯片的外观。

该模板的名称是"默认设计模板.POTX"，虽然该模板已应用了样式，甚至包含配色方案，但它使用的是非常基本的设计。其背景为白色，文本为黑色。换句话说，这样的模板适合用户自己任意发挥。其具体操作方法如下：

有时候用户可能需要多次制作同种风格类型的演示文稿，在这里用户可以自己创建设计模板，并保存到"我的模板"中，以便以后制作同类演示文稿时能够很方便地调用，避免每次使用的时候都要重新设计。

第 1 步：单击"Office"按钮 — "打开"命令，在"打开"对话框中选择已有的演示文稿，如"学用 Linux 工作"演示文稿，单击"打开"按钮即打开这个演示文稿，如图 4-13 所示。

第 2 步：单击"Office"按钮，然后在展开的菜单中单击"另存为"命令。在打开的"另存为"对话框中，在"文件名"文本框中输入新的文件名，在"保存类型"下拉列表中选择"PowerPoint"模板选项。然后单击"保存"按钮，即可将该演示文稿保存为模板。

现在用户有了自己设计的新模板，就可以根据这个新模板来创建演示文稿了。

第 1 步：单击"Office"按钮，然后单击"新建"命令，打开"新建演示文稿"对话框，在模板列表中选择"我的模板"选项。

第 2 步：在弹出的"新建演示文稿"对话框中的"我的模板"选项卡中，选择自定义模板，如图 4-14 所示。

第 3 步：单击"确定"按钮，即可在 PowerPoint 2007 打开相应的模板。用户可以使用该模板，并能对该模板进行重新编辑。

图 4-14 选择自定义模板

4.2.2 保存、打开和关闭演示文稿

用户创建编辑好演示文稿后，应该及时地对所创建的演示文稿进行保存，以免停电或其他的意外原因导致演示文稿的丢失或损坏，同时也方便以后使用该演示文稿。

4.2.2.1 保存新建的演示文稿

用户如果要在 PowerPoint 2007 中保存新建的演示文稿，可以通过以下几种方法来实现。

① 单击"Office"按钮 ，在弹出的下拉菜单中单击"保存"命令，然后在弹出的"另存为"对话框中设置好保存路径和文件名，最后单击"保存"按钮即可。

② 单击快速访问工具栏中的"保存"按钮 ，在弹出的"另存为"对话框中设置好保存路径和文件名后单击"保存"按钮即可。

③ 在用户编辑的演示文稿中同时按下键盘上的"Ctrl+S"或者"Shift+F12"组合键，在弹出的"另存为"对话框中设置好保存路径和文件名后单击"保存"按钮即可。

4.2.2.2 保存已经存在的演示文稿

如果用户要保存已经存在的演示文稿，可以通过覆盖保存和换名保存两种方式来实现。

（1）覆盖保存

进行覆盖保存时，可以将原来的内容覆盖掉，即保存修改后的内容，主要有以下几种方法。

➤ 直接单击"快速访问工具栏"中的"保存"按钮。

➤ 按下"Ctrl+S"或者"Shift+F12"组合键。

➤ 单击"Office 按钮"，在弹出的下拉菜单中单击"保存"命令。

（2）换名保存

换名保存其实就是在指定位置新建一个演示文稿，其内容为原始演示文稿修改后的内容。

换名保存与保存新建文稿的操作基本一致，唯一不同的是单击"Office"按钮，在弹出的下拉菜单中选择"另存为"命令，而不是"保存"命令。

4.2.2.3 打开与关闭演示文稿

在 PowerPoint 2007 中打开和关闭演示文稿的方法有很多种，用户可以根据自己的操作习惯来选择打开和关闭演示文稿的方法，具体方法介绍如下：

第 1 步：启动 PowerPoint 2007，单击"Office"按钮，然后在展开的菜单中单击"打开"命令，如图 4-15 所示。

第 2 步：在弹出的"打开"对话框里，在左边的"文件夹"下拉列表里，选择需要打开的演示文稿所在的文件夹，然后选中该文件，如图 4-16 所示。

第 3 步：单击"打开"按钮，即可打开该文件，单击"打开"按钮旁边的倒立三角，在弹出的下拉菜单中选择"以只读方式打开"命令，就会以只读的方式打开该演示文稿。

在"打开"下拉菜单中，各个选项的含义如下。

➤ "打开"——以正常方式打开选中的文件。

➤ "以只读方式打开"——打开的文件只能浏览，不能修改。

➤ "以副本方式打开"——对副本的修改不会影响源文件。

➤ "打开并修复"——可以修复源文件的错误。

图 4-15 "打开"命令　　　　　　**图 4-16 "打开"对话框**

4.2.2.4 关闭演示文稿

用户打开一个演示文稿后，如果不再需要对其进行编辑就可以将其关闭。关闭演示文稿可以使用以下两种方法。

① 在标题栏的最右边依次是"最小化"按钮□、"最大化/还原"□按钮和"关闭"按钮Ｘ。单击"关闭"按钮，就可以将演示文稿关闭。

② 单击"Office"按钮，然后在展开的菜单中单击"关闭"按钮命令，也可以将演示文稿关闭。

提示：在关闭一个演示文稿前，如果用户对其进行了修改，应该先对其进行保存，如果没有保存就关闭该演示文稿，系统就会弹出"是否要保存对演示文稿的更改？"的提示对话框，单击"是"按钮，就会保存该演示文稿并关闭，单击"否"按钮，就会不保存而关闭，单击"取消"就会不关闭该演示文稿，重新回到演示文稿的编辑状态。

4.3 编辑演示文稿

4.3.1 幻灯片的基本操作

用户在创建演示文稿后，可以在演示文稿中进行插入和删除幻灯片、复制幻灯片、隐藏幻灯片等操作。

4.3.1.1 插入幻灯片

在默认的情况下，新建的演示文稿只有一张幻灯片，用户可以根据需要在演示文稿中添加幻灯片。添加新幻灯片最直接的方法是单击"开始"选项卡上的"新建幻灯片"。用户可用以下方法来创建演示文稿：

（1）选中需要在其后面进行添加的幻灯片，单击"开始"选项卡上的"新建幻灯片"按钮的上部，就会立即在"幻灯片"选项卡中所选幻灯片的下面添加一个新的幻灯片，如图4-17所示。

（2）同样，选中需要在其后面进行添加的幻灯片，然后单击"开始"选项卡上的"新建幻灯片"按钮的下部，用户将获得幻灯片版式库。在您选择一个版式后，将插入该版式的幻灯片，如图4-18所示。

图 4-17　新的幻灯片　　　　图 4-18　Office 主题

（3）使用鼠标右键单击左边"幻灯片选项卡"视图窗格中的幻灯片缩略图，在弹出的快捷菜单中选择"新建幻灯片"命令，即可在该幻灯片的后面自动添加一张新幻灯片。

（4）右键单击左边的"大纲/幻灯片浏览"视图窗格中的空白位置，在弹出的右键菜单中单击"新建幻灯片"命令，也可以在演示文稿中添加一张新的幻灯片，如图4-19所示。

（5）选中一张幻灯片，按下回车键（"Enter"键），即可在该幻灯片后面添加一张新的幻灯片。

4.3.1.2 删除幻灯片

如果用户要删除演示文稿中不需要的幻灯片，就可以用以下方法将其删除。

（1）右键单击需要删除的幻灯片，在弹出的快捷菜单中单击"删除幻灯片"选项，如图 4-19 所示。

（2）选中需要删除的幻灯片，按下键盘上的"Delete"键，即可删除该幻灯片。

（3）选中需要删除的幻灯片，然后单击"开始"菜单选项卡下的"幻灯片"选项组中的删除按钮即可，如图 4-19 所示。

提示：用户要选择多张连续的幻灯片，要先单击第一张幻灯片，然后再按住"Shift"键的同时单击要选择的最后一张幻灯片；如果用户要选择多张不连续的幻灯片，就要先按住"Ctrl"键，同时单击每张要选择的幻灯片即可。

4.3.1.3 移动和复制幻灯片

用户还可以根据需要来移动和复制演示文稿中的幻灯片，具体操作步骤如下。

（1）移动幻灯片

如果用户要在演示文稿中移动幻灯片，可通过以下两种方法实现。

① 单击"视图"选项卡下的"演示文稿视图"工具组中的"幻灯片浏览"视图，单击需要移动的幻灯片，按住鼠标左键不松手，将选中的幻灯片拖动到目标位置，然后释放鼠标左键即可。

② 在普通视图中，单击"幻灯片"任务窗格中需要移动的幻灯片，按住鼠标左键不松手，将选中的幻灯片拖动到目标位置，然后释放鼠标左键即可，如图 4-20 所示。

（2）复制幻灯片

用户可以通过复制操作，快速新建一张与原始幻灯片一模一样的幻灯片，具体操作步骤如下。

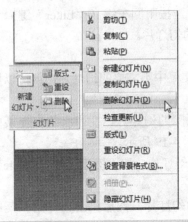 

图 4-19　删除幻灯片　　　图 4-20　幻灯片

第 1 步：使用鼠标右键单击"幻灯片选项卡"窗格中需要复制的幻灯片，在弹出的快捷菜单中用鼠标左键单击"复制"命令，然后选中需要粘贴的目标位置，单击鼠标右键后，在弹出的快捷菜单中用鼠标左键单击"粘贴"命令即可。

第 2 步：选中需要复制的幻灯片，按下键盘上的"Ctrl+C"组合键，然后选中某张幻灯片作为粘贴的目标位置，按下键盘上的"Ctrl+V"组合键，就可以将复制的幻灯片粘贴到该幻灯片之后。

4.3.1.4 更改幻灯片版式

在演示文稿中，用户可以随意更改幻灯片的版式，更改幻灯片版式的具体操作步骤如下：

第 1 步：单击版式为"标题幻灯片"的幻灯片，然后单击"幻灯片"选项组中的"版式"按钮，在打开的列表中单击"图片与标题"选项。

第 2 步：这个时候，所选择的幻灯片的"标题幻灯片"版式就可以更改为"图片与标题"版式。

4.4 编辑幻灯片

用户在掌握了幻灯片的基本操作之后，就可以进一步去学习如何对幻灯片进行基本编辑了，这主要包括输入文本、更改字体格式和如何插入各种对象。

4.4.1 文本的输入和编辑

演示文稿的内容极其丰富，可以包含文本、图表、表格、图片、声音以及视频等元素，其中文本仍然是最基本的元素，PowerPoint 2007 在幻灯片中添加文本主要有 4 种方法：根据版式占位符设置文本、使用文本框输入文本、自选图形文本和艺术字。

4.4.1.1 输入文本

（1）使用占位符输入文本

在幻灯片的默认版式中，通常都提供有文本框，其中显示了如"单击此处添加标题"以及"单击此处添加副标题"等字样的提示文字。这些提示字样就是"占位符"，如图 4-21 所示。

单击占位符，提示文字自动消失，然后在虚线框中键入需要的文本内容即可。

（2）使用文本框输入文本

如果需要在占位符之外的其他位置录入文本，可用插入文本框的方式实现。

图 4-21　占位符

第 1 步：切换到"插入"选项卡，单击"文本"选项组中的"文本框"按钮，如图 4-22 标示为 3 的工具组所示。

图 4-22 "文本框"按钮

第 2 步：在弹出的下拉列表中选择需要的文本框类型，如"横排文本框"，然后在幻灯片中按住鼠标左键并拖动鼠标，即可绘制出文本框，绘制完毕后即可释放鼠标左键。

第 3 步：这个时候，光标将自动定位到文本框中，此时在文本框中输入文字即可，而且文本框会根据输入的文字自动地调整大小。输入完毕后，用鼠标单击其他位置即可。

提示：用户如果要对文本框中的内容进行编辑，用鼠标双击文本框所在区域，将光标定位到文本框中进行编辑即可；如果要移动文本框，先将其选中，然后按住鼠标左键拖动即可；如果要将其删除，先选中文本框，按下键盘上的"Delete"键即可。

（3）在形状图形中添加文本

在插入的形状图形（如矩形、星与旗帜、圆形等）中输入文本，文本会附加到形状图形中，并随形状一起移动和旋转。在形状图形中添加文本的具体方法如下。

第 1 步：切换到"插入"选项卡，单击"插图"选项组中的"形状"按钮，如图 4-22 标示为 2 的工具组所示。

第 2 步：在弹出的下拉列表中选择要插入的形状类型和具体图形，如圆角矩形。

第 3 步：此时，在幻灯片中按住鼠标左键并拖动鼠标，即可绘制出所选图形，绘制完毕后释放鼠标。

第 4 步：使用鼠标右键单击该图形，在弹出的快捷菜单中，用鼠标左键单击"编辑文字"命令。在图形中直接输入文字，然后单击其他位置确认即可。

　　提示：插入图形后，直接键入文字，文本同样会附加到形状图形中。

4.4.1.2 编辑文本

　　（1）文本的选择

　　用户要对文本进行编辑，就必须先选择文本，文本的选择方式可以根据用户的需要有所不同。

> ➤ 选择整个占位符——在"幻灯片浏览窗格"中选择一张幻灯片，然后在幻灯片中单击需要选择的文本的任何位置，此时，文本周围就会显示出一个虚线边框，单击虚线边框后将其变为实线的边框，这表示已经选择了整个占位符。

> ➤ 选择整段文本——选择一张幻灯片，在需要选择的段落中的任意位置单击，这时就会出现一个闪烁的插入点，连续快速3次单击鼠标左键，就可以选择光标所在的整段文本，被选择的文本呈反白显示。

> ➤ 选择部分文本——在文本的任何位置单击，将插入点移动到需要选择文本的开始处或者直接在文本开始出单击，然后按住鼠标左键不放，拖动到用户需要选择的文本的最后一个字符上，被选择的文本就会呈反白显示。

　　（2）文本的移动

> ➤ 文本的移动是指将文本从一个位置移动到另一个位置，用户能够移动整个占位符或者文本框。

> ➤ 移动占位符——在占位符中的任意位置单击鼠标左键，然后将鼠标指针移动到文本框的边框上，当鼠标指针变为十字箭头形状时，按住鼠标左键拖动到新位置后，释放鼠标即可。

> ➤ 移动部分文本——选择需要移动的部分文本，然后按住鼠标左键，拖动选中的文本到需要移动的位置（拖动时会出现一个插入点），释放鼠标即可。

另外，还可以用"剪切"和"粘贴"命令来完成文本的移动。

（3）删除文本

用户在编辑文本的过程中如果发现有错误或者不符合用户要求的地方，可以将其删除。

选择需要删除的文本，然后按下键盘上的"Delete"键，即可删除所选择的文本。

（4）撤销与恢复

用户在使用 PowerPoint 进行编辑操作的过程中，如果用户出现了错误的操作，可以使用撤销与恢复功能，避免错误操作带来的损失。

用户在编辑过程中，如果需要返回到某个操作之前的状态，可以单击快速访问工具栏上的"撤销"按钮。

如果需要一次撤销多步操作，可以单击"撤销"按钮旁边的下拉按钮，在打开的下拉列表中单击需要撤销的操作，撤销某个操作时，所有此操作之后的操作同时也会被撤销掉。

如果用户需要恢复用"撤销"按钮撤销掉的操作，单击快速访问工具栏上的"恢复"按钮即可。

4.4.2 更改字体格式

用户在幻灯片中输入文本后，还需要对默认的字体格式进行一番设置，才能够满足实际的需求。

4.4.2.1 字体的设置

第 1 步：选择需要进行字体设置的文本，单击鼠标右键，在弹出的快捷菜单中选择"字体"命令。

第 2 步：然后在弹出的"字体"对话框中，单击"字体"下拉按钮，在弹出的下拉列表中选择需要的字体，如图 4-23 所示。

第 3 步：设置完成后，单击"确定"按钮即可。

提示：选择文本后单击鼠标右键，还会显示一个浮动的快捷菜单，在其中也可以对文本的字体、字号以及字体的颜色进行设置。

4.4.2.2 字号的设置

第 1 步：选择需要进行字号设置的文本，单击鼠标右键，在弹

出的快捷菜单中用鼠标左
键选择"字体"命令，弹
出"字体"对话框，如图
4-23 所示。

第 2 步：在"大小"
微调框中，手动输入需要
的字号大小，或者通过微
调按钮调整字号大小。

第 3 步：设置完成后，
单击"确定"按钮即可。

图 4-23　"字体"对话框

4.4.2.3　字体颜色的设置

第 1 步：选择需要进行颜色设置的文本，单击鼠标右键，在
弹出的快捷菜单中选择"字体"命令，弹出"字体"对话框。在
图 4-23 中进行设置。

第 2 步：单击"字体颜色"按钮，在弹出的下拉列表中选择需
要的字体颜色。

第 3 步：设置完成后，单击"确定"按钮即可。

4.4.3　段落格式的设置

设置文本的段落格式包括文本的对齐与缩进、行距和段间距、
制表位和文字分栏等。

4.4.3.1　添加项目符号和编号

在文本中添加项目符号和编号，可以使文本显得更加有条理和
层次。在 PowerPoint 2007 中添加项目符号和编号的方法与在 Word
2007 中添加项目符号和编号的方法相似，具体操作步骤如下。

第 1 步：在幻灯片中，选择需要添加项目符号的段落，然后单
击"段落"选项组中的"项目符号"下拉按钮，在弹出的下拉列表
中选择需要的项目符号样式。

第 2 步：这时候，用户可以看到所选段落前都出现了所选的项
目符号。

第 3 步：如果用户对当前所选的项目符号不满意，可以在弹出的下拉列表中选择"项目符号和编辑"选项，打开"项目符号和编号"对话框。

第 4 步：单击"自定义"按钮，在弹出的对话框中，可以选择一种符号作为项目符号，单击"图片"按钮，可以使用图片作为项目符号。

第 5 步：如果要为选择的段落设置编号，就单击"段落"选项组中的"编辑"下拉按钮，在弹出的快捷菜单中选择需要的编辑样式即可。

4.4.3.2 行距和段间距的设置

用户可以对幻灯片的段落行距和段落间的段间距进行设置。行距是指段落中每行文字之间的距离，而段间距是指每个段落之间的距离，分为段前间距和段后间距。其设置操作步骤如下。

第 1 步：首先将光标定位到需要调整行距和段间距的幻灯片中，然后单击"段落"选项组右下角的启动对话框按钮，如图 4-24 所示。

第 2 步：在打开的"段落"对话框中，在"间距"栏中，调整"段前"、"段后"的间距，在行距栏中，选择需要的行距，如图 4-25 所示。

图 4-24　段落　　　　　　　图 4-25　"段落"对话框

第 3 步：设置完成后，单击"确定"按钮即可。

提示：将光标定位到幻灯片中，然后单击"开始"选项卡中的"段落"选项组中的"行距"按钮，在弹出的下拉列表中，也可以调整行距。

4.4.3.3 文字分栏的设置

默认情况下，幻灯片的文本输入只有一栏，如果用户想对文本进行分栏设置，可以自定义栏数和间距，其具体操作方法如下。

第 1 步：将光标定位到需要分栏的幻灯片中，然后单击"开始"选项卡里面的"段落"选项组中的"分栏"下拉按钮，在打开的下拉列表中单击需要的选项，如"两列"，如图 4-24 所示。

第 2 步：这个时候，文字就会被分为两栏。

第 3 步：用户还可以自定义栏数和间距。在"分栏"下拉列表中单击"更多栏"选项，在打开的"分栏"对话框中，用户可以根据需要设置栏数和间距。

4.4.4 插入图片和形状

用户在制作幻灯片时，经常要加入与内容相关的图片，或者插入剪贴画以搭配幻灯片的内容。在 PowerPoint 2007 中插入图片、形状和剪贴画的具体方法如下。

4.4.4.1 插入图片

在 PowerPoint 2007 中，通常是通过内容占位符直接从幻灯片中插入图片，而不是通过功能按钮。

插入图片的具体步骤如下。

第 1 步：单击"开始"选项卡上的"新建幻灯片"按钮的下部，用户将获得幻灯片版式库。用户选择一个版式后，如"内容和标题"版式的幻灯片后，将插入该版式的幻灯片。

第 2 步：在幻灯片的内容占位符中，单击"插入来自文件的图片"图标，如图 4-26 所示。

第 3 步：在弹出的"插入图片"对话框中，找到并选中需要插入的图片文件，然后单击"插入"按钮即可。

图 4-26　插入来自文件的图片

提示：选中图片后，将出现一个"图片工具/格式"菜单选项卡，通过该选项卡中的相关按钮和选项，可以设置图片格式，如图片形状、图片效果和设置图片大小等。

4.4.4.2 插入形状

在 PowerPoint 2007 中，插入形状的具体操作方法如下。

第 1 步：单击"插入"选项卡，单击"插图"选项组中的"形状"下拉按钮，打开"形状"下拉列表，如图 4-22 所示为 2 的工具组所示。

第 2 步：单击用户所需要的形状，然后按住鼠标左键，在文档中的任意位置拖动鼠标，就可画出用户所选定的形状。

提示：用户如果要创建正方形和圆，只需要在拖动鼠标的同时按住键盘上的"Shift"键即可。右键单击需要插入的形状，在弹出的快捷菜单中选择"锁定绘图模式"命令，可以连续画出多个所选的形状，添加所需的所有形状后，按下键盘上的"Esc"键，即可以退出绘图模式锁定。

4.4.4.3 插入剪贴画

在演示文稿中使用剪贴画可以点缀和丰富幻灯片内容。插入剪贴画的具体操作方法如下。

第 1 步：单击功能区上的"插入"选项卡，然后单击"插图"选项组中的"剪贴画"按钮，打开"剪贴画"窗格，如图 4-22 所示为 2 的工具组所示。

第 2 步：在"搜索文字"文本框里输入要插入的剪贴画可能包含的关键字，如"风景"，然后单击"搜索"按钮，如图 4-27 所示。

第 3 步：找到所需的剪贴画后，直接单击需要插入的剪贴画，即可将其插入到幻灯片中。

4.4.5 插入艺术字

艺术字体是采用特殊字形和颜色等字体效果的字体，在幻灯片中插入艺术字作为标题或者标注可以更加醒目。

插入艺术字的具体操作方法如下。

第1步：选择需要插入艺术字的幻灯片，单击"插入"选项卡，单击"文本"选项组中的"艺术字"按钮，如图4-28所示。

第2步：在弹出的下拉列表中选择需要的艺术字样式。就会在该幻灯片上新创建一个艺术字文本框，如图4-28所示。

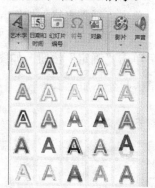

图 4-27　剪贴画　　　　图 4-28　艺术字

第3步：在新创建的艺术字文本框里，删除该文本框里的占位符，然后输入用户需要输入的文字内容。输入完毕后，根据需要设置艺术字的格式即可。

4.4.6 插入表格

在幻灯片中除了可以添加文本、图片、图形外，还可以向幻灯片中插入表格。表格具有条理清楚、对比强烈等特点，在幻灯片中使用表格可以能够使演示文稿的内容更加清晰明了，从而达到更好的演示效果。

4.4.6.1 使用占位符中的按钮

第1步：在幻灯片的占位符中，单击"插入表格"按钮，如图4-29所示。

第2步：在弹出的"插入表格"对话框中，分别输入需要插入的表格的行数和列数，然后单击"确定"按钮，如图4-29所示。

第3步：这个时候，就可以在幻灯片的占位符中插入一个表格，表格周围有半透明的边框，同时显示"表格工具"选项组。

4.4.6.2 使用"表格"选项组中的命令

第1步：选择要插入表格的幻灯片，然后单击"插入"选项卡。

第2步：单击"表格"选项组中的"表格"按钮，在弹出的下拉列表中，单击"插入表格"按钮，如图4-30所示。

第3步：在弹出的"插入表格"对话框中，设置表格的行数和列数，然后单击"确定"按钮，如图4-30所示。

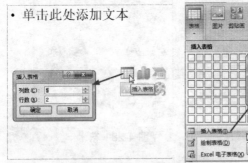

图 4-29　插入表格　　　　　图 4-30　表格行和列

提示：插入的表格自动应用了样式，该样式是系统根据当前幻灯片主题自动设置的。如果在该表格中输入文本，字体颜色也是系统根据当前幻灯片主题自动设置的。

4.4.7 在幻灯片中插入多媒体对象

为了更加突出幻灯片的显示主题，用户可以在幻灯片中添加多媒体对象，包括声音和影片剪辑等。如果为幻灯片加上适当的声音和影片剪辑，就可以使幻灯片变得更加具有观赏性和感染力。

4.4.7.1 插入声音

用户可以在演示文稿中插入声音对象，以达到强调或实现某种特殊效果的目的。

（1）使用剪辑管理器中的声音方法如下：

第1步：启动 PowerPoint 演示文稿，单击"插入"选项卡，单击"媒体剪辑"选项组中的"声音"按钮的下半部分，就会打开一个下拉列表，在打开的下拉列表中，单击"剪辑管理器中的声音"选项，如图4-31所示。

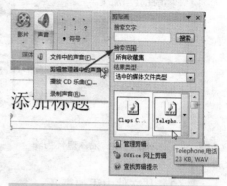

第2步：在打开的"剪贴画"窗格中拖动"剪贴画"列表框旁边的滚动条，找到所需要的剪辑，然后单击该剪辑，如图4-31所示。

第3步：在插入剪辑时，会弹出一个信息对话框，询问

图4-31　剪辑管理器中的声音

用户"您希望在幻灯片播放时如何开始播放声音？"，是自动播放，还是单击声音时播放。如果要通过在幻灯片上单击声音来手动播放，则单击"在单击时"按钮，如图4-32所示。

第4步：这个时候，就会在幻灯片上出现一个声音图标，并在功能区增加一个"声音工具"上下文选项卡。

第5步：用户可以移动声音图标，改变其大小，操作方法与操作形状、图片等的方法相同。将声音图标移动到合适位置并拖动其四周的控点可以改变输入图标的大小。

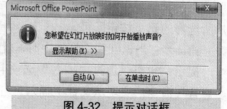

第6步：在"声音工具/选项"选项卡的"播放"选项组中，单击"预览"按钮，就可以听到所设置的声音效果。

图4-32　提示对话框

提示：双击声音图标，也可以听到该声音的效果。如果用户想删除设置的声音效果，选中该声音图标，然后按下键盘上的"Delete"键即可。

单击"幻灯片放映"按钮，切换到幻灯片放映视图中，把鼠标指针置于声音图标上，鼠标指针将变为手形，单击声音图标即可播放声音。

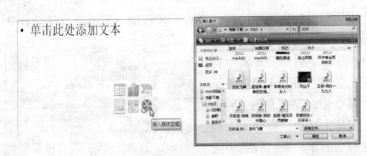

图 4-33 插入媒体剪辑   **图 4-34 插入影片**

（2）从文件中添加声音

为了防止可能出现的意外错误，在把声音添加到演示文稿之前，应该先将这些声音文件复制到演示文稿所在的文件夹。

第 1 步：在幻灯片的内容占位符中单击"插入媒体剪辑"图标，打开"插入影片"对话框。

第 2 步：在"文件类型"下拉框中选择"所有文件"，浏览到保存声音文件的文件夹，选中要插入的文件，单击"确定"按钮。

第 3 步：打开 PowerPoint 提示对话框，在该对话框中，会询问用户在何种情况下播放声音文件。用户可以任意选择，然后单击用户所选择的那个按钮即可。

第 4 步：当返回到幻灯片中时，就可以看到添加的声音图标了。

提示：也可以通过"插入"选项卡中的"媒体剪辑"选项组的"声音"命令，实现从文件中插入声音。

（3）插入 CD 音乐

第 1 步：选中需要插入 CD 音乐的幻灯片，然后在"插入"选项卡的"媒体剪辑"选项组中，单击"声音"下拉按钮，在打开的下拉列表中选择"播放 CD 乐曲"选项，如图 4-35 所示。

第 2 步：在弹出的"插入 CD 乐曲"对话框中"开始曲目"为第一首，"结束曲目"为第二首。如果需要循环播放乐曲，则勾选"循环播放，直到停止"复选框。单击"声音音量"按钮，可以调节音量的大小，如图 4-35 所示。

第3步：在"显示选项"中勾选"幻灯片播放时隐藏声音图标"复选框，则放映时幻灯片上不会显示声音图标。

第4步：单击"确定"按钮，将会弹出提示信息对话框，根据需要进行选择，例如，单击"自动"按钮。

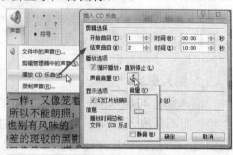

第5步：返回到幻灯片，就可以看到上面出现了一个 CD 图标。

图 4-35　插入 CD 乐曲

第6步：切换到幻灯片放映图，声音就会自动播放出来，由于设置了"幻灯片播放时隐藏声音图标"，所以放映时 CD 图标不会显示出来。

（4）跨幻灯片播放声音

当用户需要把一个声音文件作为幻灯片的背景音乐贯穿所有幻灯片播放时，就要用如下操作方法来设置。

第1步：单击"动画"选项卡，单击"动画"选项组中的"自定义动画"按钮，打开"自定义动画"窗格，如图 4-36 所示。

第2步：单击"自定义动画"列表中所选声音右侧的箭头，然后单击"效果选项"命令，打开"播放声音"对话框，如图 4-37 所示。

图 4-36　自定义动画　　　图 4-37　播放声音

第 3 步：在"效果"选项卡的"停止播放"选项下，单击"在 X 张幻灯片后"选项，要让声音全程播放，设置该项为演示文稿包含的幻灯片总数。

提示：声音文件的长度应该等于为这些幻灯片指定的显示时间。可以从"声音设置"选项卡的"信息"下查看声音文件的长度。

4.4.7.2 插入影片

插入影片与插入图片或图形不同，影片文件始终都链接到演示文稿，而不是嵌入到演示文稿中。用户插入影片文件时，PowerPoint 会创建一个指向影片文件当前位置的链接。

如果以后影片的位置变动了，则在需要播放时，PowerPoint 找不到文件。所以最好在插入影片的同时，将影片复制到演示文稿所在的文件夹中。这样，即使将该文件夹复制到其他计算机，PowerPoint 也能找到该影片文件。

（1）插入剪辑管理器中的影片

剪辑管理器中不但有图片、声音，用户还可以在演示文稿中加入影片，使演示文稿变得更加生动。

第 1 步：选择需要插入影片的幻灯片，单击"插入"选项卡，单击"媒体剪辑"选项组中的"影片"按钮的下半部分，在打开的下拉列表中，选择"剪辑管理器中的影片"选项，如图 4-31 所示。

第 2 步：在打开的"剪贴画"窗格中，拖动剪辑列表旁边的滚动条查找所要的剪辑，右键单击要查看的剪辑，在弹出的快捷菜单中选择"预览/属性"命令即可。

第 3 步：选中适合的剪辑将其添加到幻灯片中，幻灯片中将会出现以插入影片片头图像显示的影片图标。

第 4 步：单击影片图标，拖动其四周的控点可以调整影片图标的大小。

（2）从文件中插入影片

在演示文稿中插入影片的具体操作方法如下。

第 1 步：在幻灯片的内容占位符中单击"插入媒体剪辑"图标，打开"插入影片"对话框，如图 4-34 所示。

第 2 步：浏览保存到影片文件的文件夹，选中要插入的文件，单击"确定"按钮。

第 3 步：影片插入后，会显示第一帧的画面，双击插入的影片，即可播放影片。

第 4 步：在显示的"影片工具"选项卡单击"预览"按钮可播放影片，在"影片选项"工具组可设置影片播放选项。例如选中"全屏播放"复选框，可在放映时全屏播放影片。

4.5 设计幻灯片

一个演示文稿能否吸引观众的注意力和目光，往往取决于幻灯片的画面色彩和背景图案。在 PowerPoint 2007 中用户可以利用幻灯片设计功能来对画面色彩和背景图案进行设计。

4.5.1 插入页眉页脚

如果用户要对幻灯片设置页眉页脚，可以通过以下方法来实现。

第 1 步：选择需要设置页眉页脚的幻灯片，然后单击功能菜单上的"插入"选项卡，单击"文本"选项组中的"页眉和页脚"按钮，如图 4-22 中标示 3 的工具组。

第 2 步：在弹出的"页眉和页脚"对话框里，根据需要进行设置，如图 4-38 所示。

图 4-38　页眉和页脚

第 3 步：设置完成后，根据实际需要，单击"全部应用"按钮或"应用"按钮即可。

提示：如果单击"全部应用"按钮，设置的页眉页脚将应用于该演示文稿的所有幻灯片。如果选择"应用"按钮，只能应用于当前设置的幻灯片。

4.5.2 应用内置主题

用户能够更改默认情况下在 PowerPoint 2007 中应用的演示文稿主题，具体操作方法如下。

第 1 步：打开演示文稿，在"设计"选项卡的"主题"选项组中，单击用户需要的演示文稿主题，或者单击"其他"按钮，查看所有可用的演示文稿主题，如图 4-39 所示。

第 2 步：用户也可以根据内置的主题颜色系统，来更改主题的颜色。在"主题"选项组中，单击"颜色"下拉按钮，在打开的列表中选择要应用的颜色系列，如"凤舞九天"选项，如图 4-40 所示。

第 3 步：同样，用户也可以根据内置的主题字体系列，来更改主题的字体搭配。单击"设计"选项卡，再单击"主题"选项组中的"字体"按钮，在打开的列表中选择要应用的字体系列，例如选择"凤舞九天"选项。

第 4 步：另外，用户还可以单击"主题"选项组中的"效果"按钮，设置每组主题效果的线条和填充效果，如图 4-40 所示。

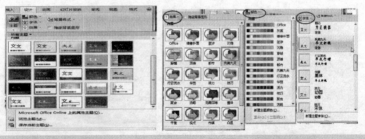

图 4-39　设计主题　　　　　图 4-40　设置效果

4.5.3 设置幻灯片背景

通过对幻灯片的背景设置，可以让幻灯片看起来更加美观。

4.5.3.1 套用内置背景样式

第 1 步：在演示文稿中，单击"设计"选项卡，然后单击"背景"选项组中的"背景样式"按钮，如图 4-41 所示。

第 2 步：在弹出的内置背景样式下拉列表中，选择需要的背景即可。

4.5.3.2 设置纯色填充

第 1 步：选中需要设置纯色背景的幻灯片，然后在内置背景样式下拉列表中选择"设置背景格式"命令，就会弹出"设置背景格式"对话框，如图 4-41 所示。

第 2 步：选择"纯色填充"菜单选项，在"颜色"下拉列表中选择颜色，然后用鼠标左键拖动"透明度"滑块设置颜色的透明度，如图 4-42 所示。

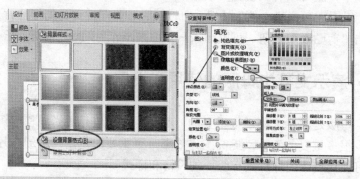

图 4-41 背景样式　　图 4-42 设置背景样式

第 3 步：设置好颜色透明度后，单击"关闭"按钮，就会在返回的演示文稿中看到设置的效果了。

4.5.3.3 设置渐变填充效果

第 1 步：选中需要设置渐变背景的幻灯片，单击"设计"选项卡，再单击"背景"选项组中的"背景样式"按钮，在弹出的下拉列表中,选择"设置背景格式"命令,如图 4-41 所示。

第 2 步:弹出"设置背景格式"对话框,在对话框中选择"渐变填充"选项,在"预设颜色"下拉列表中选择样式,如图 4-42 所示。

第 3 步:然后对方向、角度以及透明度等选项进行设置,完成后单击"关闭"按钮,就会在返回的演示文稿中看到效果了。

4.5.3.4 设置纹理背景

第 1 步:选中需要设置纹理背景的幻灯片,单击"设计"选项卡,再单击"背景"选项组右下角的启动器命令,就会弹出"设置背景格式"对话框,如图 4-41 所示。

第 2 步:选择"图片或纹理填充"选项,在"纹理"下拉列表中,选择纹理样式,然后对镜像类型、透明度等选项进行设置,如图 4-42 所示。

第 3 步:设置完成后,单击"关闭"按钮,然后在返回的演示文稿中,就可以看到设置的效果。

此外,单击"文件"按钮,可以插入一张图片作为幻灯片背景;单击"剪贴画"按钮,可以插入一张剪贴画作为幻灯片背景。

4.6 演示文稿中母版的使用和设置

母版是演示文稿中很重要的一部分,对其进行适当地使用可以减少很多重复的工作,提高工作效率,更重要的是,使用幻灯片母版可以让整个幻灯片具有统一的风格和样式。

4.6.1 母版的种类

利用母版可以使演示文稿保持一个统一的外观。

PowerPoint 2007 中一共有三种母版:幻灯片母版、讲义母版和备注母版。

4.6.1.1 幻灯片母版

母版中最常用的是幻灯片母版。演示文稿中除标题母版外的大多数幻灯片都可以由幻灯片母版加以控制，从而保证整个幻灯片风格的统一，并且可以将每张幻灯片的固定内容进行一次性编辑。

第 1 步：打开演示文稿，单击"视图"选项卡，单击"演示文稿视图"选项组中的"幻灯片母版"按钮。

第 2 步：系统就会自动切换到幻灯片母版视图中，并在功能区的最左侧显示"幻灯片母版"选项卡，如图 4-43 所示。

第 3 步：用户如果需要关闭幻灯片母版视图，可以单击"幻灯片母版"选项卡上的"关闭母版视图"按钮。

4.6.1.2 讲义母版

讲义母版用来控制讲义的打印格式。利用母版可以将多张幻灯片合并在一张幻灯片中。

单击功能区上的"视图"选项卡，单击"演示文稿视图"选项组中的"讲义母版"按钮。就可以切换到讲义母版视图中，如图 4-44 所示。

图 4-43　幻灯片母版

4.6.1.3 备注母版

备注母版可以设置备注的格式，让绝大部分的备注具有统一的外观。备注母版作为演示人员在演示文稿时的提示和参考，可以单独打印出来。

单击功能区上的"视图"选项卡，单击"演示文稿视图"选项组中的"备注母版"按钮，就可以切换到"备注母版视图"中，如图 4-45 所示。

4.6.2 幻灯片母版的设置

虽然各种母版的功能不同，但在设置上却基本一致。母版的设置包括设置母版的文字属性、项目符号和编号以及添加图片等。

4.6.2.1 编辑母版

第 1 步：在"幻灯片母版"选项卡的"编辑母版"选项组中，

单击"插入幻灯片母版"按钮，可以添加一张新的幻灯片母版。

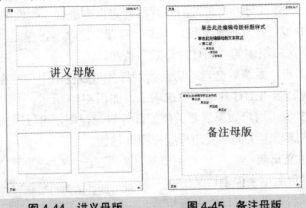

图 4-44　讲义母版　　　图 4-45　备注母版

第 2 步：用户如果需要删除幻灯片母版，在左侧的"幻灯片浏览框里"选中一个幻灯片，然后单击"编辑母版"选项组中的"删除"按钮即可。

第 3 步：在左侧的幻灯片缩略图中，单击选中某个母版，然后单击"幻灯片母版"选项卡，单击"编辑母版"选项组中的"重命名"按钮，就可以在打开的"重命名母版"对话框中，重命名幻灯片母版。

4.6.2.2 编辑母版主题

用户能够将内置的主题应用到幻灯片母版中，该主题将同时应用到与这个幻灯片母版相关联的所有版式中。

单击"幻灯片母版"选项卡，单击"编辑主题"选项组中的"主题"按钮，在弹出的列表中选择适合的主题样式，即可在幻灯片母版中应用所选的主题样式。

第 1 步：在"编辑主题"选项组中，单击"颜色"按钮，在弹出的下拉列表中，用户可以选择主题的颜色。

第 2 步：在"编辑主题"选项组中，单击"字体"按钮，在弹出的下拉列表中，用户可以选择主题字体。

4.6.2.3 在母版中插入图片

许多幻灯片都做得非常美观，用户为自己的演示文稿添加美丽的图片来作为背景能够让制作的演示文稿更加吸引人。在母版中插入图片的具体操作方法如下。

第 1 步：单击功能区上的"插入"选项卡，单击"插图"选项组中的"图片"按钮。

第 2 步：在打开的"插入图片"对话框中，选择要插入的图片，然后单击"插入"按钮。

第 3 步：插入图片后，右键单击图片，在弹出的快捷菜单中，选择"置于底层"命令。

第 4 步：把图片置于底层后，调整图片，使图片作为背景置于幻灯片母版中。用户可以在"幻灯片浏览"窗格中看到，除了标题母版外所有的母版都应用了该效果。

4.6.3 设置讲义母版

讲义母版用来控制讲义的打印格式，利用讲义母版可以将多张幻灯片放在一张幻灯片中进行打印，用户也可以在讲义母版中指定每页要打印的幻灯片数和讲义母版的方向，具体操作步骤如下。

第 1 步：单击功能区上的"视图"选项卡，单击"演示文稿视图"选项组中的"讲义母版"按钮。在"讲义母版"选项卡中的"页面设置"选项组中，单击"每页幻灯片数量"按钮，在打开的列表中单击"3 张幻灯片"选项。

第 2 步：这个时候，讲义母版视图中显示了三个虚线占位符，即每页包含三个幻灯片缩略图。

第 3 步：单击"页面设置"选项组中的"讲义方向"按钮，在打开的列表中单击"纵向"选项，讲义母版中的幻灯片即可显示为纵向方向。

4.7 设置幻灯片动画效果

对幻灯片进行动画效果的设置，可以使幻灯片中的信息更加富有活力，更加具有趣味性，表现力更强。本节主要介绍如何设置简单动画、自定义动画、设置时间效果、设置幻灯片切换效果、设置超链接和播放 Flash 动画。

4.7.1 设置简单动画

在演示文稿中添加动画效果，不仅可以加强幻灯片的视觉效果，同时还可以增加幻灯片的趣味性。

4.7.1.1 认识"动画"选项卡

"动画"选项卡是 PowerPoint 2007 的功能区上的主选项卡之一，该选项卡包括"预览"、"动画"和"切换到此幻灯片"三组菜单选项组，如图 4-46 所示。

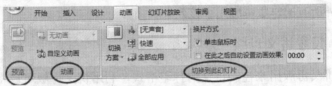

图 4-46 菜单选项组

大致来说，PowerPoint 的动画设置基本上分为两种：一种是针对幻灯片中的图片、文字等对象设置的动画，另一种是幻灯片的切换动画。

这两种动画，后一种比较简单，前一种包含一个自定义动画选项，可通过"自定义动画"窗格制作出各种精彩和富有创意的动画效果。

4.7.1.2 添加幻灯片对象的动画

添加幻灯片对象的动画分为对单一对象设置动画和对多个对象设置动画两种情况。

（1）对单一对象设置动画

要对单一的幻灯片对象设置动画，如标题、单独的图片等，其具体方法如下。

第 1 步：单击需要制成动画的标题占位符或图片。

第 2 步：单击"动画"选项卡，单击"动画"选项组中的"动画"下拉列表，从中选择需要的动画方式。

第 3 步：如果用户需要定义更多样的动画效果，可以使用"自定义动画"选项。

（2）对多个对象设置动画

PowerPoint 可以根据所选对象的不同，给出相应的可选动画选项。当选择包含多级内容或多个标题占位符时，"动画"下拉列表中的选项会有所不同。

① 整批发送——就是将所选对象作为一个整体应用动画效果，占位符的所有内容同时、同步显示同一个动画效果，如图 4-47 所示。

② 按第一级段落——就是将所选对象按段落分别执行所设的动画效果。如果包含两个段落，这两个段落次第显示动画效果。

4.7.1.3 取消动画

取消动画的具体操作方法如下。

第 1 步：单击包含要删除的动画占位符或其他对象。

第 2 步：在"动画"选项卡的"动画"选项组的"动画"列表中单击"无动画"选项即可，如图 4-47 所示。

4.7.2 自定义动画

用户可以根据需要自定义动画。单击"动画"选项卡，单击"动画"选项组中的"自定义动画"按钮，打开"自定义动画"窗格，从中可以选择自定义动画的相关操作。"自定义动画"窗格见图 4-48 所示。

4.7.2.1 自定义动画窗格

自定义动画窗格包含已设动画的列表和动画的选项设置，下面分别介绍。

（1）添加/更改效果

选中幻灯片中的对象，单击"添加效果"按钮，可以展开动画效果分类菜单。如图 4-48 所示。

PowerPoint 的动画效果主要分为 4 类：

① 进入——设置对象在幻灯片中的进入效果。

② 强调——设置强调幻灯片中某个对象的效果。

③ 退出——设置幻灯片中对象的退出效果。

④ 动作路径——设置对象的动作路径。用户也可以自定义特殊的动作路径。

图 4-47　动画效果　　图 4-48　自定义动画

（2）删除

用于删除动画列表中的某个动画效果。

（3）播放

单击"播放"按钮，可以播放当前幻灯片中的所有动画。

（4）幻灯片放映

单击"幻灯片放映"按钮，可以反映当前幻灯片。

（5）动画列表

当前幻灯片设置的所有效果，都会显示在中间的预览列表框中，单击某个表示对象播放效果的项目（带倒立三角形的行），在弹出的下拉菜单中，用户可以任意选择其中的选项，以便对动作进行详细的控制，如图 4-36 所示。

（6）动作属性

选中动画列表中的项目，可以设置该动画的"开始"、"方向"、"速度"三个属性，如图 4-49 所示。

4.7.2.2 添加自定义动画

幻灯片中对象的动画效果设计可以根据幻灯片的创意和用户的爱好而定。

（1）设置对象的进入效果

对象的进入效果是指设置幻灯片放映过程中对象进入放映界面时的动画效果，在 PowerPoint 2007 中设置对象进入效果的具体方法如下。

第 1 步：切换到相应的幻灯片，单击要制作成动画的文本或对象，然后单击在功能区上的"动画"选项卡，单击其中的"动画"选项组中的"自定义动画"按钮，打开"自定义动画"对话框。

第 2 步：选中要设置动画效果的形状组合，单击"添加效果"按钮，然后在打开的列表中，选择"进入"级联列表中的相应效果，如果需要其他效果，可以单击"其他效果"选项，如图 4-48 所示。

第 3 步：在打开的"添加进行效果"对话框中，如果用户希望预览选中的动画效果，则勾选"预览效果"复选框，然后选择需要的效果，在幻灯片窗口中即可预览到所选对象应用动画的效果。如"百叶窗"，如图 4-49 所示。

第 4 步：单击"确定"按钮，返回到演示文稿，就会看到所选对象旁边出现了一个数字标记，该标记是用来显示其动画顺序的，如图 4-49 所示。

第 5 步：在"自定义动画"对话框中的"开始"下拉列表中，单击"之前"选项。

提示：如果要将开始时间设定为"之后"，用户应该在"自定义动画"对话框中，单击"开始"下拉列表，单击"之后"选项，则前一个动画结束后就开始执行，如果设置为"单击时"，则必须单击鼠标右键才会进行下一个动画。

第 6 步：在"速度"下拉列表中，选择动画运行的速度，如"中速"选项，如图 4-49 所示。

第 7 步：在"自定义动画"窗格中，单击相应的动画下拉按钮，然后在其下拉列表中，选择"效果选项"，如图 4-50 所示。

第 8 步：在打开的"百叶窗"效果选项对话框的"效果"选项卡中，在"增强"的"动画播放后"下拉列表中，选择相应的选项，例如"不变暗"即可，如图 4-50 所示。

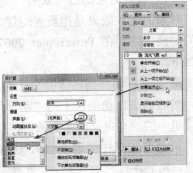

图 4-49　添加进入效果　　　　图 4-50　自定义动画

（2）设置对象的退出效果

用户可以为对象设置进入效果，同样也可以为对象设置退出动画，以达到更好的视觉效果。其具体的操作方法如下。

第 1 步：选中幻灯片中的对象，单击"添加效果"按钮，指向"退出"，单击"其他效果"选项，打开"添加退出效果"对话框。

第 2 步：单击对话框列表中的效果名称，预览动画效果，如图 4-49 所示。

第 3 步：单击"确定"按钮，即可应用该效果。

第 4 步：在"自定义动画"窗格中，选中相应的动画效果，然后在其下拉列表中选择"效果选项"命令，可以在打开的"效果选项"对话框中，设置该动画的效果选项，如图 4-50 所示。

（3）设置对象的强调效果

强调效果用于幻灯片中需要突出重点的对象。

第 1 步：选中幻灯片中的对象，单击"添加效果"按钮，指向"强调"，单击"其他效果"选项，打开"添加强调效果"对话框，如图 4-51 所示。

第 2 步：单击对话框列表中的效果名称，预览对话效果，如图 4-51 所示。

第 3 步：单击"确定"按钮，即可应用该动画效果。

4.7.2.3 查看设置的动画效果

设置完幻灯片的动画效果后，如果用户想查看所设置的效果，可以选择在幻灯片窗格中播放幻灯片或直接放映幻灯片，其具体操作方法如下。

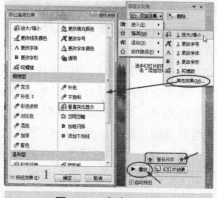

图 4-51 自定义动画

第 1 步：如果用户想预览对幻灯片所设置的动画效果，可以单击"自定义动画"窗格中的"播放"按钮，如图 4-51 所示。

第 2 步：这时，就可以从幻灯片窗格中预览到所选幻灯片中设置的全部动画效果。

第 3 步：单击"幻灯片"放映按钮，则会进入幻灯片放映状态，即可从当前幻灯片处开始放映演示文稿。

4.7.2.4 删除、更改和重新排序动画效果

为幻灯片中的对象设置了某种动画效果后，用户要想重新设置或删除某种动画效果，以及改变某些动画效果发生的先后次序，其具体的操作方法如下。

第 1 步：更改动画效果。在"自定义动画"窗格中，单击需要更改的动画效果，然后单击"更改"按钮，在打开的列表中重新选择动画效果。

第 2 步：删除动画效果。在"自定义动画"窗格中，单击要删除的动画效果，然后单击"删除"按钮，即可将所选动画效果删除，如图 4-51 所示。

第 3 步：重新排序动画效果。单击需要更改其播放次序的动画效果，然后单击相应的"重新排序"，这里单击"向下"按钮，就

可以看到所选动画效果次序后退了一位，如图 4-51 所示。

4.7.2.5 设置动作路径

用户可以为对象设置路径，让对象按照用户指定的路径进行移动。

（1）应用预设的动作路径

为了方便用户设计，在 PowerPoint 2007 中，包含了各种预设的动作路径，如曲线、基本图形和特殊图形等。为幻灯片中的对象应用预设动作路径的具体操作方法如下。

第 1 步：选中要设置动作路径的对象，然后在"自定义动画"窗格中，单击"添加效果"按钮，在打开列表的"动作路径"级联列表中，选择"其他动作路径"选项，如图 4-52 所示。

第 2 步：在打开的"添加动作路径"对话框中，勾选"预览效果"复选框，然后单击要应用的动作路径，如图 4-53 所示。

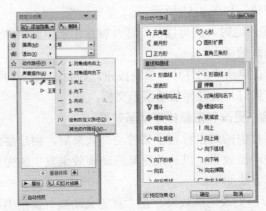

图 4-52　动作路径　　　　图 4-53　添加动作路径

第 3 步：返回到演示文稿，就会看到为该对象设置的动作路径，在动作路径上还有标志"开始"和"结束"点的三角形。

提示：选中设置的动作路径，在其四周会出现控制点，用户可以通过控制点来移动动作路径的位置，还可以改变动作路径的大小。

第 4 步：设置完成后，单击"播放"按钮即可所选对象按设置的动作路径进行移动。

（2）自定义动作路径

尽管 PowerPoint 中预设了多种动作路径，但是不一定能满足用户的需要，用户可以按照自己的想法去自定义动作路径。其具体的操作方法如下。

第 1 步：选中要设置自定义动作路径的对象，然后在"自定义动画"窗格中，单击"添加效果"按钮，在打开的列表中选择"动作路径"选项，然后在打开的级联列表中，选择"绘制自定义路径"选项，并选择路径类型，如"曲线"，如图 4-54 所示。

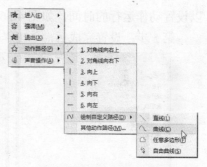

图 4-54　绘制自定义路径

第 2 步：这时，光标将变为十字形状，在幻灯片上预定作为曲线起始点的位置处单击，按住鼠标左键拖动到预定作为曲线第二点的位置处单击，然后再拖动鼠标到预定为曲线的终点位置处双击。

第 3 步：单击"播放"按钮，即可看到所选对象会按照绘制的动作路径进行移动。

4.7.3 设置时间效果

用户设置了动画后，还可以选择不同的时间来控制动画，包括设置开始时间、触发时间、速度和是否重复等。

4.7.3.1 使用计时

用户可以使用计时选项来控制动画项目的时间。

第 1 步：在"自定义动画"窗格中，选中需要使用计时的动画，然后单击其右侧的下拉按钮，在打开的下拉列表中，选择"计时"选项，如图 4-50 所示。

第 2 步：在弹出的对话框中，在"计时"选项卡的"开始"下拉列表框中，选择相应的选项，如"之后"，如图 4-55 所示。

第 3 步：如果用户需要在启动动画和动画正式开始运行之间加入一段时间间隔，则可以设置延迟时间，单击"延迟"数值框右侧的微调按钮，可以增加或减少时间间隔，也可以在其中直接输入数据。

第 4 步：单击"速度"下拉按钮，在打开的下拉列表框中，可以设置动作运行的时间，如图 4-56 所示。

第 5 步：设置完成后，单击"确定"按钮即可。

图 4-55　自定义路径计时　　　　图 4-56　计时速度

4.7.3.2　使用高级日程表

在预览动画时，"自定义动画"窗格中会出现一个日程表，用来说明每一个动画效果所消耗的时间情况，用户可以通过选择"自定义动画"窗格中的效果，再拖动其日程表标记来调整动画效果的开始、延迟、播放和结束时间。使用高级日程表来更改动画时间的具体操作方法如下。

第 1 步：在"自定义动画"窗格中，选中要更改动画时间的动画，然后单击其右侧的下拉按钮，在打开的列表中，选择"显示高级日程表"选项，如图 4-50 所示。

第 2 步：这个时候，在"自定义动画"窗格的动画效果右侧将出现用橘红色的方块所表示的时间条，同时还出现了日程表标记，如图 4-57 所示。

第 3 步：单击"日程表标记"左侧的时间按钮，在打开的下拉列表中选择相应的选项，例如"放大"选项，即可看到所有的时间条都放大显示了，如图 4-57 所示。

第 4 步：将鼠标指针移至动画效果右侧的时间条上，当鼠标变为双向箭头时，将会出现一个方框，其中显示了该动画的开始和结束时间。将鼠标指针放置于时间条的一侧拖动，即可改变时间条的大小，如图 4-58 所示。

第 5 步：设置完成后，单击任意动画效果，再单击其右侧的下拉按钮，在打开的列表中，选择"隐藏高级日程表"选项即可。

| 图 4-57　放大 | 图 4-58　动画开始和结束 |

4.7.4　设置幻灯片切换效果

幻灯片的切换效果是指幻灯片播放过程中，由前一张幻灯片过渡到后一张幻灯片时产生的效果。

4.7.4.1　添加切换效果

切换效果如何选用，完全根据幻灯片的主题和用户的创意而定。可以根据需要为幻灯片设置相同或不同的切换效果。

（1）添加相同的切换效果

如果用户对切换效果没有特殊要求，可以向所有幻灯片添加一个相同的切换效果。

第 1 步：在普通视图左侧的"幻灯片/大纲"的窗格中，单击"幻灯片"选项卡，单击某个幻灯片缩略图。

第 2 步：单击功能区上的"动画"选项卡，单击"切换到此幻灯片"选项组中的一个幻灯片切换效果，如果要查看更多切换效果，就在"快速样式"列表中单击"其他"按钮。

第 3 步：要设置幻灯片的速度，在"切换到此幻灯片"选项组中，单击"切换速度"按钮。

第 4 步：在弹出的下拉列表中，选择需要的速度。

第 5 步：在"切换到此幻灯片"选项组中，单击"全部应用"按钮。

（2）添加不同的切换效果

如果用户对幻灯片有更高的要求，可以向幻灯片添加不同的切换效果。

第 1 步：在普通视图左侧的"幻灯片/大纲"的窗格中，单击"幻灯片"选项卡，单击某个幻灯片缩略图。

第 2 步：单击功能区上的"动画"选项卡，单击"切换到此幻灯片"选项组中的某个用于该幻灯片的切换效果。

第 3 步：要设置幻灯片的速度，在"切换到此幻灯片"选项组中，单击"切换速度"按钮。

第 4 步：在弹出的下拉列表中，选择需要的速度。

第 5 步：要将不同的切换效果添加到幻灯片中，就逐个对幻灯片进行单独设置，并选择不同的切换效果即可。

4.7.4.2 添加切换声音效果

在演示文稿中，除了可以为幻灯片设置切换的动画效果外，还可以设置声音效果，具体操作方法如下。

第 1 步：选中需要设置切换声音效果的幻灯片，然后单击功能区上的"动画"选项卡。

第 2 步：单击"切换到此幻灯片"选项组中的"切换声音"下拉按钮。

第 3 步：在弹出的下拉列表中，选择需要切换的声音选项即可。

提示：选择切换声音效果后，在默认情况下，只播放一次，如果希望在播放下一段声音前一直播放这种声音效果,可以在下拉列表中选择"播放下一段声音前一直循环"命令。

4.7.4.3 更改或删除切换效果

对已经设置的幻灯片切换效果,可进行更改或删除。

(1)更改部分切换效果

如果只想更改演示文稿中的部分幻灯片的切换效果,操作方法如下。

第 1 步:在普通视图左侧的"幻灯片/大纲"的窗格中,单击"幻灯片"选项卡。

第2步:单击需要修改其幻灯片切换效果的幻灯片的缩略图。

第 3 步:单击功能区上的"动画"选项卡,单击"切换到此幻灯片"选项组中的另外一种幻灯片切换效果即可。

第 4 步:要重新设置幻灯片的速度,在"切换到此幻灯片"选项组中,单击"切换速度"按钮,在弹出的下拉列表中,选择需要的速度。

第 5 步:要更改其他的幻灯片的切换效果,操作方法同上。

(2)更改所有切换效果

要更改所有幻灯片的切换效果,其操作方法如下。

第1步:在普通视图左侧的"幻灯片/大纲"的窗格中,单击"幻灯片"选项卡。

第2步:单击某个幻灯片的缩略图。

第 3 步:单击功能区上的"动画"选项卡,单击"切换到此幻灯片"选项组中的其他的幻灯片切换效果。

第 4 步:要重新设置幻灯片的速度,在"切换到此幻灯片"选项组中,单击"切换速度"按钮,在弹出的下拉列表中,选择需要的速度。

第 5 步:在"切换到此幻灯片"选项组中,单击"全部应用"按钮。

(3)删除部分切换效果

要想从演示文稿中删除部分幻灯片的切换效果,其操作方法如下。

第 1 步：在普通视图左侧的"幻灯片/大纲"的窗格中，单击"幻灯片"选项卡。

第 2 步：单击要删除切换效果的幻灯片的缩略图。

第 3 步：单击功能区上的"动画"选项卡，单击"切换到此幻灯片"选项组中的"无切换效果"选项。

第 4 步：如果要想删除演示文稿中其他幻灯片的幻灯切换效果，方法同上。

（4）删除所有切换效果

要想删除演示文稿中所有幻灯片的切换效果，其操作方法如下。

第 1 步：在普通视图左侧的"幻灯片/大纲"的窗格中，单击"幻灯片"选项卡。

第 2 步：单击某个幻灯片的缩略图。

第 3 步：单击功能区上的"动画"选项卡，单击"切换到此幻灯片"选项组中的"无切换效果"选项。

第 4 步：在"切换到此幻灯片"选项组中，单击"全部应用"按钮。

4.7.5 设置超链接

在 PowerPoint 中用户可以在演示文稿中插入超链接，从而实现放映时从幻灯片中某一位置跳转到其他位置的效果。

4.7.5.1 插入超链接

（1）添加超链接

在 PowerPoint 中插入超链接的具体操作方法如下。

第 1 步：选中要设置超链接的幻灯片，然后选择要设置为超链接的图片或文本。

第 2 步：单击功能区上的"插入"选项卡，然后单击"链接"选项组中的"超链接"按钮，如图 4-59 所示。

第 3 步：弹出"插入超链接"对话框，在"链接到"栏中选择

"本文档中的位置"选项，在"请选择文档中的位置"列表框中选择链接对象，如图 4-59 所示。

提示：如果要链接到文件或 Web 页，则选择"原有文件或网页"选项；如果要链接到某个电子邮件地址，则选择"电子邮件地址"选项。

第 4 步：设置完成后单击"确定"按钮即可。

通过以上的操作步骤，用户在放映幻灯片时，单击该链接，就可以跳转到被链接的对象。如果用户需要删除设置的超链接，可以选中设置了超链接的对象，然后在"插入"选项卡的"链接"选项组中，单击"超链接"按钮，在打开的"编辑超链接"对话框中，可以看到当前的超链接设置，直接单击"删除超链接"按钮即可。

（2）添加动作按钮

PowerPoint 提供了一组动作按钮，用户可以任意添加，以便在放映过程中跳转到其他幻灯片，或者激活声音文件、影片等。添加动作按钮的具体操作方法如下。

第 1 步：切换到需要添加动作按钮的幻灯片，单击功能区上的"插入"选项卡，单击"插图"选项组中的"形状"按钮，在弹出的下拉列表中，选择需要的动作按钮，如图 4-60 所示。

第 2 步：按住鼠标左键绘制动作按钮，绘制完成后，释放鼠标左键即可产生一个动作按钮，与此同时，会弹出"动作设置"对话框，如图 4-60 所示。

第 3 步：在该对话框中，选择"超链接到"选项，然后在下拉列表中选择链接的目标位置，设置完成后，单击"确定"按钮即可。

提示：如果用户要对某一文本对象设置动作，则先将其选中，然后单击"插入"选项卡，单击"链接"选项组中的"动作"按钮，在弹出的"动作设置"对话框中进行相关设置即可。

4.7.5.2 为动画或超链接添加声音

用户能够为幻灯片中的动画或超链接添加声音效果，以增强幻灯片播放的节奏感。

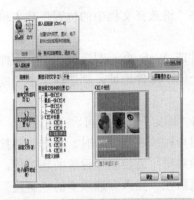

图 4-59　超链接　　　　图 4-60　动作设置

第 1 步：选中一个或多个需要添加声音效果的动画幻灯片。

第 2 步：单击功能区上的"动画"选项卡，单击"动画"选项组中的"自定义动画"按钮，打开"自定义动画"窗格。

第 3 步：单击"自定义动画"列表中的动画效果右边的箭头，然后单击"添加效果"菜单命令。

第 4 步：在"效果"选项卡的"强调"下，单击"声音"下拉列表，然后执行下列操作之一：

① 要从列表中添加声音，单击"声音"按钮；

② 要从文件夹中添加声音，单击"其他声音"，然后找到要使用的声音文件。

4.7.5.3 使用声音突出超链接

用户能够为超链接添加声音，以突出超链接。

第 1 步：选择用户已创建好的超链接。

第 2 步：单击功能区上的"插入"选项卡，单击"链接"选项卡组中的"动作"按钮，打开"动作"设置对话框。

第 3 步：执行下列操作之一：

➤ 如果在单击超链接后应用动作设置，单击"单击鼠标"选项卡。

➤ 如果指针停留在超链接上时应用动作设置，单击"鼠标移过"选项卡。

第4步：选中"播放声音"复选框，然后单击要播放的声音。

4.7.6 播放 Flash 动画

在 PowerPoint 中，文件的后缀扩展名为".SWF"格式的 Shockwave 文件，可以通过使用名为 Shockwave Flash Object 的 ActiveX 控件，把其添加到演示文稿中进行播放。

4.7.6.1 添加动画

用户如果需要在演示文稿中添加 Flash 动画，可以按照以下操作方法进行。

第1步：首先在计算机上安装 Flash Player（假定用户的计算机已经接入互联网）。

第2步：在 PowerPoint 的"普通"视图中，显示要在其上播放动画的幻灯片。

第3步：单击"Office"按钮，然后单击"PowerPoint 选项"按钮，打开"PowerPoint 选项"对话框。

第4步：在"PowerPoint 选项"对话框中，在"PowerPoint 首选使用选项"下，选中"在功能区显示[开发工具]选项卡"复选项，然后单击"确定"按钮，如图 4-61 所示。

第5步：单击"开发工具"选项卡，单击"控件"选项组中的"其他控件"按钮，如图 4-62 所示。

第6步：在打开的"其他控件"列表中，单击"Shockwave Flash Object"，并单击"确定"按钮，如图 4-62 所示。

第7步：这个时候，鼠标指针变为十字形状，在幻灯片上按住鼠标左键并拖动鼠标绘制适合的 Flash 文件大小的控件，如图 4-63 所示。

第8步：右键单击绘制的控件，在快捷菜单中单击"属性"命令，打开"属性"窗格，如图 4-63 所示。

第9步：在"按字母顺序"选项卡上，单击"Movie"属性。

第10步：在值列中（Movie 旁边的空白单元格），键入要播放的 Flash 文件完整的驱动器路径，包括文件名或键入其统一资源定位器（URL）。

图 4-61　常用选项　　　　　图 4-62　其他控件

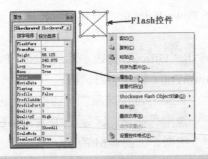

图 4-63　属性窗格

第 11 步：要设置有关如何播放动画的特定选项，执行以下操作，然后关闭"属性"对话框。

① 要在显示幻灯片时自动播放文件，则将 Playing 属性设置为 True。

② 如果不希望重复播放动画，将"Loop"属性设置为"False"。

③ 要将嵌入的 Flash 文件的演示文稿与大家共享，就将"EmbedMovie"属性设置为 True。

4.7.6.2 预览动画

在"视图"选项卡的"演示文稿视图"组中，单击"幻灯片放

映"按钮或按下键盘上的"F5"键，即可预览动画。要退出幻灯片
放映并返回到"普通"视图，按下键盘左上角的"Esc"键即可。

4.8　放映幻灯片

用户在演示文稿制作完成后，需要将演示文稿播放出来，让其
他人观看。本节主要介绍幻灯片放映的相关操作方法和设置技巧。

4.8.1　启动幻灯片

启动幻灯片放映的方式有两种，一种是在 PowerPoint 中启动幻
灯片放映，另一种是将演示文稿在保存时设置为自动播放。其具体
操作方法如下。

4.8.1.1　在 PowerPoint 中启动幻灯片放映

在 PowerPoint 中打开演示文稿后，就可以用下面任何一种方法
启动幻灯片放映。

（1）从头开始放映幻灯片

打开演示文稿，在功能区上单击"幻灯片放映"选项卡，单击
"开始放映幻灯片"选项组中的"从头开始放映"按钮，即可从演
示文稿的第一张幻灯片开始放映，如图 4-64 中标示 1 所示。

（2）从当前幻灯片开始放映

在演示文稿中左侧的"幻灯片/大纲"窗格中，单击"幻灯片"
选项卡，选中一张幻灯片的缩略图，单击"幻灯片放映"选项卡，
单击"开始放映幻灯片"选项组中的"从当前幻灯片开始放映"按
钮，即可从当前选定的幻灯片开始放映，如图 4-64 中标示 2 所示。

图 4-64　功能区

用户也可以单击幻灯片窗格左下方视图按钮中的"幻灯片放映"按钮，从当前幻灯片开始播放。

4.8.1.2 设置自动播放类型

用户也可以在演示文稿保存的时候设置为自动播放类型，这样当再次打开演示文稿时即可自动放映幻灯片，其具体操作方法如下。

第 1 步：单击"Office"按钮，在打开的菜单中单击"另存为"命令，在展开的级联菜单中，选择"PowerPoint 放映"命令。

第 2 步：在打开的"另存为"对话框的"保存类型"下拉列表中，默认为"PowerPoint 放映"选项，选择文件的保存位置，并输入文件名，然后单击"确定"按钮。

这个时候，退出 PowerPoint，双击刚才保存的演示文稿，即可开始自动放映幻灯片。

4.8.2 幻灯片的设置和放映

介绍了如何启动幻灯片放映后，下面介绍幻灯片的设置和播放的方法。

4.8.2.1 幻灯片的放映方式

为了让用户能够在不同的场合播放演示文稿，PowerPoint 为用户提供了三种幻灯片的播放方式。

（1）演讲者播放

演讲者放映方式是最常见的一种放映方式，它是以全屏幕的方式来播放演示文稿的。使用该方式放映演示文稿，演讲者可以控制放映流程，如暂停播放、切换幻灯片、添加会议细节等。

（2）观众自行浏览

使用观众自行浏览方式播放演示文稿时，演示文稿会以小窗口的形式来播放，因而该方式比较适合小规模演示。

（3）在展台浏览

使用在展台浏览方式播放演示文稿时，演示文稿通常会自动放映，并且大多数命令都无法使用，以避免个人更改幻灯片放映。因此，该方式比较适合展览会场会议使用。

4.8.2.2 设置放映方式

了解了幻灯片的放映方式，还需要了解如何设置幻灯片放映方式以及放映张数、换片方式等，其具体操作方法如下。

第 1 步：在功能区上大家"幻灯片放映"选项卡，单击"设置"选项组中的"设置幻灯片放映"按钮，如图 4-64 所示。

第 2 步：弹出"设置放映方式"对话框，在"放映类型"栏中选择幻灯片的放映方式，如图 4-65 所示。

第 3 步：在"放映方式"选项组中，如果勾选"循环放映，按 Esc 键停止"复选框，可以使演示文稿循环放映，当要停止放映时，按下"Esc"键即可。

第 4 步：在"放映幻灯片"栏中，如果选择"全部"选项，可以放映演示文稿中的所有幻灯片，如果选择"从…到…"选项，可以设置演示文稿中需要放映部分幻灯片。

第 5 步：在"换片方式"栏中，可以设置换片方式，如果选择"手动"选项，则在上一个动画或幻灯片播放完毕后，点击鼠标才能播放当前动画或幻灯片，如果选择"如果存在排练时间，则使用它"选项，就会按照排练的时间进行自动播放，如图 4-64 所示。

第 6 步：设置完毕后，单击"确定"按钮即可。

4.8.2.3 隐藏和显示幻灯片

用户可以根据放映环境的不同，有针对性地放映部分幻灯片，而不是全部。这个时候就需要对幻灯片进行隐藏设置，具体操作方法如下。

第 1 步：选中某张幻灯片，单击功能区上的"幻灯片放映"选项卡，单击"设置"选项组中的"隐藏幻灯片"按钮，如图 4-64 中标示 5 所示。

第 2 步：这时，"隐藏幻灯片"按钮呈选中状态，与此同时，在视图窗格的"幻灯片"选项卡中，所选幻灯片的编号上出现了一个斜线方框，即表示该幻灯片已经被隐藏，并且在放映过程中不会放映。

第 3 步：隐藏掉某张幻灯片后，如果需要再次显示出来，则再次单击"隐藏幻灯片"按钮即可。

4.8.2.4 标注幻灯片

所谓标注幻灯片，是指在放映演示文稿过程中，对幻灯片进行描绘勾画操作，具体操作方法如下。

（1）标注幻灯片

第 1 步：在幻灯片放映图中，右键单击屏幕左下角笔形按钮，在弹出的快捷菜单中选择做标注的笔形，如图 4-66 所示。

图 4-65　设置放映方式　　　　　图 4-66　墨迹颜色

第 2 步：在幻灯片中按住鼠标左键并拖动，就可以画出线条。

第 3 步：如果需要对标注的颜色进行设置，可再次单击笔形按钮，在弹出的快捷菜单中选择"墨迹颜色"选项，在展开的颜色面板中选择需要的笔迹颜色，如图 4-66 所示。

第 4 步：接着再在幻灯片中进行标注即可，当不再需要做标注时，按下键盘上的"Esc"键，鼠标指针即可恢复原始状态。

第 5 步：结束幻灯片放映时，将弹出提示框，询问是否保留墨迹，如果需要保留，单击"保留"按钮即可，如图 4-67 所示。

（2）删除标注

如果需要删除添加的标注，可以通过下面的方法实现。

图 4-67　提示对话框

第 1 步：在幻灯片的放映过程中，单击幻灯片播放屏幕左下角的笔形按钮，在弹出的快捷菜单中选择"橡皮擦"命令，如图 4-66 所示。

第 2 步：鼠标指针变为橡皮擦形状，按住鼠标左键，并拖动鼠标擦除不需要的标记即可。

第 3 步：如果需要一次性删除幻灯片中所有的标注，可以直接选择"擦除幻灯片上的所有墨迹"命令。

4.8.3 幻灯片放映过程的控制

在幻灯片放映过程中，可以对幻灯片的放映过程进行控制，可以选择放映哪张幻灯片、是否反复播放幻灯片等。

4.8.3.1 切换和定位幻灯片

在幻灯片放映过程中，用户可以自由切换和定位幻灯片，其具体操作方法如下。

第 1 步：切换到幻灯片放映视图，将光标置于幻灯片上片刻，屏幕的左下角会出现四个即时显现的菜单按钮组成的"幻灯片放映"工具栏，例如将光标指向该工具栏的第一个箭头按钮，则该按钮就会以蓝色显示，如图 4-68 所示。

第 2 步：单击第一个箭头按钮，就会跳转至上一张幻灯片，如果用户要跳转到下一张幻灯片，可以单击该工具栏中的最后一个箭头按钮。

第 3 步：单击这个即时显现的控制菜单的第三个按钮，就可以打开一个菜单，在该菜单的"定位至幻灯片"级联菜单中选择所需要的幻灯片，如图 4-69 所示。

第 4 步：单击选择的幻灯片后，即可以定位至相应的幻灯片。

第 5 步：用户可以使用快捷菜单中的命令来切换和定位幻灯片。右键单击幻灯片，在弹出的快捷菜单中单击"下一张"命令，即可切换到下一张幻灯片，如图 4-69 所示。

第 6 步：右键单击幻灯片，在弹出的快捷菜单中选择"结束放映"命令，就可以结束放映，返回到原有视图方式。

4.8.3.2 反复播放幻灯片

默认情况下，演示文稿只播放一遍，播放完毕后将自动结束放映，如果要反复播放幻灯片，可以通过下面的方法实现。

第 1 步：打开需要设置反复播放的演示文稿，单击"幻灯片放映"选项卡，单击"设置"选项组中的"设置幻灯片放映"按钮，如图 4-64 中标示 4 所示。

第 2 步：弹出"幻灯片放映"对话框，在"放映选项"栏中勾选"循环放映，按 Esc 键停止"复选框。设置完成后，单击"确定"按钮即可。

4.8.3.3 自定义放映

由于场合和观众群的不同，演示文稿的放映顺序或幻灯片的放映张数也可能不同，因此，PowerPoint 为用户提供了自定义放映功能，可以将演示文稿中的幻灯片排列组合后再放映，创建并使用自定义的具体操作方法如下。

第 1 步：打开演示文稿，单击功能区上的"幻灯片放映"选项卡，单击"开始放映幻灯片"选项组中的"自定义幻灯片放映"按钮。

第 2 步：在打开的"自定义放映"对话框中，单击"新建"按钮，如图 4-68 所示。

第 3 步：在打开的"定义自定义放映"对话框中，在"幻灯片放映名称"文本框中输入自定义放映的名称，如"自定义放映 1"，在"在演示文稿中的幻灯片"列表框中列出了演示文稿中所有的幻灯片，选中第二张幻灯片，然后单击"添加"按钮。可以用同样的方法来添加其他幻灯片，如图 4-69 所示。

第 4 步：如果用户需要将幻灯片从自定义放映中删除，则在"自定义放映中的幻灯片"列表框中选中需要删除的幻灯片，然后单击"删除"按钮。

第 5 步：设置完成后，单击"确定"按钮，返回"自定义放映"对话框，即可看到该对话框的"自定义放映"列表框中显示了新创建的自定义名称。

图 4-68　自定义放映　　　图 4-69　添加自定义放映中的幻灯片

第 6 步：使用同样的方法即可创建多个自定义放映。创建好所有自定义放映后，单击"关闭"按钮结束自定义放映设置。

第 7 步：返回到幻灯片中，单击"幻灯片放映"选项卡，单击"开始放映幻灯片"选项组中的"自定义幻灯片放映"按钮，在打开的列表单中，单击"自定义放映 1"选项，即可按照自定义放映顺序进行放映。

4.8.4　创建自动运行的演示文稿

当用户没有时间控制幻灯片的放映时，可以通过设置适当的放映时间和旁白，来创建自动运行的演示文稿。

4.8.4.1　设置幻灯片的放映时间

默认情况下，演示文稿在放映时需要单击鼠标左键，才会播放下一个动画或下一张幻灯片，这种方式是手动放映。

如果用户对幻灯片设置了放映时间，则当前动画或幻灯片播放完毕后会自动播放下一个动画或下一张幻灯片。设置幻灯片的放映时间有手动设置和排练计时两种方式。

（1）手动设置

所谓手动设置放映时间，就是逐一对幻灯片设置播放时间，具体操作方法如下。

第 1 步：选中任意一张幻灯片，单击功能区上的"动画"选项卡，在"切换到此幻灯片"选项组中的"换片方式"栏中，勾选"在此之后自动设置动画效果"复选框，然后在右侧的微调框中设置当前幻灯片的播放时间，如图 4-70 所示。

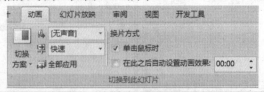

图 4-70　切换到此幻灯片

第 2 步：按照上面的方法，依次对其他幻灯片进行设置。

第 3 步：如果希望将该设置应用到所有幻灯片中，则单击"全部应用"按钮即可。

（2）排练计时

所谓的排练计时，是指在排练的过程中计时，即设置幻灯片的播放时间。设置排练计时的具体方法如下。

第 1 步：单击功能区上的"幻灯片放映"选项卡，单击"设置"选项组中的"排练计时"按钮，如图 4-64 所示。

第 2 步：进入全屏幕放映幻灯片状态，同时屏幕的左上角弹出"预演"工具条进行计时，此时，用户便可以开始排练演示时间。

第 3 步：当需要对下一个动画或下一张幻灯片进行排练时，则单击"预演"工具条中的"下一项"按钮 ➡。

第 4 步：在排练过程中如果需要暂停排练，则单击"预演"工具条中的"暂停"按钮 ‖，即可暂停计时。

第 5 步：如果因故需要重新排练，则单击"重复"按钮 ↺，即可将当前的幻灯片排练时间归零，并重新计时。

第 6 步：在排练过程中，PowerPoint 会将每一张幻灯片记录下来，排练结束后将弹出提示框询问是否保留新的幻灯片排练时间，单击"是"按钮即可保存排练时间并结束排练。

第 7 步：如果用户对排练时间不满意，可以单击"否"按钮，再按照上面的操作步骤重新排练。

第 8 步：保存排练计时后，PowerPoint 即可退出排练计时状态，并以"幻灯片浏览"视图显示各幻灯片的播放时间。

4.8.4.2 幻灯片旁白的应用

用户在放映的过程中会一边放映幻灯片一边向观众进行讲解。如果用户不能亲自放映演示文稿，或者希望自动放映演示文稿，则可以使用录制旁白功能。

（1）录制旁白

如果用户的计算机已经安装了相应的声音硬件，则可以录制旁白，其具体的操作方法如下。

第 1 步：选中第一张幻灯片，单击功能区上的"幻灯片放映"选项卡，单击"设置"选项组中的"录制旁白"按钮，如图 4-64 所示。

第 2 步：弹出"录制旁白"对话框，单击"更改质量"按钮，如图 4-71 所示。

第 3 步：弹出"声音选定"对话框，在"名称"下拉列表中选择"CD 音质"选项，然后单击"确定"按钮，如图 4-71 所示。

第 4 步：返回到"录制旁白"对话框，单击"确定"按钮。

第 5 步：进入全屏幕放映状态，这个时候，用户可以对着麦克风讲话。

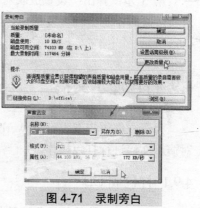

图 4-71 录制旁白

第 6 步：录制完毕后，单击任意位置，可以切换到下一张幻灯片继续录制旁白，如果要暂停旁白，则单击鼠标右键，在弹出的快捷菜单中执行"暂停旁白"命令即可。

第 7 步：如果要继续录制旁白，则再次单击鼠标右键，在弹出的快捷菜单中执行"继续旁白"命令即可。

第 8 步：旁白录制完毕后，单击鼠标右键，在弹出的快捷菜单中执行"结束放映"命令。

第 9 步：弹出提示框询问是否保存本次的排练时间，单击"保存"按钮即可。

第 10 步：保存旁白录制后，PowerPoint 即可退出录制状态，并以"幻灯片浏览"视图显示各幻灯片的播放时间，而且设置了旁白的幻灯片右下角会出现一个声音图标。

（2）当用户不需要旁白或不希望播放旁白时，可以将其删除或关闭，具体操作方法如下。

第 1 步：选中需要删除旁白的幻灯片，选中声音图标，按下键盘上的"Delete"键即可将其删除。

第 2 步：选中不需要播放但又不删除旁白的幻灯片，单击功能区上的"幻灯片放映"选项卡，单击"设置"选项组中的"设置幻灯片放映"按钮。

第 3 步：弹出"设置放映对话框"，在"放映选项"选项组勾选"放映时不加旁白"复选框，然后单击"确定"按钮即可，如图 4-65 所示。

4.9 打包演示文稿

为了方便用户在没有 PowerPoint 的计算机上放映幻灯片，可以对演示文稿进行打包操作。

4.9.1 打包成 CD

打包成 CD 的具体操作步骤如下。

第 1 步：打开需要打包的演示文稿，单击"Office"按钮🔳，在弹出的下拉菜单中，单击"发布"弹出"将文档分发给其他人员"列表，单击列表上的"CD 数据包（K）"命令，如图 4-72 所示。

第 2 步：弹出提示框提示需要将添加的某些文件更新到兼容的文件格式，单击"确定"按钮。

第 3 步：弹出"打包成 CD"对话框，在"要复制的文件"栏中显示了要打包的演示文稿，在"将 CD 命名为"文本框内设置 CD 名称，然后单击"选项"按钮，如图 4-73 中上面的图所示。

第4步：弹出"选项"对话框，在"增强文件安全性和隐私保护"栏中分别设置打开权限密码和修改权限密码，然后单击"确定"按钮，如图4-73中下面的图所示。

第5步：在弹出的"确认密码"文本框内，再次输入打开权限密码，然后单击"确定"按钮，如图4-74中1所示。

图 4-72　发布　　　　　图 4-73　打包成 CD

第6步：在弹出的"确认密码"文本框内，再次输入"修改权限"密码，然后单击"确定"按钮。如图4-74中2所示。

提示：本操作在打包演示文稿时，对其设置打开权限密码和修改权限密码，根据实际需要，用户可以不设置密码。

第7步：返回到"打包成CD"对话框，单击"复制到文件夹"按钮。

第8步：在弹出的"复制到文件夹"对话框中，设置打包后的存储路径，然后单击"确定"按钮，如图4-75所示。

提示：如果要同时将多个演示文稿进行打包，则可以在"打包成 CD"对话框中单击"添加文件"按钮，在弹出的"添加文件"对话框中选择其他文件。

第9步：弹出提示框询问是否要包含链接文件，单击"是"按钮。

第10步：这时，开始将演示文稿中的内容复制到指定的文件夹中，如图 4-75 所示。

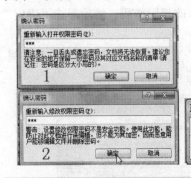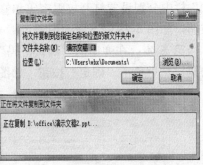

图 4-74　确认密码　　　　　图 4-75　复制到文件夹

第 11 步：在返回的"打包成 CD"对话框中，单击"关闭"按钮，然后在设置的保存路径中打开打包后的文件夹，即可看到所有与演示文稿相关的内容。

4.9.2　放映打包后的演示文稿

将演示文稿打包后，可以在其他没有安装 PowerPoint 的计算机进行放映，具体操作步骤如下。

第 1 步：打开打包后的文件夹，然后双击其中的"Play"文件。

第 2 步：由于该演示文稿设置了安全密码，因而运行相关程序的同时，会弹出"密码"对话框，输入正确的密码，然后单击"确定"按钮。

第 3 步：这时，就会自动放映打包文件中的演示文稿。

5 计算机网络及其应用

计算机网络是计算机应用的一个重要领域，计算机网络的应用已渗透到社会生活的各个方面。

5.1 计算机网络概述

5.1.1 计算机网络的功能及应用

计算机网络是把分布在不同地理位置上的计算机、终端及其附属设备，用通信设备和通信线路连接起来，再配有相应的网络软件，从而使众多的计算机可以方便地互相传递信息，共享硬件、软件、数据信息等资源。计算机网络是现代通信技术与计算机技术相结合的产物。

目前，计算机网络不仅已成为计算机应用的热点之一，而且它在现代信息社会中扮演着越来越重要的角色，它的应用已经渗透到社会生活的各个方面。一般来说，计算机网络具有以下一些功能和应用领域。

5.1.1.1 资源共享

组建计算机网络的主要目标之一就是让网络中的各用户可以共享分散在不同地点的各种软、硬件资源。例如，在一个单位的局域网中，服务器通常提供大容量的硬盘，用户不仅可以共享服务器硬盘中的文件，而且还可以独占服务器中的部分硬盘空间。

5.1.1.2 通信

在计算机网络中，各计算机之间可以快速、可靠地互相传送各种信息。网络用户可以在网上传送电子邮件、发布新闻消息，进行电子购物、电子贸易、远程教育等。

5.1.1.3 分布式处理

对于一些综合型的大任务，可以通过计算机网络采用适当的算法，将大任务分散到网络中的各计算机上进行分布式处理，使得整个系统的性能大为增强。

5.1.2 计算机网络的分类

网络中计算机设备之间的距离可近可远，即网络覆盖地域面积可大可小。按照联网的计算机之间的距离和网络覆盖面的不同，分为局域网和广域网。

5.1.2.1 局域网

局域网（Local Area Network，LAN）是在有限的地域范围内构成的计算机网络，是把分散在一定范围内的计算机、终端、带大容量存储器的外围设备、控制器、显示器以及用于连接其他网而使用的网间连接器等相互连接起来，进行高速数据通信的手段。

局域网在企业办公自动化、企业管理、工业自动化、计算机辅助教学等方面得到广泛的使用，为了在计算机之间进行信息交流、共享数据资源和某些昂贵的硬件（如高速打印机等）资源，将多台计算机连成一个网络系统，实现分布处理又能互相通信。由于地域范围小，一般不需租用电话线路而直接建立专用通信线路，因此数据传输速率高于广域网。

典型的局域网络由一台或多台服务器和若干个工作站组成。早期的计算机网络服务器是一台大型计算机，现代的微机局域网络则使用一台高性能的微机作为服务器，工作站可以使用各档次的微机。工作站一方面为用户提供本地服务，相当于单机使用；另一方面可通过工作站向网络系统请示服务和访问资源，实现资源共享。

5.1.2.2 广域网

广域网（Wide Area Network，WAN）又叫远程网，它在地理上可以跨越很大的距离，联网的计算机之间的距离一般在几万米以上，跨省、跨国甚至跨洲，网络之间也可通过特定方式进行互联，实现了局域资源共享与广域资源共享相结合，形成了地域广大的远程处理和局域处理相结合的网际网系统。世界上第一个广域网是ARPANET 网，它利用电话交换网互联分布在美国各地的不同型号的计算机和网络。ARPANET 的建成和运行成功，为接下来许多国家和地区的远程大型网络提供了经验，也使计算机网络的优越性得到证实，最终产生了 Interent。Interent 可视为现今世界上最大的广域计算机网络。

5.1.3 局域网概述

和任何的计算机系统一样，一个局域网包括网络硬件系统和网络软件系统。

5.1.3.1 网络的硬件系统

一个局域网的硬件系统由网络服务器、工作站、网络接口卡和传输介质 4 个基本部分组成。

（1）网络服务器

网络服务器是一台高性能的微型计算机，在上面运行网络操作系统，提供网络通信以及其他网络管理，并使进网的各工作站能共享软件资源和昂贵的外设（如大容量硬盘、光盘、高级打印机等）。

（2）工作站

工作站是网络上的个人计算机，也称客户机。通过网络接口卡和传输介质连接到网络服务器上，共享网络系统的资源。

（3）网络接口卡（网卡）

网络接口卡又称网络接口适配器（Adapter Card），插在微机的扩展槽上，负责计算机与传输介质之间的电气连接。网络接口卡有多种类型，不同类型的网卡，有不同的配置参数和技术指标，可以连成不同的网络结构。

（4）传输介质

传输介质是网络中发送方与接收方之间的线路，它对网络数据通信的质量有很大影响。常用的网络传输介质有双绞线、同轴电缆、光缆（光导纤维）和无线通信（微波、卫星通信）。

（5）路由器（Router）

广域网的通信过程与邮局中信件传递的过程类似，都是根据地址来寻找到达目的地的路径，这个过程在广域网中称为"路由"（Routing）。路由器就是负责地址查找，信息包翻译和交换，实现计算机网络设备与电信设备电气连接和信息传递。

（6）调制解调器（ADSL Modem）

调制解调器是网络设备与电信通信线路的接口。广域网多通过宽带线传输信号，计算机的二进制数字信号与宽带线所传输的电磁信号不同，因此，计算机的二进制数字信号需要"调制"变为宽带电磁信号送入普通宽带线，到达目的地后再经"解调制"还原成二进制数字信号。

（7）集线器（Hub）

这里主要指共享式集线器。相当于一个多口的中继器，一条共享的总线，能实现简单的加密和地址保护。主要考虑带宽速度、接口数、智能化（可网管）、扩展性（可级联和堆叠）。用来连接一组网络节点，同时可将每个节点的故障与其他线段隔离。

（8）交换机（Switch）

这里指交换式集线器。交换机的出现是为了提高原有网络的性能同时又保护原有投资，降低网络响应速度，提高网路负载能力。交换机技术不断更新发展，功能不断加强，可以实现网络分段，虚拟子网（VLAN）划分，多媒体应用，图像处理，CAD/CAM，Client/Server 方式的应用。

5.1.3.2 网络的拓扑结构

网络的拓扑结构是指网络的物理连接形式，常见的网络拓扑结构有以下几种：

（1）星形结构

星形结构的网络有一个中央节点，网络的其他节点，如工作站、服务器等都与中央节点直接相连，如图 5-1 所示。中央节点可以是网络服务器，也可以是转接节点。

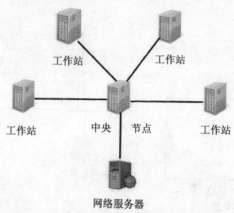

图 5-1　星形结构的网络

（2）总线结构

总线结构是一种线状结构。网络服务器和所有工作站都连在一条公共的电缆线上，如图 5-2 所示。

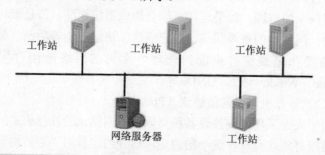

图 5-2　总线结构的网络

（3）环形结构

环形结构像一条封闭的呈环形的曲线，每个工作站连在环路上，信息在环路中单向传送，如图5-3所示。

计算机网络还有其他类型的拓扑结构，如树形、网络形等。另外，在实际应用中，计算机网络的结构往往是多种拓扑结构的混合连接，如总线与星形混合连接等。在学校的教学网络中，常采用如图5-4所示总线与星形混合连接的方式。

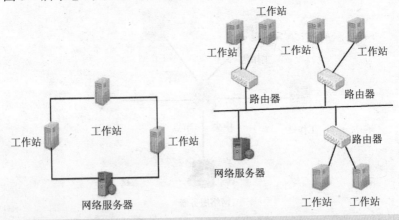

图5-3　环形结构的网络　　　图5-4　总线与星形混合连接方式

5.1.3.3 网络的软件系统

（1）网络操作系统

通过网络可以共享资源，但并不意味网上的所有用户都可以随便使用网上的资源，如果这样，则会造成系统紊乱、信息破坏、数据丢失。网络中的资源共享、用户通信、访问控制等功能，都需要由网络操作系统进行全面的管理。常见的网络操作系统有：NetWare、WindowsNT、UNIX 等。

（2）计算机网络通信协议（Protocol）

由于人们采用的硬件设备种类繁多，网络上的计算机之间要进行通信就必须按照一种统一的约定，这种约定就叫"通信协议"。目前常见的通信协议有：TCP/IP、NFS、SNA、OSI、IPX、NetBEUI

和 IEEE 802。其中 TCP/IP 是任何要连接到 Internet 上进行通信的计算机必须使用的。

5.2 Internet 基础

Internet 的标准中文名称为"因特网",人们也常把它称为国际互联网。Internet 是全球性计算机网络的广泛集合,它并不是一个具体的网络,它允许任何计算机通过调制解调器或计算机局域网连接到 Internet。由于越来越多人的参与,Internet 的规模越来越大,网络上的资源变得越来越丰富。

5.2.1 Internet 概述

5.2.1.1 Internet 的起源和发展

Internet 起源于美国。1969 年,美国国防部资助建立了一个名为 ARPANET(即"阿帕网")的网络,这个网络把位于几个不同地方的四所大学的计算机主机连接起来,位于各个结点的大型计算机采用分组交换技术,通过专门的通信交换机和专门的通信线路相互连接。这个"阿帕网"就是 Internet 最早的雏形。

1974 年,IP(Internet 协议)和 TCP(传输控制协议)问世,合称 TCP/IP 协议。这两个协议定义了一种在电脑网络间传送报文(文件或命令)的方法。TCP/IP 协议核心技术的公开最终导致了 Internet 的大发展。

到了 1980 年,世界上既有使用 TCP/IP 协议的美国军方 ARPA 网,也有使用其他通信协议的各种网络。为了将这些网络连接起来,美国人温顿·瑟夫(Vinton Cerf)提出一个想法:在每个网络内部各自使用自己的通信协议,在和其他网络通信时使用 TCP/IP 协议。这个设想最终导致了 Internet 的诞生,并确立了 TCP/IP 协议在网络互联方面不可动摇的地位。

20 世纪 80 年代中期,美国国家科学基金会(NSF)为鼓励大学和研究机构共享他们非常昂贵的 4 台计算机主机,希望各大学、研究所的计算机与这 4 台巨型计算机连接起来。决定利用 TCP/IP 通信协议，出资建立名为 NSFNET 的广域网。由于 NSF 的鼓励和资助，很多大学和研究机构纷纷把自己的局域网并入 NSFNET 中，从 1986 年至 1991 年，NSFNET 的子网从 100 个迅速增加到 3 000 多个。NSFNET 的正式营运以及实现与其他已有和新建网络的连接开始真正成为 Internet 的基础。

随着 Internet 的发展，它的使用者不再限于纯计算机专业人员，应用的范围也不仅仅只是共享 NSF 巨型计算机的运算能力，而是逐步把 Internet 当作一种交流与通信的工具。进入 20 世纪 90 年代初期，Internet 事实上已成为一个"网际网"：各个子网分别负责自己的架设和运作费用，而这些子网又通过 NSFNET 互联起来。NSFNET 连接全美上千万台计算机，拥有几千万用户，是 Internet 最主要的成员网。随着计算机网络在全球的拓展和扩散，美国以外的网络也逐渐接入 NSFNET 主干或其子网。1992 年美国高级网络和服务公司组建 NASENT，其容量为 NSFNET 的 30 倍，成为现在的 Internet 的骨干网。

5.2.1.2 Internet 在中国的发展

与美国等发达国家相比，我国的 Internet 起步较晚，但发展迅速。1987 年至 1993 年是 Internet 在中国的起步阶段，在此期间，以中科院高能物理所为首的一批科研院所与境外机构合作开展一些与 Internet 联网的科研课题，国内的科技工作者开始接触 Internet 资源。当时主要提供的是国际 Internet 电子邮件服务。

从 1994 年开始至今，中国实现了和互联网的 TCP/IP 连接，从而逐步开通了互联网的全功能服务；大型电脑网络项目正式启动，互联网在我国进入飞速发展时期。目前经国家批准，国内可直接连接互联网的网络有 4 个，即中国科学技术网络（CSTNET）、中国教育和科研计算机网（CERNET）、中国公用计算机互联网（CHINANET）、中国金桥信息网（CHINAGBN）。其中 CSTNET 和 CERNET 是为科研、教育服务的非营利性质网络；CHINANET 和 CHINAGBN 是为社会提供 Internet 服务的经营性网络。

中国科学技术网络 CSTNET 是连接了中科院以外的一批中国科技单位而构成的网络。目前接入 CSTNET 的单位有农业、林业、医学、电力、地震、气象、铁道、电子、航空航天、环境保护等近 20 个科研单位及国家科学基金委、国家专利局等科技管理部门。

中国教育科研计算机网络 CERNET（China Education and Research Network）于 1994 年启动。CERNET 的目标是建设一个全国性的教育科研基础设施，利用先进实用的计算机技术和网络通信技术，把全国大部分高等院校和有条件的中小学连接起来，改善教育环境，提供资源共享，推动我国教育和科研事业的发展。该项目由清华大学、北京大学等 10 所高等学校承担建设，网络总控中心设在清华大学。

CERNET 包括全国主干网、地区网和校园网三级层次结构。CERNET 网管中心负责主干网的规划、实施、管理和运行。地区网络中心分别设在北京、上海、南京、西安、广州、武汉、成都等高等学校集中地区，这些地区网络中心作为主干网的节点负责为该地区的校园网提供接入服务。

中国公用计算机互联网（CHINANET）于 1994 年开始建设，首先建在北京和上海，完成了与国际互联网和国内公用数据网的互联。它是目前国内覆盖面最广，向社会公众开放，并提供互联网接入和信息服务的互联网。截至 2009 年 2 月，我国网民数已达 2.21 亿人。

金桥息网（CHINAGBN）从 1994 年开始建设，1996 年 9 月正式开通。它同样是覆盖全国，实行国际联网，并为用户提供专用信道、网络服务和信息服务的基干网。

5.2.1.3 Internet 的未来

现在的 Internet 发展很快，规模也逐渐扩大，但是其速率却依然很慢，不足以支持许多新的应用需求。为此，美国教育机构提出了下一代 Internet 倡议。这些倡议包括：白宫下一代 Internet（NGI）倡议、超高带宽网络服务（VBNS）和 Internet 2 等。

NGI 的一个关键目标是开发和演示两个试验网，要在端到端的速率方面比目前的 Internet 快 100 倍和 1 000 倍，即达到 100 MB/s 和 1 GB/s。Internet 2 计划则将采用新一代 Internet 技术，但是它并非要取代现有的 Internet，也不是为普通用户新建另一个网络，它的应用将贯穿高等院校的各个方面，如项目协作、数字化图书馆和远程教育等。这些行动将产生新的协议、新的硬件、新的软件、新的知识以及新的试验网络。

5.2.1.4 Internet 的应用

（1）电子商务

电子商务是指利用电子网络进行的商务活动，它利用一种前所未有的网络方式将顾客、销售商、供货商和雇员联系在一起。它包括虚拟银行、网络购物和网络广告等内容。有人认为电子商务将会成为 Internet 最重要和最广泛的应用。

（2）网上教育

网上教育即 Internet 远程教育，它是指跨越地理空间进行教育活动。远程教育涉及各种教育活动，包括授课、讨论和实习。它克服了传统教育在空间、时间、受教育者年龄和教育环境等方面的限制，带来了崭新的学习模式，随着信息化、网络化水平的提高，它将使传统的教育发生巨大的变化。

（3）网上娱乐

Internet 可以说是世界上最大的游乐场，其中的娱乐项目包括网上电影、网上音乐、网络游戏 MUD、网上聊天等。

（4）信息服务

在线信息服务使人们足不出户就可了解世界和解决生活中的各种问题。目前主要的在线信息服务形式有：网上图书馆、电子报刊、网上求职、网上炒股等。

（5）虚拟医院

虚拟医院是指通过计算机网络提供求医、电子挂号、预约门诊、预订病房、专家答疑、远程会诊、远程医疗会议、新技术交流演示等服务。

（6）Internet 对社会的影响

Internet 对社会各方面产生的影响越来越大。Internet 作为信息发布工具和政治宣传工具，许多重大新闻的发布选择了 Internet 而不是传统的媒体。另外，由于 Internet 的开放性，由此引起的版权问题、税收问题、网络犯罪问题、安全问题等也呈现出来。Internet 改变了人们的一些思维方式和逻辑概念，使得人类的交流具有强烈的时代特征。几乎所有上网的人都会强烈地感受到，他所接触的不是技术，而是一种以信息为标识的崭新生活方式，是一种文化。

5.2.2 TCP/IP 协议

TCP/IP 协议（Transfer Control Protocol/Internet Protocol）叫做传输控制/网际协议，这个协议是 Internet 的基础。从名字上看，TCP/IP 包括两个协议，但实际上通常所说的 TCP/IP 是一组协议，或者说是 Internet 协议族，而不单单是 TCP 和 IP。下面介绍 TCP/IP 协议族中的几个常用协议：

TCP 协议：保证数据传输的质量。

IP 协议：保证数据的传输（给出数据接收的地址）。

Telnet：提供远程登录功能，一台计算机用户可以登录到远程的另一台计算机上。

FTP 协议：远程文件传输协议。

SMTP 协议：简单邮政传输协议，用于传输电子邮件。

5.2.3 Internet 地址

5.2.3.1 IP 地址

在 Internet 上，每台主机必须有一个 IP 地址，这个 IP 地址在整个 Internet 网络中是唯一的。这种地址与日常生活中涉及的通信地址和电话号码相似，涉及 Internet 服务的每一个环节，当用户与 Internet 上的主机通信或查找各种资源时，都必须知道地址。

IP 地址可表达为二进制格式和十进制格式。二进制的 IP 地址为 32 位，分为四个 8 位二进制数，如 11001010，11000000，10101011，00001001。在用十进制格式表示时，每 8 位二进制数用一个十进制数表示，并以小数点分隔。上例的十进制数表示为 202.192.171.9。IP 地址分为 A、B、C 等几个等级，分别适用于规模大小不同的网络。IP 地址由国际组织按级别统一分配。我们国家的国家级网管中心负责分配 C 类 IP 地址。

5.2.3.2 域名系统

由于数字地址标识不便记忆，因此又产生了一种字符型标识，这就是域名（Domain Name）。国际化域名与 IP 地址相比更直观一些。域名地址在 Internet 实际运行时由专用的域名服务器（Domain Name Server，DNS）转换为 IP 地址。

Internet 用户的地址格式由"用户名"和"域名"两部分组成，中间以@分隔，如：username@host.subdomain.domain，@符号之前的部分称为用户名或用户标志（ID），它标识了一个网络系统内的某个用户。用户名由用户在注册入网时自行选择，没有特别的规定，一般取便于记忆和查找、且不与其他用户名重名的名称。@符号之后的部分为域（Domain）名，它标识了该用户所属的机构、所使用的主机（riost）或节点机。

域名的命名方式称为域名系统（Domain Naming System，DNS），域名必须按 ISO 有关标准进行。域名由几级组成，各级之间由圆点"．"隔开。例如，中国教育科研网网络中心的域名为 cernet.edu.cn，中央电视台的域名为 cctv.com，域名末尾部分为一级域，代表某个国家、地区或大型机构的节点，如 cn 代表中国，uk 代表英国，hk 代表香港特别行政区，还有一些大型机构如 corn 表示商业，gov 表示政府等（表 5-1 和表 5-2 列出了最常见的最高域名的含义）。倒数第二部分为二级域，代表部门系统或隶属于一级区域的下级机构，如 edu 代表教育网。再往前为三级及其以上的域，是本系统、单位或所用的软硬件平台的名称，cernet 代表教育科研网网络中心。较长的域名表示是为了唯一地标识一个主机，需要经过更多的节点层次，与日常通信地址的国家、省、市、区很相似。

表 5-1 大型机构最高域名

域名	含义
com	商业组织
edu	教育部门
gov	政府部门
mil	军事部门
net	主要网络支持中心
org	政府或其他大型机构
int	国际组织

表 5-2 国家或地区最高域名

域名	含义	域名	含义	域名	含义
ag	南极洲	es	西班牙	nl	荷兰
ar	阿根廷	fr	法国	no	挪威
at	奥地利	gr	希腊	nz	新西兰
au	澳大利亚	hk	香港特别行政区	pt	葡萄牙
br	巴西	il	以色列	se	瑞典
ca	加拿大	in	印度	sg	新加坡
ch	瑞士	it	意大利	tw	台湾地区
cn	中国	jp	日本	uk	英国
de	德国	kr	韩国	us	美国
dk	丹麦	my	马来西亚		

根据各级域名所代表含义的不同，可以分为地理性域名和机构性域名，掌握它们的命名规律，可以方便地判断一个域名和地址名称的含义以及该用户所属网络的层次。

域名由申请域名的组织机构选择，然后再向 Internet 网络信息中心 NIC 登记注册。作为个人用户，通过个人计算机与 Internet 连接，只需登记一个用户名即可，域名由当地 Internet 服务机构提供，将该服务机构的域名作为自己的 Internet 地址的一部分即可。

5.3 使用 IE 在 Internet 上冲浪

5.3.1 www 简介

5.3.1.1 www 工作原理

www（world，wide，web）简称为"3w"或"web"，其中文名为"万维网"。www 是一个基于超文本（Hypertext）方式的信息检索服务工具，它将位于全世界 Internet 网上不同地点的相关数据信息有机地编织在一起。www 提供友好的信息查询方式，用户仅需要在浏览器中提出查询要求（常常是只需要输入一些简单的文字和用鼠标指点），而到什么地方查询及如何查询则由 www 自动完成。因此，www 为用户带来的是世界范围的超级文本服务。只要操纵电脑的鼠标器，就可以通过 Interact 从全世界任何地方调来用户所希望得到的文本、图像（包括活动影像）和声音等信息。另外，www 还可为用户提供"传统的"Internet 服务：Telnet、FTP、Gopher 和 UsenetNews。通过使用 www，一个不熟悉网络使用的人也可以很快成为使用 Internet 的行家。

www 的成功在于它制定了一套标准：超文本标记语言 HTML、信息资源的统一定位器 URL 和超文本传送通信协议 HTTP。当然，随着技术的发展，www 本身的技术和标准也在不断更新和发展。

5.3.1.2 一些基本概念

（1）超文本和超媒体（Hypertext&HyperMedia）

① 超文本是指一种基于计算机的文档，用户在阅读这种文档时，从其中一个地方跳到另一个地方，或从一个文档跳到另一个文档，都是按非顺序的方式进行的。也就是说，用户不是按着从头到尾顺章逐节的传统方式去获取信息，而是可以在文档里随机地跳来跳去。这是由于在超文本里包含着可用作链接的一些字、短语（一般用下划线或不同的颜色标明）或图标，用户只需要在其上用鼠标轻轻一点，就能立即跳到相关的地方。

② 超媒体是超文本的扩展，是超文本与多媒体的组合。在超媒体中链接的不只是文本，而且还可以链接到其他形式的媒体，如声音、图形图像和影视动画等。这样，超媒体就把单调的文本文档变成了生动活泼、丰富有趣的多媒体文档。

③ 超文本、超媒体是通过超文本标记语言 HTML（Hyper Text Markup Language）来实现的。

④ HTML 文本是由 HTML 命令组成的描述性文本，HTML 命令可以说明文字、图形、动画、声音、表格、链接等。HTML．文档是普通文本（ASCII）文件，它可以用任意编辑器（如 Windows 中的"记事本"）生成，文件的扩展名用 htm 或 html。

（2）网页（Web Page）

网页也称页面，在 www 上，信息是以网页的形式呈现的。通常一个网页是以一个 HTML 文件的形式存放，或由应用程序动态生成，用户可以从一个网页通过链接跳转到另一个网页。

当在 Internet 上浏览某个 Web 站点时，浏览程序首先显示的那个网页叫做主页（Home Page）。通常在主页中加入表征用户特点的图形或图像，列出最常用的一些链接。目前许多公司、大学和研究机构以及个人都花费很多人力物力来制作主页。

（3）统一资源定位器 URL

URL 完整地描述了 Internet 上超媒体文档的地址。这种地址可以是本地磁盘，也可以是局域网上某台机器，更多的是 Interact 上的站点，简单地说，URL 就是 Web 地址，俗称"网址"。URL 地址的一般格式为

Scheme：//Host：Port/Path

例如 http：//www.fosu.edu.cn/index.html 就是一个典型的 URL 地址。

其中，Scheme 为 Internet 的资源类型，如http://表示 www 服务器，"ftp://"表示 FTP 服务器，"gopher：//"表示 Gopher 服务器。

Host 为服务器地址，指出 www 页所在的服务器域名。

Port 为端口号，有时（并非总是这样）对某些资源的访问，需

给出相应的服务器提供端口号。

Path 为路径，指明服务器上某资源的位置（其格式与 DOS 系统中的格式一样，通常由目录/子目录/文件名这样的结构组成）。与端口一样，路径并非总是需要的。

必须注意，www 上的服务器都是区分大小写字母的，所以千万要注意正确的 URL 大小写表达形式。

5.3.2 Internet Explorer 7.0 浏览器的使用

www 的浏览器是用户在网络上使用的一个统一的平台，只要有一个浏览器，就可以在网络上遨游了。目前使用最多的浏览器是 Microsoft 公司的 Internet Explorer（IE）。这里我们介绍 IE 的使用方法。

5.3.2.1 启动 Internet Explorer 浏览器

启动 IE 常用的方法有（具体情况视机器不同而有差异）：

➢ 单击任务栏的"开始"—"程序"—"Internet Explorer"。

➢ 从桌面双击 Internet Explorer 图标。

➢ 从任务栏上的"快速启动图标"处单击 IE 图标。

5.3.2.2 Internet Explorer 浏览器

IE 的使用非常简单，要学会它，最好的办法就是上网，如图 5-5 所示。

（1）网页的打开和浏览

启动 IE 后，在 IE 窗口中首先显示的是预先设置好的主页。图 5-5 就是 IE7.0 的窗口，其中显示的是联想官网的主页。

图 5-5　Internet Explorer 浏览器

进入主页后，就可以根据主页中提供的超级链接（文字和图形都可以作为超级链接）进行浏览。当鼠标在主页中移动，指向超级链接时，鼠标指针变为手形，此时单击鼠标左键，即可进入所链接的网页。

IE 会自动记录用户在本次浏览中曾经浏览过的页面地址，所以用户可以使用工具栏中的"后退"和"前进"按钮来向后或向前翻页，就像在读一本书一样。浏览时，初学者很容易"迷航"，这时可以按"主页"按钮回到进入 IE 时的初始主页。按"停止"按钮则可停止装载当前的页面，当网络速度较慢，页面装入的时间太长时，可以按此按钮，以免浪费时间。

用户可以在"地址"框直接输入网络站点的地址，输完后按回车键。IE 会去查找给定的站点，找到后连接上，并从站点传输数据（主页）到用户的机器。如直接输入 http://www.lenovo.com.cn，回车后就连接到联想的主页了。

如果要打开本地硬盘或局域网机器上的网页文件进行浏览，可以选"文件"—"打开"项。

另外，在 IE7.0 中可以打开所有的 Office 文档（包括 Word、Excel等），直接在 IE 中进行浏览甚至编辑。

在浏览器的 URL 窗口中，不仅可以用 http 协议访问超文本等信息，而且还可以访问 FTP、Gopher、News 信息。

（2）将网页地址添加到收藏夹

用户在浏览过程中遇到自己感兴趣的站点时，可以选"收藏"—"添加到收藏夹"项，然后在弹出的对话框中，按"确定"就可把当前页面的地址保存到"收藏夹"中，要再次访问此地址时，就可以从"收藏"中选择该地址，而不需要再重复输入地址了。

（3）保存网页信息

对感兴趣的网页也可以选"文件"—"另存为"项，把该网页的 HTML 文件保存到本地硬盘上，这种保存方法在 IE7.0 中可以将该网页包含的所有图像文件单独保存到 IE 创建的一个新目录中。

页面中单个图像的保存方法是：先用鼠标指向该图像，按鼠标右键，在快捷菜单中选择"保存图像为…"，然后在对话框中给出要保存的图像的文件名。

页面背景图像的保存方法是：单击右键，然后在快捷菜单中选择"背景另存为…"，然后在对话框中给出要保存的背景图像的文件名。

对感兴趣的网页还可以选"文件"—"发送电子邮件页面"，把该页面用 E-mail 的形式发送给用户的朋友分享。

如果要保存网页上的部分文本，可以先用鼠标拖动选中所要保存的文字信息，再选择菜单命令"编辑"—"复制"。接着启动一个文字处理程序，如"记事本"或 Word，在其中选择菜单命令"编辑"—"粘贴"，则可以将在 IE 中选中的文字复制到文字处理程序中，最后再将内容存盘即可。

如果要保存网页上的全部文字，则在选择文字时可以直接按组合键"Ctrl+A"或选择菜单命令"编辑"—"全选"，这样可以快速地选择。

5.3.3 Internet 搜索引擎

Internet 上的信息资源非常丰富，丰富得让人无所适从。要想从这个浩瀚的知识海洋中找到所需要的有价值的内容，仅进行浏览犹如大海捞针。为了能够迅速找到所需的资料，最好的办法是使用搜索引擎。目前著名的搜索引擎有 Google（其网址为 http://www.

图 5-6　Google 搜索网址

google.cn）、百度（其网址为 http://www.baidu.com/）、搜狗（其网址为 http://www.sogou.com/）、新浪（其网址为 http://www. sina. com.cn）等。Google 的搜索起始页如图 5-6。

Google 的查询界面分为简单查询和复杂查询。

5.3.3.1 简单查询

在此界面中含有一个文本输入框和两个按钮。用户只需在文本输入框中输入需要查询的关键词，然后按下"检索"按钮即可。另外一个"清空"按钮是用来清除文本框的内容。用户若要查询多个关键词，则可以用空格分开（系统缺省以"与"的关系查询），对于复合词（字符串）用户可以用双引号引起来查询。

5.3.3.2 复杂查询

此界面在简单查询的基础上，增加了若干对查询进行控制的选项。

查询方式："精确匹配"表示只匹配查询的关键词；"模糊匹配"表示匹配关键词，或其同义词（如"计算机"可以匹配"电脑"）。

➢ 逻辑操作："与"表示一篇文章必须同时包含用户的所有关键词才满足要求。"或"表示一篇文章包含用户的任意一个关键词就满足要求。

➢ 查询范围：用户可以查 www 信息，或查 Newsgroup 信息，也可同时在两个范围内进行查询。

➢ 显示模式："标准模式"在查询结果中显示文档的摘要信息。"简要模式"在查询结果中不显示文档的摘要信息。

在 Google 的"搜索字串"框中输入需要查询的内容的关键字，如"FreeBSD"，按"Google 搜索"按钮即可得到有关"FreeBSD"的相关网站的信息。然后再从查询结果给出的链接去访问相应的网站，得到更加具体的信息。

需要说明的是，大多数的搜索引擎都是基于分词的，因而人名或词库中没有的专业名词在某些搜索引擎中将查不到或效果较差。一般来说，用户输入的查询内容串中分出的词越多，检索效果越好。所以如果用户需要检索一些特殊的词，要将检索内容用半角的双引号引起来，这样，检索效果会好一些。

有些搜索引擎还提供了对特殊型信息的搜索。如 Altavista 向用户提供了对 URL 或超级链接（hyperlink）进行搜索。

5.4 申请和使用免费电子邮箱（E-mail）

5.4.1 申请免费电子邮箱

用户可向 ISP 申请一个有偿服务的电子邮箱，ISP 会为用户分配一个电子邮箱（E-mail）地址。也可以申请免费的电子邮箱，许多网站为用户提供了免费的电子邮箱服务。

5.4.1.1 提供免费电子邮箱的站点

在申请免费邮件服务时，应注意几点：接收邮件的服务器是否可靠；是否经常丢失邮件或关闭服务器；是否支持 POP3 协议收取邮件；是真正接收并存储邮件，还是只转发邮件；是否提供其他全面服务。表 5-3 是一些提供免费电子邮箱的站点。

表 5-3　提供免费电子邮箱的站点

邮箱名	网址	说明（发送/接收邮件服务器）
网易邮箱	http://mail.163.com	pop.163.com/smtp.163.com
TOM 邮箱	http://mail.tom.com	pop.tom.com/smtp.tom.com
新浪邮箱	http://mail.sina.com.cn	pop.sina.com/smtp.sina.com
QQ 邮箱	http://mail.qq.com	pop.qq.com/smtp.qq.com

5.4.1.2 注册邮箱

如果要申请一个免费的邮箱，就要先到提供免费邮箱服务的网站去填写一些相关的个人信息，然后按照网页上的提示，一步一步地操作，直到网站页面出现注册成功的信息。下面以申请网易的邮箱为例，介绍邮箱申请的大致步骤。

（1）接入互联网，启动 IE 浏览器，在 IE 浏览器的地址栏输入网易的邮箱地址，如http://mail.163.com，然后敲回车键，就会打开该邮箱的网站页面，如图 5-7 所示。

（2）如果你还没有注册过，可以用鼠标左键点击页面上的"注册"按钮，就会出现如图 5-8 的网易通行证页面，按照该页面所提示的去逐步填写，如"通行证用户名"可以填写为"zkdxkj0001"，然后用鼠标左键点击"注册账号"按钮，就会出现如图 5-9 所示的注册验证页面。

图 5-7　网易邮箱界面　　　　　　　　图 5-8　注册信息页面

在注册验证页面上填写该页面所提示的验证码后，用鼠标左键点击"确定"按钮，接着就会出现如图 5-10 所示的确认注册成功的页面。

图 5-9　注册验证页面　　　　　　　　图 5-10　成功页面

5.4.2　使用邮箱

免费的邮箱只要申请成功后，就可以用它来收发电子邮件了。不过可以用两种方式来收发电子邮件，一种是直接登录到该免费邮箱的网站页面，输入用户名和密码，利用 Web 的界面方式来收发电子邮件；另一种就是利用系统中捆绑的 Outlook Express 来收发电子邮件。由于第一种方法非常简单，下面仅介绍第二种收发电子邮件方式的使用方法。

5.4.2.1 设置电子邮箱

现在，假如已经在新浪申请了账号为 zkdxwjj0001 的用户（请先在 web 页面登录邮箱，确认邮箱设置的"POP/SMTP 设置"开启），那么电子邮箱的地址为zkdxwjj0001@163.com。如果要通过 Outlook Express 来收发电子邮件，应该先建立一个账号名为

zkdxwjj0001@163.com 的新账号。具体的设置操作步骤如下：

（1）鼠标左键单击"开始"—"所有程序"—"Outlook Express"，来启动 Outlook Express 程序，如图 5-11 所示。

（2）在"工具"菜单上，用鼠标左键单击"账户"，如图 5-12 所示，弹出"Internet

图 5-11　启动 Outlook Express

账户"对话框，然后依次单击"添加"—"邮件"，如图 5-13 所示。

（3）在弹出的 Internet 链接向导"您的姓名"对话框里输入发件人姓名，在对方收到邮件后，发件人姓名将会显示在此处输入的名字。然后点击"下一步"继续，如图 5-14 所示。

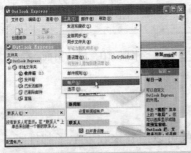

图 5-12　账户

图 5-13　账户添加

（4）然后在弹出的"Internet 电子邮件地址"对话框中输入您完整的邮件地址，然后点击"下一步"继续，如图 5-15 所示。

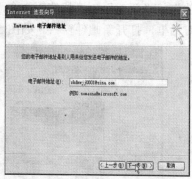

图 5-14 连接向导显示名　　**图 5-15 连接向导电子邮件地址**

（5）选择 POP3 服务器，如图 5-16 所示，并输入网易免费邮箱邮件服务器的地址。网易免费邮箱的邮件服务器地址为

接收邮件服务器地址（POP3）：pop.sina.com

发送邮件服务器地址（SMTP）：smtp.sina.com

（6）在 Internet Mail 登录对话框中输入您的账户名称，也就是您免费邮箱邮件地址"@"前面的部分，以及您的登录密码。点击"下一步"完成设置，如图 5-17 所示。

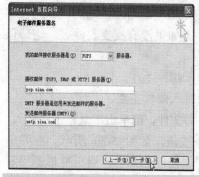

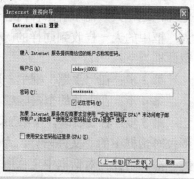

图 5-16 电子邮件服务器名　　**图 5-17 Internet Mail 登录**

5.4.2.2 创建电子邮件

（1）若要在 Outlook Express 中创建新电子邮件，请单击"文

件"—"新建"—"邮件"命令，如图 5-18 所示。打开"新邮件"
对话框，打开新邮件窗口。如图 5-19 所示。

图 5-18　邮件工作界面　　　　　　图 5-19　新邮件

（2）在 Outlook Express 电子邮件中填写邮件窗口要做到以下
几点：

第 1 步：在"收件人"框中至少键入一个收件人的电子邮件地
址。如果要向多个收件人发送邮件，请在各电子邮件地址之间键入
一个分号（；）。

第 2 步：在"抄送"框中可以键入任何次要收件人的电子邮件
地址，这些人只需了解邮件内容但无需作出回应。他们将和"收件
人"框中的人一样收到同样的邮件。如果没有次要收件人，则请保
留此框为空。

第 3 步：在"主题"框中，键入邮件主题。

第 4 步：在大片的空白区域内键入邮件正文。

第 5 步：若要在邮件中添加附加文件，请单击工具栏上"插入"
下拉对话框中的"文件附件"命令按钮，如图 5-20 所示。在弹出
的"插入附件"对话框中定位所需文档，选择它，然后再单击"附
件"按钮，如图 5-21 所示。文件显示在邮件标题的"附件"框中，
如图 5-22 所示。若要发送电子邮件，则点击"发送"命令即可。

图 5-20　文件附件　　　　　　图 5-21　插入附件

（3）在 Windows Mail 中打开或保存附件，具体步骤如下：

第 1 步：直接从邮件打开：单击打开 Outlook Express。双击邮件列表中包含附件的邮件将其打开。在邮件窗口的顶部，双击邮件标题中的文件附件图标。

第 2 步：保存到计算机的文件夹中：单击打开 Outlook Express。双击邮件列表中包含附件的邮件将其打开。在邮件窗口中，单击"文件"菜单，然后单击"保存附件"。选择要保存附件的文件夹。默认情况下，Outlook Express 将附件保存在"文档"文件夹中。如果要将附件保存到其他文件夹，请单击"浏览"然后选择文件夹。选择要保存的附件，然后单击"保存"。

5.4.2.3 Outlook Express 使用技巧

（1）使用同一个邮箱发送信件用户给一个电子邮箱地址回复 E-mail，依据的是来信中的发件邮箱地址。在许多情况下，用户给不同用户发 E-mail 时要使用某个特定的邮箱。在多数邮件程序中要想临时改变发件邮箱比较麻烦。如果用户使用是 Outlook Express，那就方便多了。用户只需运行 Outlook Express "工具"菜单中的"账号"命令，打开"Internet 账号"对话框。在"邮件"选项卡中选中用户发 E-mail 时要使用的那个邮箱账号，然后单击对话框中的"设置为默认值"按钮。此后，用户发出的所有 E-mail 均带有这个邮箱的地址。

（2）使用不同的邮箱发送

Outlook Express 可以使用用户拥有的所有电子邮箱中的任意一个来发 E-mail。具体操作方法是：在"新邮件"窗口中撰写信件结束后，打开窗口中的"文件"菜单。如果用户成批发送邮件，可单击菜单中的"以后发送方式"命令，在子菜单中选中用户需要的发件邮箱。以后发送邮件时，E-mail 就带有用户选择的邮箱地址。如果是立即发送邮件，可单击菜单中的"发送邮件方式"命令，在子菜单中选中用户需要的发件邮箱，则 E-mail 就立即从这个邮箱发出。

（3）自动添加 E-mail 地址

Outlook Express 通信簿可大大提高撰写信件时输入 E-mail 地址的速度和准确性，为此它提供了 E-mail 地址自动添加功能。如果用户要有选择地进行添加，可在打开收到的邮件后，用鼠标右键单击要添加的发信人名称，然后单击快捷菜单中的"添加到通信簿"

图 5-22　示例电子邮件

命令即可。如果用户要对所有回信的 E-mail 地址进行添加，可单击 Outlook Express "工具"菜单上的"选项"命令，打开"常规"选项卡，选中其中的"自动将回复邮件时的目标用户添加到通信簿"项，此后所有通信簿中没有的 E-mail 地址均被加到通信簿。

5.5 即时通信工具（聊天工具）——QQ

即时通信是即时通信网络向联网计算机用户提供的一种服务。即时通信与 E-mail 的不同之处在于它的交流是即时的。大部分的即时通信服务均提供了信息的即时状态的特性——显示联络人名单，联络人是否在线及能否与联络人交谈等。

在早期的即时通信程序中，使用者输入的每一个字符都会即时显示在双方的屏幕，且每一个字符的删除与修改都会即时地反映在屏幕上。这种模式比起使用 E-mail 更像是用电话交流。在现在的即时通信程序中，交流中的另一方通常只会在本地计算机上按下发送键（Enter 或是 Ctrl+Enter）后才会看到信息。

近年来，许多即时通信服务开始提供视讯会议的功能，网络电话（VoIP），与网络会议服务开始整合为兼有影像会议与即时信息的功能。

在互联网上受欢迎的即时通信软件包含了 Windows Live Messenger、微软 MSN、新浪 UC、skype、AIM、ICQ 与 QQ 等。但是适合于中国本土化使用的即时通信软件则主要有腾讯 QQ、微软 MSN 和新浪 UC 等，下面分别对腾讯 QQ、微软 MSN 和新浪 UC 作一简单介绍，并以中国用户使用最为普遍的腾讯 QQ 为例，介绍即时通信软件的使用方法。

① 腾讯 QQ：国内用户使用数量位居第一。早在 2004 年就已经拥有 2.26 亿注册用户、500 多万收费用户，而且每天还在以几十万的数量递增着。与其他中文通信软件相比，腾讯 QQ 以其漂亮的界面、合理的设计、良好的易用性、强大的功能（如隐藏功能、分组功能等），稳定高效的系统运行，赢得了众多用户的青睐，如果你不嫌它广告较多的话，的确是不错的聊天软件。腾讯 QQ 为用户提供了大量卡通图案，而且还引入了立体风格，形象更加趋于卡通化。新版 QQ 更是同时增加了自定义动态表情。支持网友自定义显示系统表情的行数，灵活方便的快捷键设置，把热键设置为与表情相同的字或字母，炫彩汉字和字母的搭配可与 MSN 相媲美。所以，无论是从用户数量还是从公众影响力来看，腾讯 QQ 都是国内即时通信软件市场上无可争议的首选即时通信软件。尽管腾讯 QQ 有着最不讨人喜欢的大量广告，而且似乎一直在变本加厉；它的安装可定制性也比较差，有相当一部分用户不太喜欢腾讯 QQ 捆绑的浏览器（这是一个多窗口浏览器，一旦安装 QQ 就会被安装，而且会更改很多系统设置，使普通用户被逼无奈只能使用该浏览器）；并且

随着视频聊天等功能的整合，腾讯 QQ 的资源消耗十分严重：安装文件的大小大约是 MSN 的 4 倍，安装后的文件夹为 80MB（MSN 为 5.5MB），内存占用 12.5MB（MSN 占用 3 MB）；另外，国外用户较少，但是在大陆腾讯QQ 的用户数量仍然是第一位。

②　微软 MSN：全球用户数量居前，约有 5 000 万用户，国内用户量应该排在第二。在人们的印象中，MSN 更多的偏重于办公阶层用户，傻瓜式的操控性让我们能够在最短的时间内掌握它的使用要诀。主界面相当的清爽，卡通味不浓。但软件主界面过于宽大，占用了相当的桌面空间，不像 QQ 一样小巧玲珑。现在的 MSN 7.0 版本，更给人们一种耳目一新的感觉，对于那些喜欢时尚和追求多变的上班族而言是个不错的选择。微软 MSN 最让人津津乐道的功能就是把汉字做成彩色的表情图片，热键设置为同样的字，就可以在聊天的时候打出五彩的汉字，效果绚丽。但不支持批量导入导出，可显示出的自定义表情只有 10 个，用起来还是有诸多不便。支持手写；在占用资源上比同类软件优胜；稳定性超强；语音与视频质量上佳，开着语音打 CS，一样稳定清晰（QQ 则断断续续，听不清楚）；最让人兴奋不已的是，从 6.0 版本开始，可以穿透防火墙进行文件共享。缺点：不能向离线用户发送消息，无法自定义离线状态，在新版本中依然未得到很好地解决；增加用户时也不如 QQ 方便，须通过其"繁忙"的网页来进行用户的搜索和添加，而且搜索网站还是繁体的。

③　新浪 UC：作为后起之秀的新浪 UC，具有一些腾讯 QQ 会员拥有的功能，其免费网络硬盘服务提供了文件上传、下载服务，功能简单实用。新浪 UC 普通用户的网民所享有的空间（32MB）是腾讯 QQ 普通用户（16MB）的一倍。更值得一提的是，只要新浪 UC 的在线时间累计达到了 100 小时/500 小时，网络硬盘的容量可以分别免费升级为 64MB/128MB。新浪 UC 的聊天功能支持动画的显示和发送。点击新浪 UC 聊天窗口的按钮，选择本地动画发送，在本地硬盘选择需要发送的图片，确认后选择发送，就可以给在线的好友发送动画图片了。有自动聊天功能，不管在什么时候，只要

打开新浪 UC，都会有"人"在线亲切地对你嘘寒问暖。如今无论是注册用户还是更有价值的同时在线人数，新浪 UC 都抢掉腾讯 QQ 5%以上的市场份额，是腾讯 QQ 的强有力的市场竞争对手。

下面以腾讯 QQ 为例来介绍即时通信软件的使用方法。

5.5.1 下载腾讯 QQ

将计算机联入互联网，打开 IE7.0 浏览器，在 IE7.0 浏览器地址栏输入"qq"后敲回车键"Enter"，就会出现如图 5-23 所示的网页。

用鼠标左键点击"I'M QQ-QQ 官方网站"就会弹出如图 5-24 所示的网页，用鼠标左键点击"软件快速下载通道"，然后将鼠标放在"QQ2008 正式版"上，当鼠标变成手形时，点击鼠标左键即可下载腾讯 QQ 软件。

5.5.2 安装腾讯 QQ

在包含腾讯 QQ 软件的文件夹中，用鼠标左键双击腾讯 QQ 软件，就会出现如图 5-25 的"腾讯 QQ 安装协议"对话框，阅读完软件许可协议后，点击"我同意"，出现如图 5-26 所示的"选定使用环境"对话框，在"请选择您的使用环境"下面的 3 个选项里用户可以任选其中的一个，然后点击"下一步"。

图 5-23　搜索"腾讯 QQ"　　　图 5-24　软件快速下载通道

在"选定安装位置和组件"对话框里，如图 5-27 所示，用户可以选择要安装的组件，然后点击"下一步"。在出现如图 5-28 所示的"安装完成"对话框里点击"完成"按钮即可完成安装。

图 5-25　QQ2008 正式版安装　　　图 5-26　QQ2008 正式版安装

5.5.3　登录腾讯 QQ

在桌面上用鼠标左键双击"腾讯 QQ"快捷方式图标，就会出现如图 5-29 所示的登录界面窗口，如果用户已经拥有 QQ 号码，就可以直接输入账号和密码进行登录了，如果还没有 QQ 号码，也可以在登录界面中点击"注册新账号"，进入腾讯 QQ 网站申请免费 QQ 号码。申请时只要确认服务条款，填写"必填基本信息"，选填或留空"高级"，点击"下一步"，即可获得免费的 QQ 号码。

图 5-27　安装向导　　　　　图 5-28　安装完成

现在假定用户已经拥有了
QQ 账号，用户可以在图 5-29
所示的登录界面输入账号和密
码进行登录，登录后的界面。
如图 5-29 所示。

用户登录之后就可以与好
友进行聊天了。

5.5.4 用 QQ 收发消息

图 5-29　QQ 登录界面信息

收发消息是 QQ 最常用和最重要的功能，实现消息收发的前提
是要有一个 QQ 号码和至少一个 QQ 好友。如果没有，请免费申请
QQ 号。

首先您应使 QQ 处于在线状态，然后打开 QQ 面板，双击好友
的头像或者在好友的头像上用鼠标右键单击，从快捷菜单中选择"发
送即时消息"，都会弹出一个如图 5-30 所示的对话框，这个对话
框中的空白部分可以让用户输入文字和选择表情。

注意：输入文字以后，就
点击"发送"按钮将消息发送
出去，如果因为某种原因无法
及时发送出去，可选择"关闭"。
输入文字可以从其他地方复制
粘贴过来。可以使用快捷键发
送消息" Ctrl+Enter "或者
"Alt+S"，发送以后对方一般

图 5-30　对话聊天界面

立刻收到，也可能因为网络原因会稍迟一点收到。

如果消息太长，你可以分开几条来发，也可以使用 QQ 邮箱来
发送。点击 A 按钮用户还可以对输入框中的字体进行设置，如粗体、
斜体、带下划线、字体的颜色、种类及大小等。如图 5-31 所示。
点击 按钮还可以选择各种符号QQ 表情，如图 5-32。点击 按钮
是魔法表情，如图 5-33，一般是QQ 会员才能使用，或者是QQ 宠

物用户。点击 😊 能使对方和自己的对话窗口抖一抖，很搞笑的。点击 🎵 能和好友一起听歌，如图 5-34 所示，使聊天不再单调。这些都会使发送的消息生动不少。

图 5-31　调整字体的设置

5.5.5　接收和回复消息

好友向您发送消息后，如果您的 QQ 是在线的，可即时收到，如果当时不在线，那么以后 QQ 一上线就会马上收到消息。

点击对话框中头像可查看对方资料，回复时输入文字，然后点击"发送"按钮即可。

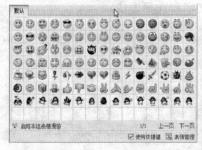　

图 5-32　QQ 表情界面　　　　图 5-33　魔法表情界面

注意：选择"聊天模式"有利于观察整个对话过程，您在必要的时候可以选择这种方式。

在回复或接收消息的时候，点击发送边上的小箭头选择"消息模式"按钮则变为消息模式，再点击相同位置的"消息模式"选择取消则回到"聊天模式"，如图 5-35 所示。

图 5-34　场景界面　　　　　　　　　图 5-35　聊天模式

如果你希望消息窗口自动弹出来，可以在"系统设置"的"基本设置"里勾选"自动弹出消息"，这样一有消息，对话框就会自动弹出来，如图 5-36 所示。

如果您经常用一些固定不变的语句回复，比如"请稍候片刻"，"我也不知道"一类的话，您还可以在"系统设置"里面的"状态转化和回复"里设定几条"快捷回复"，在需要用这些话回复的时候不需要输入任何字符，直接点击"发送"按钮，挑一句就可以了，省去了打字过程，如图 5-37 所示。

图 5-36　基本设置　　　　　　　　　图 5-37　系统设置

如果您要给一个不认识的用户发送消息，首先要把他找到，比如根据对方的 QQ 号码，将该好友加为好友，可能还需要对方通过验证，然后在好友名单中可以发现他的头像，这时就可以给他发消息了。

注意：有时发信息全是通过服务器转发，这是因为双方其中一方的代理服务器软件出现了变化，双方无法在客户端之间直接发送消息，只能通过服务器转发。

5.5.6 查找和添加好友

在使用新号码第一次登录 QQ 时，好友名单是空的，如果要和其他人联系，就必须添加好友。首先要设法知道好友的一些资料，如他的 QQ 号码、E-mail 或昵称等，假如你知道对方的号码是 10006，就可以点击 QQ 面板下方的"查找"按钮，自定义查找该用户号码，再把对方添加为好友，对方通过请求验证后两人就可以互发消息了，如图 5-38 所示。

5.5.6.1 基本查找——看谁在线上

首先打开查找添加对话框，选择"看谁在线上"，您可看见分页显示的好友列表，可以单击"上页"、"下页"按钮进行翻页。点"全部"则可以看到前面查看过的几个页面的用户信息，如图 5-39 所示。

图 5-38　基本查找

图 5-39　查找结果

找到感兴趣的网友，可以要求将对方加为好友，如果对方设定了需要通过身份验证才能添加为好友的话，就需要对方授权才能将对方加为好友，在空白栏输入请求文字点"确定"，请求对方通过验证，如图 5-40 所示。

如果对方同意，系统会有提示，加入时可能需要选择一个组。

当然也可能会被拒绝，表现为对方不给予通过身份验证、返回一个拒绝理由或者设置禁止任何人加为好友。如果对方主动发送来消息，他的头像会出现在"陌生人"组中，如果要移到"好友"组也会可能出现身份验证提示框。是否需要身份验证才能让对方加您为好友可以在菜单"个人设置"里面的"身份验证和状态"中设置。

5.5.6.2 基本查找——精确查找

首先打开查找添加对话框，选择"精确查找"，您可根据 QQ 号码、昵称或者电子邮件查询（其中通过对方 QQ 号码寻找最准确快捷）。加好友的步骤同上。

5.5.6.3 高级查找

首先打开查找添加对话框，选择"高级查找"，您可设定省份、城市、年龄、性别等范围，还可以选择是否只找"在线"的或者"有摄像头"的，然后点击"查找"出现符合您查找要求的所有 QQ 用户，如图 5-41 所示。

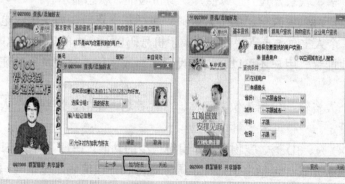

图 5-40　查找/添加好友　　　图 5-41　高级查找

加好友步骤同上。

5.5.6.4 群用户查找

请参看 QQ 群使用帮助，如图 5-42 所示。

购物查找和企业用户查找一般 QQ 用户无法使用，就不介绍啦。

5.5.7 个人设置

点 QQ 面板的"菜单"—"设置"—"个人设置"就可以直接进入"个人设置"界面。也可以点主面板最上方自己的头像进入，如图 5-43 所示。

图 5-42　群用户查找　　　　图 5-43　个人资料

修改个人设置，有八个选项，分别是个人资料、QQ 秀、3D 秀、宠物资料、联系方式、形象照片、身份验证、状态显示。

用户可以更改自己的个人资料，包括基本资料，如头像、电子邮件、个人主页、个人说明、修改手机号码以及个人的年龄、地区、居住地址等。用户还可以在安全设置中修改密码、改变身份验证的方式等。

个人资料：包括头像、昵称、个性签名、年龄、性别、个人说明等设定。

QQ 秀、3D 秀、宠物资料：用得很少的功能，请查看有关帮助。

联系方式：包括电子邮件、国家地区、邮政编码、电话号码。您可以选择该资料"完全公开"、"仅好友可见"、"完全保密"。

形象照片：QQ 交友的资料，这个可以不理它。

身份验证状态：身份验证可以选择是否允许他人加自己为好友。

状态显示：显示自己的状态，这自己看看就明白，不明白可以不用理他。

用户更新有关资料后，好友必须在查看资料时点击"更新"按钮，才能看到用户的最新资料。

资料修改完成后，点击"确定"退出就行了。

5.5.8 查看好友资料

在 QQ 好友面板上右键单击好友头像，选择"查看好友资料"，可看到对方公开的基本资料、联系方法、详细资料、介绍说明等。另外，点击对话框中好友的头像也可查看对方资料，如图 5-44 所示。

在"查看好友资料"窗口中，有"备注/设置"选项，可以设置好友上下线的通知等，如图 5-45 所示。

5.5.9 用 QQ 传输文件

此功能让用户可以跟好友传递任何格式的文件，例如图片、文档、歌曲等（注：传送文件已经实现断点续传，传大文件再也不用担心中间断开了）。

图 5-44　查看资料　　　　　图 5-45　备注/设置

只要您的好友在线上，用鼠标右键单击他的头像，在弹出的菜单中选择向下的箭头→"传送文件"，如图 5-46 所示。

成为 QQ 会员才可以发送离线文件，即使对方不在线，也可以发送！

用户也可以双击要传送文件的好友的头像，打开聊天对话窗口，在控制菜单选择"传送文件"，如图 5-47 所示。

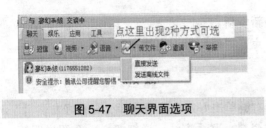

图 5-47　聊天界面选项

根据 QQ 的提示，在弹出的"打开"界面中，选取用户计算机上需要传送的文件，单击"打开"按钮，如图 5-48 所示。

图 5-46　打开系统设置

在浏览器栏出现如图 5-49 所示，等待对方的接收许可的提示。

这里之所以需要接收许可，是由于黑客可以将有害的文件或者程序伪装成为来自好友的文件进行传送。因此，在接收文件时，一定要提高警惕，确认清楚。

图 5-48　"打开"对话框

图 5-49　接收文件

同样，当好友通过 QQ 向用户发送文件时，用户首先会收到好友的文件传送请求。如果同意就可以单击"接收"按钮，在弹出的窗口中选择保存文件的目录后文件就开始传送了，聊天窗口右上角将出现传送进程，文件接收完毕后，QQ 会提示您打开文件所在的目录。

5.5.10　超级视频

视频聊天和语音聊天是 QQ 的重要功能。开始视频聊天很简单，打开好友的聊天窗口直接点击"视频"—"超级视频"就可以了，如图 5-50 所示。如果没有摄像头，也可以进行视频聊天，不过对方只能听到声音。

图 5-50 视频选项

5.5.11 语音聊天

"超级语音"和"多人超级语音"操作方法和超级视频差不多，在聊天对话窗口中，单击"语音"——"超级语音/多人超级语音"，如图 5-51 所示。

图 5-51 语言选项

5.5.12 手机短消息

用鼠标右键单击好友头像，选择"发送手机消息"选项，打开如图 5-52 所示的窗口。

用户可通过该功能将信息发送给与该 QQ 号绑定的手机用户，没有绑定手机号码的 QQ 是发不了的。

如果用户想输入手机号码发送短信可以直接点击主面板上的小手机打开发送窗口，如图 5-53 所示。

图 5-52　手机短消息　　　　　图 5-53　发送窗口

这时打开的窗口如图 5-54 所示。普通用户发送手机消息是收费的，而且不便宜。

5.5.13　聊天记录

① 查看聊天记录：右键单击好友头像选择"聊天记录"—"查看聊天记录"可调出"信息管理器"窗口，可以查看与好友

图 5-54　提醒语言

的聊天记录，还可以按分组查看 QQ 上与任何网友的对话记录以及系统信息、手机消息。

当然，在聊天的时候，也可以点击在聊天对话框下方的"聊天记录"按钮，查看聊天记录。

② 上传聊天记录：可以将聊天记录上传到 QQ 服务器中，这样就可以保存与某个好友的聊天记录了。

③ 下载聊天记录：当用户换了一台电脑上网的时候，可以下载您原来保存在服务器的聊天记录到本地进行查看。

上传聊天记录和下载聊天记录仅对 QQ 会员开放。

5.5.14 信息管理器

点击 QQ 系统菜单选择"好友与资料",可以看到"消息管理器"和"好友管理器",打开以后将会进入"信息管理器"。

5.5.14.1 消息管理器

① 查看聊天记录:单击好友头像可以查看与对方的聊天记录。还可以按分组查看 QQ 上与任何网友的对话记录以及系统信息、移动 QQ 手机信息。

② 上传聊天记录:可以将聊天记录上传到当前使用的 QQ 目录中。

③ 下载聊天记录:可以进行聊天记录的下载。

④ 导入导出聊天记录、用户信息、地址簿:右键用户的 QQ 号码选择相应的命令进行操作,聊天记录可以备份成备份文件和文本文件,如果仅仅是为了备份而不需要查看的话,建议导出为备份文件。换了电脑上网需要把以前的聊天信息记录恢复则可使用"导入"功能将原来备份好的文件还原。

注意:上传、下载聊天记录目前适用于 QQ 会员。

5.5.14.2 好友管理器

好友管理器提供批量修改好友分组或者删除好友功能。好友按照用户设定的分组排列,每个组的旁边显示该组的人数,比如:我的好友[99]指的就是在组"我的好友"里面有 99 个好友;点击组名在右方主窗口列出该组所有的好友列表,用户可以任意对好友进行批量修改分组和删除。

5.5.15 青少年如何安全使用 QQ

网络交友聊天工具为网友间的交流提供了极大的便利。许多网友在网络中找到了知心的朋友,获取了很多有用的知识,解决了许多学习和工作中的疑难问题,许多网友受益匪浅,但网络毕竟是不见面的交流,网络超越了时空的障碍,边际模糊。网友形形色色,很容易使涉世未深的青少年产生虚幻的感觉。网友交友极易被误导，这种情况时有发生，令人担忧。在教育、引导青少年网友方面，无论是相关网络服务商，还是家长、学校、社会都应承担起这方面的责任和义务。

基于这种忧虑，有必要提醒网友，特别是青少年网友在参与网络活动中应注意以下事项，加强自我保护：

① 虽然 QQ 扩大了网友的交际面，使用方便，很容易在网上找到天南海北的网友，但青少年网友要注意网络与现实的区别，避免过分沉迷于网络。

② 正如有人利用电子邮件传播不良信息一样，同样会有少数人利用聊天工具散播一些无聊的、有害的公众信息以达到其个人非法目的。网友在网络活动中应守法自律，不要参与有害和无用信息的制作和传播。

③ 忠告网友：网络里也会有极少数有不良意识的网友或违法分子，网友应谨慎防范。网友在填写 QQ 个人资料时，应注意加强个人保护意识，以免不良分子对个人生活造成不必要的骚扰。未满18岁的青少年上网，监护人要多加关心、指导和监督。

④ 青少年网友在不了解对方的情况下应尽量避免和网友直接会面或参与各种联谊活动，以免为不法分子所乘，危及自身安全。

5.6 网络下载工具

随着宽带的普及，人们对互联网的依赖性日益增强，从互联网获取信息下载资料已成为上网的主要目的。要从互联网上下载资料，就需要使用网络下载工具。

5.6.1 下载工具的作用

下载工具是一种可以使用户更快地从网上下载东西的软件。用下载工具下载东西之所以快是因为它们采用了"多点连接（分段下载）"技术，充分利用了网络上的多余带宽；采用"断点续传"技术，随时接续上次中止部位继续下载，有效避免了重复劳动。因此，使用下载工具将大大节省下载者的连线下载时间。

5.6.2 下载工具的分类

下载工具大致可以分为 3 类：

① 最常用的基于服务器-客户端模式（Server-Client）的 HTTP/FTP 等基本协议的下载软件，如：快车（FlashGet）、迅雷（Thunder）、超级旋风等。这一类下载软件直接从服务器上下载文件，如电影、音乐、软件等。

② BT 类下载工具，常见的有 BitComet（比特彗星）、比特精灵、Bittorrent 等，它们是基于点对点原理（P2P 技术），文件并不存在于中心服务器上，即下载文件的电脑是从其他人的电脑上下载文件的，同时其他人也从该电脑上下载相应的文件。所以，在这种下载方式下，用户的电脑既是客户端又是服务器，它对网络带宽的要求较高，因为用户在下载（Download）的同时还要上传（Upload）。另外这种下载对电脑的硬盘也有一定的损伤。

③ BT 类以外的点对点（P2P）下载工具，如电驴（eMule）、uTorrent 等。这一类的原理跟第二类相似，不过也有些不同的地方。这种下载同样对硬盘有所损伤且消耗大量网络带宽。

5.6.3 常用下载工具的主要功能简介

5.6.3.1 快车（FlashGet）

功能：快车是互联网上最流行、使用人数最多的一款下载软件。它采用多服务器超线程技术、全面支持多种协议，具有优秀的文件管理功能。快车是绿色软件，无广告、完全免费。它具有"插件扫描"功能及下载安全监测技术 SDT（Smart Detecting Technology），在下载过程中能自动识别文件中可能含有的间谍程序及灰色插件，并对用户进行有效提示。

该下载工具系经典之王，知名度全球第一。

5.6.3.2 迷你快车（Flashget Mini）

迷你快车将用户最需要的下载要素集于一身，是"只为下载而生"的优秀下载软件。优化的内核，大幅度提高了下载速度。瞬间反应的启动速度与系统资源极低的占用率可以让用户轻松而行。没有广告再去霸占与抢夺用户的视点。考究的外观设计以及缤纷的皮肤可以彰显用户的个性。是一个非常完美的下载工具。

5.6.3.3 迅雷（Thunder）

迅雷采用了多资源超线程技术，能够将网络上存在的服务器和计算机资源进行有效的整合，构成独特的迅雷网络。通过迅雷网络，各种数据文件能够以最快速度进行下载传递。多资源超线程技术还具有互联网下载负载均衡功能，在不降低用户体验的前提下，迅雷网络可以对服务器资源进行均衡，有效降低了服务器负载。

这款下载工具属后起之秀，霸气十足，目前已成为主流下载工具。

5.6.3.4 Web 迅雷

Web 迅雷是迅雷公司最新推出的一款基于多资源超线程技术的下载工具，它继承了迅雷下载工具 5 操作简便、高速下载的特点，同时使用了全网页化的操作界面，更符合互联网用户的操作习惯，给用户一个全新的互联网下载体验！

5.6.3.5 超级旋风

超级旋风是腾讯推出的多任务下载工具，是由原腾讯 TT 浏览器中独立出来的。超级旋风支持多个任务同时进行，每个任务使用多地址下载、多线程、断点续传、线程连续调度优化等。其主要功能有：①使用 QQ 账号登录，支持游客身份登录；②支持 FTP、HTTP协议下载；③支持同一文件多服务器下载；④支持 SOCKS5、HTTP代理；⑤支持断点续传；⑥支持下载分类管理，允许新建自定义分类；⑦支持自定义磁盘缓存大小；⑧支持完成任务后关机；⑨支持导入未完成的下载文件；⑩支持网页右键菜单下载；⑪支持下载链接点击监视。

5.6.3.6 Vagaa 哇嘎

Vagaa 哇嘎下载工具，是致力于对等互联网的建设和运营的下载工具，是能帮助用户享受宽带互联网所带来的便利和快捷的下载工具。无论是电影、音乐、动漫还是游戏、电视节目，只要下载并安装 Vagaa 哇嘎下载工具，您的电脑将变成通连全球的互动娱乐中心。

该工具主要用于娱乐资源下载。

5.6.3.7 比特彗星（BitComet）

BitComet 是基于 BitTorrent 协议的高效 P2P 文件分享免费下载软件（俗称 BT 下载客户端），其主要功能有：支持多任务下载；有选择的下载；通过设置磁盘缓存，能降低下载对硬盘的损伤；只需一个监听端口，方便手工防火墙和 NAT/Router 配置；在 WindowsXP 下能自动配置支持 Upnp 的 NAT 和 XP 防火墙；断点续传；做种免扫描以及速度限制等。

这款 BT 下载工具很不错，尤其对于校园网（5Q 网）下载很快。

5.6.3.8 比特精灵

比特精灵是一款完全免费、高速稳定、功能强大、不包含广告的 BT 下载软件。自发布以来以其稳定高速、功能强大、使用人性化的特点，日益受到广大用户的青睐。比特精灵在老版本完成了性能上的飞跃之后，在新版本又做了很多细节上的完善和调整，性能进一步提高，程序更加规范和成熟。

比特精灵是一款很实用的 BT 下载工具。

5.6.3.9 uTorrent

uTorrent 是一款大小只有 200 余 KB 的 BT 下载客户端，它功能全面，在有些方面（如计划流量功能）甚至胜过其他 BT 下载工具，经测试下载速度并不输给号称"内网下载速度之王"的 Bitcomet，它对系统资源的占用很小。该软件无需安装或解压，直接下载运行即可。它是一款界面简洁大方，没有任何广告的 BT 下载工具。

5.6.3.10 电驴（eMule）

电驴是一个完全免费且源代码开放的 P2P 资源分享下载软件，利用电驴可以将全世界所有的计算机和服务器整合成一个巨大的资源共享网络。用户既可以在这个电驴网络中搜索到海量的优秀资源，又可以从网络中的多点同时下载需要的资源。

这款下载工具对 ADSL 进行了优化，下载速度比较快（设置了代理更快）。

VeryCD 电驴（easyMule）是在 eMule 的基础上全新开发的新版本，它具有更快的下载速度，更简便的操作界面，以及更多的人性化功能。

5.6.4 使用方法（迅雷 5 的使用方法）

下载工具的使用方法大同小异，这里以迅雷 5 为例。

5.6.4.1 下载软件——下载迅雷 5 安装程序

第 1 步：到迅雷的官方站 http://dl.xunlei.com 下载"迅雷 5"的最新客户端安装包，在"迅雷 5"的项目中，用鼠标右击"本地下载"，选择"目标另存为"，如图 5-55 所示。

第 2 步：稍微等待片刻，就会弹出一个窗口，在这个窗口中您可以选择"迅雷 5"安装包保存的位置和文件名（如图 5-56），设置完成后点击保存，开始下载"迅雷 5"客户端。

图 5-55　迅雷 5 安装程序　　　图 5-56　"另存为"对话框

第 3 步：稍等一会儿，"迅雷 5"的最新客户端就会下载完成，见图 5-57。

5.6.4.2 安装迅雷 5

第 1 步：单击迅雷 5 下载窗口上的"运行"按钮，运行下载完成的"迅雷 5"客户端安装包，如图 5-58 所示。

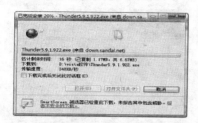

图 5-57 下载软件

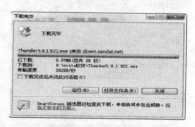

图 5-58 下载完毕

第 2 步：运行"迅雷 5"客户端的安装包后，用户将会看到"迅雷 5"的安装向导界面，就是"迅雷 5"的安装许可协议对话框，只有选择同意了该协议，才能继续安装"迅雷 5"。在认真查看了迅雷安装许可协议后，用鼠标左键点击"是（Y）"按钮，用户将可以点击"下一步"继续，如图 5-59 所示。

图 5-59 安装向导

第 3 步：接下来的窗口是"迅雷 5"的安装选项，在这个页面上用户需要选择将"迅雷 5"安装在某个目录中，用户可以点击"浏览"来自行设置，同时软件也设置了一个默认目录，另外用户可以在"更多安装"选项里面，自己选择是否安装"迅雷 5"的每个组件，每个组件都有相应的功能说明，按需要选择。选择完成后点击"安装"按钮继续，如图 5-60 所示。

到此"迅雷 5"的安装已经准备就绪，用户只要点击"安装"就会立即在电脑上安装"迅雷 5"。

第 4 步：用户点击"安装"后，稍等片刻，就会出现"迅雷 5"的安装结束窗口，用户可以选择"查看更新"或"启动迅雷 5"，然后点击"完成"结束安装，如图 5-61 所示。

图 5-60　安装选项　　　　　　　　图 5-61　安装完成

5.6.4.3 迅雷 5 主界面和更新的特性

（1）新版本迅雷 5 主界面

启动迅雷后出现的主界面如图 5-62 所示。

① 新版本迅雷 5 的新增特性

➤ 全新的界面构架，性能得到较大提升。使操作更加方便和快捷。

➤ 四套全新皮肤，个性由你选择，如图 5-63 所示。

➤ 优化界面布局，功能摆放更合理。

➤ 功能模块按需下载，大幅减小了安装包容量。

➤ 集成下载资源评分系统，直观展示内容品质。

➤ 增强了安全下载功能，支持下载前病毒检测。

➤ 增加了工具箱功能，提供多种实用组件。

[系统漏洞修复]：高速下载系统补丁，安全有保障；

[装机必备]：必备软件一键安装，方便快捷；

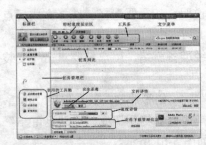

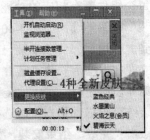

图 5-62　迅雷操作界面　　　　　　图 5-63　工具栏

[软件升级]：智能检测可升级软件，一键升至最新版本；

[影视娱乐]：最新影视内容推荐，热门下载排行。

➢ 增加音乐下载专辑补全功能。

➢ 增加计划任务功能。

➢ 增强下载历史搜索功能。

➢ 支持 WindowsXP SP3 及 Vista SP1 的半开连接数优化。

② 迅雷 5 新增加的功能列表

➢ 全新的多资源超线程技术，显著提升下载速度。

➢ 功能强大的任务管理功能，可以选择不同的任务管理模式。

➢ 智能磁盘缓存技术，有效防止了高速下载时对硬盘的损伤。

➢ 智能的信息提示系统，根据用户的操作提供相关的提示和操作建议。

➢ 独有的错误诊断功能，帮助用户解决下载失败的问题。

➢ 病毒防护功能，可以和杀毒软件配合保证下载文件的安全性。

➢ 自动检测新版本，提示用户及时升级。

➢ 提供多种皮肤，用户可以根据自己的喜好进行选择。

（2）新建下载任务

要建立下载任务，只要复制下载地址，迅雷在打开的状态下将会自动弹出"建立新的下载任务"对话框，在对话框中选择保存目录后，单击"确定"按钮就开始下载了。如果没有弹出下载对话框，可以单击主界面左上角的"新建"命令来建立新的下载任务。

简单模式的新建任务对话框如图 5-64 所示。

完整模式的新建任务对话框如图 5-65 所示。

新建任务对话框中各功能项说明：

① 下载链接：显示用户输入的 URL 或者所点击下载链接的 URL 地址，长度不能超过 1 024 字节。

② 文件名称：根据 URL 自动填写文件名称，用户也可以手动输入，该项的填写范围为 1～254。

③ 存储路径包括下载类别和存储目录。

图 5-64　下载任务栏　　　　图 5-65　下载链接

> 下载类别：默认是"已下载"，包括"影视"、"音乐"、"软件"、"游戏"和"手机"和"书籍" 6 个子分类，可以通过下拉列表选择一个分类；

> 存储目录：第一次启动默认存储目录为 C：\TDdownload，根据用户选择的类别不同，存放目录也不同，默认的对应关系是：

"已下载" ——C：\TDdownload

"影视" ——C:\TDdownload\Movie\

"音乐" —— C:\TDdownload\Music\

"软件" ——C:\TDdownload\Software\

"游戏" ——C:\TDdownload\Game\

"手机" ——C:\TDdownload\Mobile\

"书籍" ——C:\TDdownload\Book\

迅雷能自动保存用户最近使用的 10 个存储目录，通过"存储目录"的下载列表可以从中进行选择；

"存储目录"下拉列表的最后一项为"清除历史记录"，选中该项则清除所有保存在下拉列表的存储目录；

④ "浏览"按钮：用户单击"浏览"按钮则可以打开"存储目录选择对话框"。

⑤ 原始地址线程数（1～10）：默认是 5，这里针对的是原始 URL 的下载线程，用户可以在方框里直接填入数字来增加或者减少

线程数，该项的填写范围为 1～10。

⑥ 登录服务器：选中该项后"用户名"和"密码"变成可填写项，当 URL 包含用户名和密码时该项自动变成选中状态。

⑦ 立即下载：用户在这里可以选择新建任务的起始状态，直接点击"立即下载"命令按钮后任务立即开始，点击"立即下载"按钮右边的倒三角就会出现"手动下载"选项，单击确定后任务处于暂停状态，默认是"立即下载"，如图 5-66 所示。

⑧ 最下面的注释方框：此输入框会自动填入链接上的文字，用户可以输入文件的描述文字，文字数目不能超过 8 192 字节（Byte）。

⑨ 下载完成后自动运行：每次打开新建面板该选项默认为不选中状态，选中该项后下载的文件在下载完成后会自动运行。

⑩ 只从原始地址下载（D:）

图 5-66　存储目录

此下载任务只从原始地址进行下载，而不使用迅雷的多资源下载。只从原始 URL 进行下载，下载速度可能会受到影响。

⑪ "下载前安全扫描"、"取消"按钮：单击"下载前安全扫描"按钮，就会对所要下载的文件进行病毒扫描，如果安全，没有病毒，就会提示"没有风险，请放心下载"，然后单击"立即下载"按钮，则任务出现在任务列表并进行下载；否则，用户可以单击"取消"按钮，不进行下载。也可以下载后用杀毒软件进行杀毒，如图 5-67 所示。

⑫ "更多"命令按钮：单击此按钮可以在简单模式和完整模式之间切换。

（3）任务分类说明

在迅雷的主界面左侧就是任务管理窗口，该窗口中包含上和下两个部分。上部分窗口为"全部任务"、"正在下载"、"已下载"和"垃圾箱"四个分类，鼠标左键点击一个分类就会看到这个分类里的任务，每个分类的作用如下：

> [全部任务] ——所有的下载任务，即没有下载完成的和已经下载完成的任务。

> [正在下载] ——没有下载完成或者错误的任务都在这个分类，当开始下载一个文件的时候就需要点"正在下载"察看该文件的下载状态。

> [已下载] ——下载完成后任务会自动移动到"已下载"分类，如果你发现下载完成后文件不见了，点一下"已下载"分类就看到了。

> [垃圾箱]——用户在"正在下载"和"已下载"中删除的任务都存放在迅雷的垃圾箱中，"垃圾箱"的作用就是防止用户误删，在"垃圾箱"中删除任务时，会提示是否把存放于硬盘上的文件一起删除。

下部分窗口为实用工具箱："系统漏洞修复"、"装机必备"、"软件升级"、"影视娱乐"四个实用软件工具，每个工具的作用如下：

[系统漏洞修复]——高速下载系统补丁，安全有保障；

[装机必备]——必备软件一键安装，方便快捷；

[软件升级]——智能检测可升级软件，一键升至最新版本；

[影视娱乐]——最新影视内容推荐，热门下载排行。

（4）更改默认文件的存放目录

默认情况下，迅雷安装后会在 C 盘创建一个 TDdownload 目录，并将所有下载的文件都保存在这里，一般 Windows 都会安装在 C 盘，但由于使用中系统会不断增加自身占用的磁盘空间，如果再加上不断下载的软件占用的大量空间，就会很容易造成 C 盘空间不足，引起系统磁盘空间不足和不稳定，另外，Windows 并不稳定，隔三差五还要格式化 C 盘重装系统，这样就要造成下载软件的无谓丢失，因此建议改变迅雷默认的下载目录。如果用户希望把文件的存放目录改成"D:\vista 软件"，那么就需要右键点击任务分类中的"已下载"，选择"属性"，使用"浏览"更改目录为"D:\ vista 软件"，然后"确定"，原来的"C:\TDdownload"就会变成"D:\ vista 软件"。

（5）子分类的作用

在"已下载"分类中迅雷自动创建了包括"影视"、"音乐"、"软件"、"游戏"、"手机"和"书籍"这 6 个子分类，了解这些分类的作用可以帮助用户更好地使用迅雷，下面是这些分类的功能介绍。

① 每个分类对应的目录。大家都习惯把不同的文件放在不同的目录，例如把下载的音乐文件放在"D:\音乐"目录，迅雷可以在下载完成后自动把不同类别的文件保存在指定的目录，例如：我保存音乐文件的目录是"D:\音乐"，现在想下载一首叫"追梦人"的音频文件，先右键点击迅雷"已下载"分类中的"音乐"分类，选择"属性"，更改目录为"D:\音乐"，然后点击"配置"按钮，在"默认配置"中的分类那里选择"音乐"，会看到对应的目录已经变成了"D:\音乐"，这时右键点击"追梦人"的下载地址，选择"使用迅雷下载"，在新建任务面板中把文件类别选择为"音乐"，点击"确定"就好了，下载完成后，文件会保存在"D:\音乐"，而下载任务则在"音乐"分类中，以后下载音乐文件时，只要在新建任务的时候指定文件分类为"音乐"，那么这些文件都会保存到"D:\音乐"目录下。

② 新建一个分类。如果想下载一些学习资料，放在"D:\学习资料"目录下，但是迅雷中默认的 6 个分类没有这个分类，这时可以通过新建一个分类来解决问题，右键点击"已下载"分类，选择"新建类别"，然后指定类别名称为"学习资料"，目录为"D:\学习资料"后点击"确定"，这时可以看到"学习资料"这个分类了，以后要下载学习资料，在新建任务时选择"学习资料"分类就好了。

③ 删除一个分类。如果不想使用迅雷默认建立某些分类，可以删除，例如我想删除"软件"这个分类，右键点击"软件"分类，选择"删除"，迅雷会提示是否真的删除该分类，点击"确定"就可以了。

④ 任务的拖曳把一个已经完成的任务从"已下载"分类拖曳（鼠标左键点住一个任务不放并拖动该任务）到"正在下载"分类

和"重新下载"的功能是一样的，迅雷会提示是否重新下载该文件；如何从迅雷的"垃圾箱"中恢复任务呢？把迅雷"垃圾箱"中的一个任务拖曳到"正在下载"分类，如果该任务已经下载了一部分，那么会继续下载，如果是已经完成的任务，则会重新下载；在"已下载"分类中，可以把任务拖动到子分类，例如：设定了音频文件分类对应的目录是"D:\音乐"，现在下载了歌曲"追梦人"，在新建任务时没有指定分类，现在该任务在"已下载"，文件在"C:\download"，现在把这个歌曲拖曳到"音乐"分类，则迅雷会提示是否移动已经下载的文件，如果选择"是"，则"追梦人"这个音频文件就会移动到"D:\音乐"。

小技巧：下载的时候不指定分类，使用默认的"已下载"，下载完成后用拖曳的方式把任务分类，同时文件也会移动到每个分类指定的目录。

（6）任务管理窗口的隐藏/显示

任务管理窗口可以折叠起来，方便用户察看任务列表中的信息，具体操作为点击折叠按钮，则任务管理窗口就看不到了，需要的时候点击"恢复"按钮就好了。

如果将迅雷界面缩小到系统托盘，点击右上角的叉；或者双击悬浮窗进行迅雷界面的打开和关闭。

（7）代理服务器

设置代理服务器配置分为 4 个选项，一个用户可以对迅雷服务器、HTTP、FTP 以及 MMS/RTSP 等连接代理进行配置；也可以点击"代理服务器按钮"弹出"代理管理"对话框，然后点击"添加"按钮，弹出"代理添加/编辑"对话框，这时用户可以填写完代理名称、服务器选项，端口是根据用户所选择的代理服务器类型自动加上去的。填写完毕后点击"测试"，若提示成功，就点击"确定"就可以了，如图 5-67 所示。

（8）雷区和雷友

目前的迅雷 5 推出了注册雷友功能，在下载了最新的版本安装之后在左边会出现"登录或注册"提示，如果你已注册直接输入用户名和密码就可以登录，登录之后我们就称进入雷区成为雷友。如果你还没有注册那么你先注册，按照提示依次输入项目就可以（友情提醒：在输入注册邮箱时注意最好不使用 sina 的邮箱，因为 sina 拒绝迅雷发送的邮件；还有在注册时请记住你的 ID，如果丢失了就不太好找回了）。如果没有注册不用担心迅雷不能下载，即使不成为雷友依旧可以下载文件。

（9）重启未完成任务

在"正在下载"栏双击或者右键开始就可以，在"已下载"和"垃圾箱"中右键重新开始或者直接拖住任务到"正在下载"也可以。

如果想启动以前未完成的任务时先到你的文件保存目录查看有没有.td 和.td.cfg 两个文件，如果存在的话在迅雷界面的"文件"—"导入未完成的下载"中启动"*.td"文件即可。

5.6.4.4 下载技巧

技巧一：让迅雷悬浮窗格给我们更多帮助

迅雷的悬浮窗格，给用户下载带来了方便，在浏览器中看到喜欢的内容，直接将其拖放到此图标上，即可弹出下载窗口。若悬浮窗格被关闭，用户只要单击迅雷主窗口中的"查看"菜单，选中"悬浮窗"项，即可出现相应的图标。

技巧二：不让迅雷伤硬盘

现在下载速度很快，因此如果缓存设置得较小的话，极有可能会对硬盘频繁进行写操作，时间长了，会对硬盘不利。事实上，只要单击工具条上的"配置"命令按钮，就会弹出如图 5-68 所示的对话框，在"常用设置"选项里面的"磁盘缓存"选项里填入适当的数字后点击"确定"按钮即可。如果网速较快，设置得大些。反之，则设置得小些。建议值为 256 MB。

技巧三：将迅雷作为默认下载工具

如果你觉得迅雷很好，那完全可以将其设置为默认的下载工具，这样在浏览器中单击相应的链接，将会用迅雷下载：选择"工具→迅雷作为默认下载工具"命令，即可弹出相应的提示窗口提示成功。

技巧四：文件下载完成后自动关机

在迅雷主窗口中点击"工具"—"计划任务管理"—"下载完成后关机"项，这样一旦迅雷检测到所有内容下载完毕就会自动关机。此技巧在晚上下载东西时特别有用，再也不用担心电脑会"空转"乱用电了。

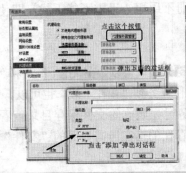 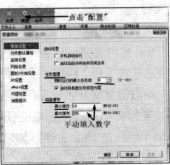

图 5-67　代理设置　　　　　图 5-68　配置图标

技巧五：批量下载任务之高效应用

有时在网上会发现很多有规律的下载地址，如遇到成批的mp3、图片、动画等，比如某个有很多集的动画片，如果按照常规的方法你需要一集一集地添加下载地址，非常麻烦，其实这时可以利用迅雷的批量下载功能，只添加一次下载任务，就能让迅雷批量将它们下载回来。

假设你要下载文件的路径为 http://***.cn/001.JPG 到 http://**.cn/100.JPG 中的 100 张图片，首先单击"文件"—"新建批量任务"，然后在弹出对话框中的地址栏中填入：http://***.JPG，选择：从 1 到 100，通配符的长度为：3。

小提示：*在文件名中出现是代表任意字符的意思。例如，a.*就代表了文件基本名是 a，扩展名是任意的所有文件。因为*可以代替任意字符，所以我们称之为通配符。

所下载的文件都是 ZIP 文件（.ZIP），而前面的文件名为英文，但不相同，那么可以写为*.ZIP，并且选择"从…到…"，根据实际情况改写要填入的字母。